REFLEXIONS
SUR
LA CAUSE GENERALE DES VENTS.

Piéce qui a remporté le Prix proposé par l'Académie Royale des Sciences de Berlin, pour l'année 1746.

Par M. D'ALEMBERT, des Académies Royales des Sciences de Paris & de Berlin.

A PARIS,

Chez DAVID l'aîné, Libraire, rue Saint Jacques, à la Plume d'or.

MDCCXLVII.

FREDERICO MAGNO VICTORIA, PAX & ARTES

C. Eisen invenit — *Delafosse Sculp.*

A SA MAJESTÉ PRUSSIENNE.

SIRE,

Mon entrée dans une Académie que VOTRE MAJESTÉ *a rendu floriſſante,*

& le ſuffrage public dont un Corps ſi illuſtre vient d'honorer cet Ouvrage, ſont les titres ſur leſquels j'oſe m'appuyer pour Vous faire hommage de mon travail : j'ai cru que ces titres me ſuffiroient auprès d'un Prince, qui favoriſe les Sciences, & qui ſe plaît même à les cultiver. La Protection que Vous leur accordez, SIRE, *eſt d'autant plus flatteuſe qu'elle eſt éclairée. Comme* VOTRE MAJESTÉ *ſait animer les talens par ſon exemple, Elle ſait auſſi les diſcerner par ſes propres lumieres : le vrai mérite l'intéreſſe, parce qu'Elle en connoît le prix, & qu'Elle contribue trop à la gloire de l'humanité, pour ne pas aimer tout ce qui en fait l'honneur. Elle appelle de toutes parts ceux qui ſe diſtinguent dans la noble carriere des Lettres : Elle les raſſemble autour de ſon Trône, & pour mettre le comble aux bien-*

faits qu'Elle répand sur eux, Elle y joint une récompense supérieure à toutes les autres, sa faveur & sa bienveillance. Ainsi ce même FREDERIC, *qui dans une seule Campagne remporte trois grandes Victoires, soumet un Royaume, & fait la Paix, augmente encore le petit nombre des Monarques Philosophes, des Princes qui ont connu l'amitié, des Conquérans qui ont éclairé leurs peuples, & les ont rendu heureux. Tant de qualités,* SIRE, *Vous ont à juste titre mérité le nom de* GRAND *dès les premieres années de Votre Regne; Vous l'avez en même tems reçû de vos Sujets, des Etrangers, & de vos ennemis; & les siécles futurs, d'accord avec le Vôtre, admireront également en Vous le Souverain, le Sage & le Héros. Puis-je me flatter,* SIRE, *que parmi les acclamations de toute l'Europe,* VOTRE

MAJESTÉ *entendra ma foible voix, & qu'au milieu de sa gloire Elle ne dédaignera point l'hommage d'un Philosophe ? Si cet hommage ne répond pas à la grandeur de son objet, il a du moins les principales qualités qui peuvent le rendre digne de Vous; il est juste, il est libre, & je ne pouvois le mieux placer, qu'à la tête d'un Livre dont toutes les pages sont consacrées à la vérité.*

Je suis avec le plus profond respect,

SIRE,

DE VOTRE MAJESTÉ,

Le très-humble & très-obéissant serviteur, D'ALEMBERT.

AVERTISSEMENT.

LA Dissertation Latine qu'on trouvera dans ce Volume, est celle que j'ai envoyée à l'Académie Royale des Sciences & des Belles Lettres de Berlin. Je l'ai imprimée telle que cette Académie l'a reçûe, sans y rien ajoûter, & sans en rien retrancher; mais j'ai crû qu'on me permettroit d'insérer dans la Traduction Françoise que j'en ai faite, différentes additions plus ou moins considérables, relatives à plusieurs conséquences curieuses qu'on peut tirer de ma Théorie. Ces additions sont distinguées du reste de l'Ouvrage par des crochets qui les renferment. J'ai aussi placé dans la Traduction Françoise, aux endroits convenables, les différens articles du supplément qui termine la piéce Latine. Enfin, quoique chacune des deux Dissertations soit précédée d'une Analyse abrégée de ce qu'elle renferme, cependant comme ces Analyses ne sont destinées qu'à ceux qui sont en état de lire les

Dissertations même, j'ai jugé à propos d'y suppléer en quelque sorte par l'introduction suivante, qui contient une exposition de mes Principes, beaucoup plus étendue, & mise à la portée du plus grand nombre de Lecteurs qu'il m'a été possible.

INTRODUCTION.

INTRODUCTION.

QUELQUE inconſtant que paroiſſe le cours des vents, il eſt cependant aſſujetti à certaines loix. Les navigateurs obſervent depuis longtems, que l'air a un mouvement réglé en pleine mer ſous la Zône torride ; & s'ils remarquent quelques variations dans ce mouvement, c'eſt principalement proche des côtes, & vers les endroits où l'Ocean eſt reſſerré par les Terres. On ne peut donc s'empêcher de reconnoître, que parmi les différentes cauſes des vents, il y en a au moins une dont l'action ſuit un ordre uniforme & invariable, & dont les effets, lors-même qu'ils ſemblent le plus irréguliers, ne ſont peut-être que modifiés, & pour ainſi dire, déguiſés par des cauſes accidentelles. Ainſi le premier objet qu'un Philoſophe doive avoir en vûe, lorſqu'il ſe propoſe d'approfondir la Théorie des vents, c'eſt d'examiner quelle peut être cette cause générale ; & de déterminer, s'il est possible, par le calcul, sa quantité, son action & ses effets.

Tous les Physiciens conviennent aujourd'hui que le Flux & Reflux journalier des eaux de la Mer, ne peut être attribué qu'à l'action du Soleil & de la Lune. Quel que soit le principe de cette action, il est incontestable que pour se transmettre jusqu'à l'Ocean, elle doit traverser auparavant la masse d'air dont il est environné, & que par conséquent elle doit mouvoir les parties qui composent cette masse. Nous pouvons donc regarder l'action du Soleil & de la Lune, sinon comme l'unique cause des vents, au moins comme une des causes générales que nous cherchons, & une telle supposition est d'autant plus vraisemblable, que les endroits où l'Ocean est libre, sont, comme nous venons de le dire, les plus sujets aux vents réguliers.

Il résulte de cette premiere réflexion, que la force de la Lune pour agiter l'air que nous respirons, & pour en changer la température, peut être beaucoup plus grande que les Philosophes ne paroissent le croire communément. Je ne prétends point adopter sur ce sujet tous les préjugés vulgaires : mais l'action de la Lune sur la Mer étant fort supérieure à celle du Soleil, de l'aveu de tous les Savans, on est forcé, ce me semble, d'avouer aussi, que l'action de cette Planete sur notre Athmosphere est très-considérable, & qu'elle doit être mise au nombre des causes capables de produire dans l'air des changemens & des altérations sensibles.

A l'égard de la nature de la force que le Soleil & la Lune exercent, tant sur la Mer que sur l'Athmosphere, & de la quantité précise de cette force, c'est à M. *Newton* que nous en devons la découverte. Ce grand Philosophe après avoir démontré que toutes les Planetes pésent vers le Soleil, & que la Lune pése vers la Terre, a fait voir d'une maniere invincible, que la gravitation de ces corps ne pouvoit être attribuée à l'impulsion d'aucun Fluide : d'où il a conclu qu'elle étoit réciproque (*), c'est-à-dire, que non-seulement le Soleil tendoit vers la Terre, mais encore que la Terre & toutes ses parties tendoient à la fois vers le Soleil & la Lune. Or comme ces deux Astres changent continuellement de situation par rapport aux differens points de la Terre, il n'est

(*) Voyez les *Principes Mathématiques*.

pas difficile de concevoir que l'Air & la Mer dont ils attirent les particules, doivent être dans un mouvement continuel.

La plûpart des Physiciens n'ayant point pensé à cette cause générale des vents, en ont imaginé d'autres. Les uns ont prétendu que l'air qui se meut avec la Terre d'Occident en Orient, devoit sous l'Equateur tourner moins vîte que la Terre; & c'est par-là qu'ils ont expliqué le vent d'Est continuel qui souffle entre les Tropiques. Mais cette hypothèse est sans aucun fondement: car si la Terre se mouvoit plus vîte que la couche d'air qui lui est contiguë, le frottement continuel de cette couche contre la surface du globe, rendroit bien-tôt sa vitesse égale à celle de la Terre: par la même raison, la couche voisine de celle-ci en seroit entraînée, & forcée à achever aussi sa rotation dans le même tems: ainsi l'adhérence & le frottement mutuel de toutes les couches obligeroit fort promptement la Terre & son Athmosphère, à faire leur révolution en tems égal autour du même axe, comme si elles ne composoient qu'un seul corps solide (*).

(*) Cette proposition est démontrée plus au long dans mon *Traité des Fluides, art.* 376-385.

D'autres Auteurs ont attribué les vents à la chaleur que le Soleil produit dans l'Athmosphere. Selon ces Auteurs, la masse d'air qui est à l'Orient par rapport au Soleil, & que cet Astre a échauffée en passant par-dessus, doit avoir plus de chaleur que la masse d'air Occidentale sur laquelle le Soleil n'a point encore passé : elle doit donc, en se dilatant, pousser vers l'Occident l'air qui la précéde, & produire par ce moyen un vent continuel d'Orient en Occident sous la Zône torride. J'avoue que la différente chaleur que le Soleil répand dans les parties de l'Athmosphere, doit y exciter des mouvemens : je veux bien même accorder qu'il en résulte un vent général qui souffle toujours dans le même sens, quoique la preuve qu'on en donne ne me paroisse pas assez évidente pour porter dans l'esprit une lumiere parfaite. Mais si on se propose de déterminer la vitesse de ce vent général, & sa direction dans chaque endroit de la Terre, on verra facilement qu'un pareil Probléme ne peut être résolu que par un calcul exact. Or les principes nécessaires pour ce calcul nous manquent entiérement, puisque nous ignorons, & la loi suivant laquelle la chaleur agit, & la dilatation qu'elle produit dans les parties de l'air. Cette dernière raison est plus que suffisante pour nous déterminer à faire ici abstraction de la chaleur Solaire; car comme il n'est pas possible de calculer avec quelque exactitude les mouvemens qu'elle peut occasionner dans l'Athmosphere, il faut nécessairement reconnoître que la Théorie des vents n'est presque susceptible d'aucun degré de perfection de ce côté-là.

Si nous ne pouvons soumettre au calcul les vents que la chaleur du Soleil fait naître, quoique réguliers & constans en eux-mêmes; à plus forte raison ne devons-nous point entreprendre de chercher quels dérangemens peuvent exciter dans l'air les variations accidentelles du chaud & du froid, produites, ou par l'élévation des vapeurs & des nuages, ou par d'autres causes inconnues, qui n'ont aucune loi certaine. A l'égard des irrégularités des vents, occasionnées par les montagnes, & par les autres éminences qui se rencontrent sur la surface de la Terre, on ne sauroit disconvenir que ces irrégularités ne suivissent un ordre constant, si les vents n'étoient d'ailleurs produits que par une cause périodique & uniforme. Mais quand on fera attention, soit aux calculs impraticables dans lesquels une pareille considération doit jetter, soit au peu que l'on connoît de la surface du globe terrestre, en un mot, comme s'expriment les Geométres, au peu de *données* que l'on a pour résoudre un tel Problême ; on reconnoîtra sans peine, que les recherches les plus profondes sur cette matiere, doivent aboutir tout au plus à des résultats fort vagues & fort imparfaits. Par conséquent l'objet le plus étendu, & peut-être le seul qu'on puisse esperer de remplir, c'est de déterminer les mouvemens de l'air, dans l'hypothese que la surface du globe soit entiérement réguliere, & que l'agitation de l'Athmosphere provienne de l'attractoin seule de la Lune & du Soleil.

J'avoue qu'après avoir résolu ce Problême, on sera encore bien éloigné de connoître d'une maniere certaine le cours & les loix des vents. Mais la plûpart des questions Physico-Mathématiques, sont si compliquées, qu'il est nécessaire de les envisager d'abord d'une maniere générale & abstraite, pour s'élever ensuite par degrés des cas simples aux composés. Si on a fait jusqu'ici quelques progrès dans l'étude de la nature, c'est à l'observation constante de cette Méthode qu'on en est redevable. Une Théorie complette ſur la matiere que nous traitons, eſt peut-être l'ouvrage de pluſieurs ſiécles ; & la queſtion dont il s'agit, eſt le premier pas que l'on doive faire pour y parvenir. De nouvelles connoiſſances nous mettront en état d'en faire de nouveaux. Tâchons donc d'ouvrir, autant qu'il ſera en nous, l'entrée d'une route peu frayée juſqu'ici, & que nous ne devons pas eſperer de voir ſi-tôt applanie entiérement.

Pour embraſſer à la fois le moins de difficultés qu'il eſt poſſible, imaginons d'abord que le Soleil & la Lune ſoient l'un & l'autre ſans mouvement, & que la Terre ſoit un globe ſolide en repos, couvert juſqu'à telle hauteur qu'on voudra d'un Fluide homogene, rare & ſans reſſort, dont la ſurface ſoit ſphérique ; ſuppoſons, de plus, que les parties de ce Fluide péſent vers le centre du globe, tandis qu'elles ſont attirées par le Soleil & par la Lune ; il eſt certain, que ſi toutes les parties du Fluide & du globe qu'il couvre, étoient attirées avec une force égale & ſuivant des directions paralléles, l'action des deux Aſtres n'auroit d'autre effet que de mouvoir ou de déplacer toute la maſſe du globe & du Fluide, ſans cauſer d'ailleurs aucun dérangement dans la

ſituation

ſituation reſpective de leurs parties. Mais, ſuivant les loix de l'attraction, les parties de l'Hémiſphere ſupérieur, c'eſt-à-dire de celui qui eſt le plus près de l'Aſtre, ſont attirées avec plus de force que le centre du globe ; & au contraire les parties de l'Hémiſphere inférieur ſont attirées avec moins de force : d'où il s'enſuit, que le centre du globe étant mû par l'action du Soleil ou de la Lune, le Fluide qui couvre l'Hémiſphere ſupérieur, & qui eſt attiré plus fortement, doit tendre à ſe mouvoir plus vîte que le centre, & par conſéquent s'élever, avec une force égale à l'excès de la force qui l'attire ſur celle qui attire le centre ; au contraire, le Fluide de l'Hémiſphere inférieur étant moins attiré que le centre du globe, doit ſe mouvoir moins vîte ; il doit donc fuir le centre, pour ainſi dire, & s'en éloigner avec une force à peu près égale à celle de l'Hémiſphere ſupérieur. Ainſi le Fluide s'élévera aux deux points oppoſés qui ſont dans la ligne par où paſſe le Soleil ou la Lune ; toutes ſes parties accourront, ſi on peut s'exprimer ainſi, pour s'approcher de ces points, avec d'autant plus de viteſſe qu'elles en ſeront plus proches. Transformons maintenant le Fluide dont il s'agit en notre Athmoſphere ; il est évident que ce Flux ou ce transport de ses parties produira ce que nous appellons *du vent*.

On peut expliquer par-là, pour le dire en passant, comment l'élévation & l'abbaissement des eaux de la Mer se fait aux mêmes instans dans les points opposés d'un même Méridien. Quoique ce Phenomene soit une conséquence nécessaire du systême de M. *Newton*, & que ce grand Geométre l'ait même expressément remarqué, cependant les Cartésiens soutiennent depuis un demi-siécle, que si l'attraction produisoit le Flux & Reflux, les eaux de l'Ocean, lorsqu'elles s'élévent dans notre Hémisphere, devroient s'abbaisser dans l'Hémisphere opposé. La preuve simple & facile que je viens de donner du contraire, sans figure & sans calcul, anéantira peut-être enfin pour toujours une objection aussi frivole, qui est pourtant une des principales de cette Secte contre la Théorie de la gravitation universelle.

Les mouvemens de l'air & de l'Ocean, au moins ceux qui nous sont sensibles, ne proviennent donc point de l'action totale du Soleil & de la Lune, mais de la différence qu'il y a entre l'action de ces Astres sur le centre de la Terre, &

leur action sur le Fluide tant supérieur qu'inférieur; c'est cette différence que j'appellerai dans toute la suite de ce discours, action *Solaire* ou *Lunaire*. M. *Newton* nous a appris à calculer chacune de ces deux forces, & à les comparer avec la pesanteur. Il a démontré par la Théorie des forces centrifuges, & par la comparaison entre le mouvement annuel de la Terre & son mouvement diurne, que l'action Solaire étoit à la pesanteur, environ comme 1 à 12868200 : à l'égard de l'action Lunaire, il ne l'a pas aussi exactement déterminée, parce qu'elle dépend de la masse de la Lune, qui n'est pas encore suffisamment connue; cependant, fondé sur quelques observations des marées, il suppose l'action Lunaire environ quadruple de celle du Soleil. Si on peut esperer de la connoître plus parfaitement, c'est sans doute en perfectionnant la Théorie du mouvement de la Lune; & je crois qu'il ne sera pas impossible de parvenir à cette découverte par une méthode fort simple, pourvû que les observations qui serviront d'élémens soient assez exactes. Mais ce n'est pas ici le lieu de m'étendre là-dessus (*).

(*) Voici en peu de mots l'idée de cette méthode. Pour trouver l'orbite apparente que la Lune décrit autour de la Terre, il

Quoiqu'il en soit, lorsqu'on voudra détermi-ner l'effet de l'action réunie du Soleil & de la Lune, ou sur l'Athmosphere, ou sur tout autre Fluide, dont on imaginera la Terre couverte, il suffira de trouver l'effet qui résulte de l'action seule du Soleil. Car l'effet qui proviendra de l'action seule de la Lune, sera toujours en rapport à peu près constant avec celui qui proviendra de l'action seule du Soleil, c'est-à-dire dans le rapport de l'action Lunaire à l'action Solaire. D'ail-

---

faut non-seulement avoir égard à l'action de la Terre & du Soleil sur la Lune, il faut encore faire attention à l'action de la Lune sur la Terre; ou, ce qui revient au même, il faut supposer que la Lune, outre l'action que le Soleil exerce sur elle, soit encore tirée vers le centre de la Terre par une masse égale à celles de la Terre & de la Lune, prises ensemble. Donc connoissant par ex. la distance de la Lune apogée ou perigée, & sa vitesse, on pourra facilement exprimer la révolution périodique de la Lune par une formule analytique, dans laquelle il n'entrera d'inconnue que la masse de cet Astre. On égalera ensuite l'expression tirée de cette formule, à celle de la révolution périodique qu'on aura par observation: par-là on connoîtra la masse de la Lune. Toute la difficulté est de savoir, si cette masse est assez considérable pour pouvoir être déterminée par une telle méthode. Or je trouve qu'en supposant l'action Lunaire quadruple de l'action Solaire, & l'Orbite de la Lune très-peu Elliptique, la masse de la Lune seroit à celle de la Terre, à peu près comme 1 à 45, & que l'action de la Lune sur la Terre devroit accélérer la révolution périodique de plus d'un jour.

leurs, l'action Solaire étant très-petite par rapport à la pesanteur, elle ne doit changer que très-peu la figure du Fluide; par conséquent l'action de la Lune, considérée indépendamment de celle du Soleil, doit être à peu près la même, soit quand elle est jointe, soit quand elle n'est pas jointe à celle du Soleil. Donc si on cherche d'abord l'effet seul de l'action Solaire, il sera facile ensuite de connoître l'effet de l'action Lunaire, & de déterminer enfin par les principes connus de la Méchanique, l'effet composé qui résultera de l'une & de l'autre. C'est pour cette raison que l'action Solaire sera la seule dont nous parlerons dans la suite de ce discours.

Si le Fluide, que l'action Solaire tend à élever n'étoit pas supposé d'une figure sphérique, il pourroit se faire que cette action n'y produisît aucun mouvement. En effet, combinant l'action Solaire sur chaque point de la surface, avec la force de la pesanteur qui agit vers le centre du globe, on réduira aisément ces deux forces en une seule, dont on aura la direction; & si la figure du Fluide étoit telle, que cette direction fût par-tout perpendiculaire à la surface, on sait par les principes de l'Hydrostatique, que cette surface resteroit alors en équilibre. Or comme les parties du Fluide tendent sans cesse à l'état de repos, la figure dont il s'agit, est celle que sa surface extérieure doit chercher à prendre, & pour ainsi dire, affecter : il faut donc s'appliquer d'abord à déterminer cette figure. On trouve par un calcul fort simple, qu'elle doit être à peu près une Ellipse.

La solution de ce Problême, par laquelle je commence mon Ouvrage, & que j'ai rendue très-générale, est le terme où les Geométres en sont restés jusqu'ici sur cette matiere. Cependant il ne suffit pas dans la recherche présente, de trouver la courbure que la surface du Fluide doit avoir pour rester en repos : il est encore plus important de déterminer comment elle acquiert cette courbure, & suivant quelle loi doivent se mouvoir les parties du Fluide, lorsque l'action Solaire les agite. C'est une question beaucoup plus difficile que la précédente ; aussi personne n'a-t-il encore tenté de la résoudre ; j'ai été obligé pour y parvenir, d'employer une méthode nouvelle, & de me servir d'un principe général dont j'ai montré ailleurs l'étendue & l'usage dans la Dynamique & l'Hydrodynamique.

Pour donner ici une légere idée de ce Principe, & de la maniere dont je l'ai appliqué à mon sujet, je remarque, que si dans quelque situation donnée le Fluide n'est pas en équilibre, c'est que l'action Solaire est nécessairement plus grande ou plus petite qu'il ne faut, pour qu'étant combinée avec la pesanteur, elle retienne les parties dans une direction perpendiculaire à la surface. Je partage donc la force ou l'action Solaire totale en deux autres, dont l'une soit capable de produire cet équilibre, & n'ait par conséquent aucun effet, tandis que l'autre partie est employée toute entiere à mouvoir le Fluide; par cette méthode, je démontre que le Fluide doit passer successivement, de la figure sphérique qu'il avoit d'abord, à différentes figures Elliptiques, dont l'un des axes s'allonge de plus en plus, tandis que l'autre diminue, &, ce qui est très-remarquable, je trouve que le mouvement soit horizontal, soit vertical des parties du Fluide, peut être comparé à celui d'un pendule qu'on tireroit de son repos pour lui faire décrire de petits arcs circulaires. Or tout le monde sait qu'un pendule, lorsqu'il est arrivé à son point de repos, passe au-delà en vertu de la vitesse qu'il a acquise, pour retomber enſuite de nouveau : de même auſſi, lorſque la ſurface du Fluide, qui s'éloigne de plus en plus de la courbure circulaire, a acquis la figure qu'elle auroit dû avoir d'abord pour reſter en équilibre, elle doit néceſſairement paſſer au-delà de ce terme, & continuer à s'élever d'une quantité à peu près égale à celle dont elle s'eſt déja élevée; après quoi le Fluide retombera & s'abbaiſſera : & ſi ce Fluide eſt de l'air, cette eſpece de Reflux produira un vent contraire à celui qui ſouffloit d'abord. Pour donner là-deſſus un eſſai de calcul, je fais voir que dans le cas où l'air ſeroit homogene, & où le Soleil répondroit toujours au même point de l'Equateur, ceux qui habitent ſous ce grand cercle, devroient ſentir pendant environ 8 heures un vent d'Eſt, & enſuite un vent d'Oueſt pendant le même tems.

Il faut avouer cependant, que comme les oſcillations d'un pendule ceſſent aſſez promptement, de même auſſi ces oſcillations de l'air finiroient en fort peu de tems, ſi le Soleil répondoit toujours au même endroit de la Terre. Mais puiſque cet Aſtre change continuellement de ſituation par rapport aux differens points de notre globe, ſon action ſur chaque particule de l'air doit

doit varier ſans ceſſe, & par conſéquent elle doit produire ſans ceſſe du mouvement dans l'air, auſſi-bien que dans l'Ocean. Ainſi pour pouvoir mettre l'action Solaire au nombre des cauſes des vents, il faut néceſſairement y joindre le mouvement de la Terre : mais il faut auſſi remarquer, que ſi le mouvement de la Terre influe ſur les vents, c'eſt ſeulement en ce qu'il change la ſituation des parties de la Terre par rapport au Soleil. En effet, ni le mouvement annuel de la Terre, ni ſon mouvement diurne, ne peuvent produire par eux ſeuls aucun dérangement dans l'Athmoſphere : car le mouvement annuel eſt exactement le même dans toutes les parties de la Terre, il ne fait que tranſporter le globe terreſtre & l'air qui l'environne, comme ſi le tout enſemble formoit un ſeul corps ſolide ; & à l'égard du mouvement diurne, il y a long-tems que toute la maſſe de l'air a acquis la figure de Sphéroide applati qu'elle doit avoir en vertu de ce mouvement, & qu'elle a peut-être eu dès ſon origine.

Il ſeroit aſſez facile de déterminer les vents occaſionnés par le mouvement vrai ou apparent du Soleil, ſi pour y parvenir, il ne s'agiſſoit que de chercher ſéparément la viteſſe & la direction de chaque particule de l'air : car il suffiroit alors d'employer les méthodes ordinaires pour trouver le mouvement d'un point qui est animé par une force accélératrice donnée. Mais la force accélératrice qui meut chaque particule de l'air n'est pas la même, que si cette particule étoit un point libre & unique. En effet, toutes les particules du Fluide, considérées comme des points isolés & animés par la seule force attractive du Soleil, doivent avoir différentes vitesses suivant la position où elles sont par rapport à cet Astre : il faudroit donc, pour que ces parties pussent former une masse continue, que le Fluide s'élevât en certains endroits & s'abbaissât en d'autres. Mais alors les colomnes les plus pesantes venant à agir sur celles qui le seroient moins, produiroient dans le Fluide un nouveau mouvement qui altéreroit son mouvement primitif.

Cependant, la densité de l'air étant fort petite, on peut aisément s'assurer que dans le cas présent, la différence de pesanteur des colomnes seroit presque nulle ; & comme l'effet qui devroit en résulter, pourroit être anéanti par l'adhérence mutuelle des parties de l'air ; j'ai cru qu'il ne seroit pas inutile de résoudre d'abord le Problême ſous ce point de vûe, c'eſt-à-dire de regarder chaque particule de l'Athmoſphere comme un point unique & iſolé, en négligeant la différente peſanteur des colomnes. On trouve fort aiſément, que dans cette ſuppoſition il peut y avoir ſous l'Equateur un vent d'Eſt continuel. Mais ce Phenomene ſi ſingulier, devient une conſéquence encore plus immédiate des calculs, lorſqu'on enviſage la queſtion avec toutes ſes circonſtances, & qu'on a égard à l'action mutuelle des particules de l'air. On explique alors avec facilité par le ſecours d'une ſimple formule Geométrique, non-ſeulement le vent d'Eſt de la Zône torride, mais encore les vents d'Oueſt des Zônes tempérés, & les violents ouragans, qui ſelon l'obſervation des Navigateurs, ſont fort fréquents entre les Tropiques à certaines latitudes.

Au reſte, quoique dans cette recherche j'aie ſuppoſé l'air homogene, ce qui eſt le cas le plus ſimple de la queſtion propoſée, cependant le Problême eſt ſi compliqué même dans ce cas, qu'il m'a paru difficile de le réſoudre ſans le ſecours du principe général, dont j'ai parlé plus haut : de plus, les équations analytiques auxquelles je ſuis arrivé, paroiſſent de nature à ne pouvoir être résolues que par des approximations; mais ces approximations donnent des résultats assez exacts, principalement pour les endroits qui sont, ou proches des Pôles, ou peu éloignés de l'Equateur.

La détermination de la vitesse du vent devient encore plus embarrassante, lorsqu'on suppose l'Athmosphere telle qu'elle est en effet, c'est-à-dire composée de couches qui se compriment les unes les autres par leurs poids, & dont la densité diminue à mesure qu'elles s'éloignent de la Terre. Comme la loi suivant laquelle se fait leur compression, est encore inconnue, j'ai cru devoir déterminer les vents dans le cas général où les densités suivroient une loi quelconque, & j'ai joint à ma solution différentes remarques sur la loi des densités, qui est aujourd'hui le plus généralement admise.

Jusqu'ici j'ai regardé la Terre comme un globe entiérement solide, dont la surface seroit unie, & immédiatement contiguë à l'Athmosphere. Mais l'Académie de Berlin demande expressément par son Programme, l'ordre & le cours des vents, dans le cas où la Terre seroit couverte d'un profond Ocean; & cette nouvelle condition ajoute au Problême une difficulté très-considérable : car s'il est permis de négliger l'attraction mutuelle des parties de l'Athmosphere, à cause de leur peu de densité, il faut nécessairement avoir égard à celle que les particules Fluides de l'Ocean exercent les unes sur les autres, & sur la masse d'air qui les couvre. D'ailleurs, les eaux de la Mer sont agitées par le Soleil en même-tems que les parties de l'air ; & cette circonstance doit rendre les vents autres qu'ils ne seroient sur une surface solide & inébranlable. Car il est facile de concevoir, que la vitesse d'un Fluide dont le lit change continuellement de pente, doit être fort différente de celle que ce même Fluide auroit, s'il couloit sur un fond stable & immobile. Aussi la seule profondeur des eaux peut-elle changer dans certains cas la direction naturelle du vent, & transformer par ex. le vent général d'Est en un vent d'Ouest, comme il arrive en quelques parages sous la Zône torride même.

Néanmoins, en imaginant que le globe terrestre fût entiérement inondé par l'Ocean, j'ai cru devoir donner aux eaux une hauteur assez peu considérable par rapport au rayon de la Terre. Car la masse du globe terrestre, dans l'état où il eſt maintenant, eſt principalement compoſée de parties ſolides : or ces parties réſiſtent à l'action du Soleil par leur ſolidité même qui les empêche de changer de place les unes par rapport aux autres ; & il eſt évident que dans le cas où la Terre deviendroit entiérement Fluide, le mouvement des eaux & de l'Athmoſphere, ſeroit bien différent de ce qu'il eſt en effet. C'eſt pourquoi, ſi on imagine le globe terreſtre entiérement couvert d'eau, il faut au moins le rapprocher le plus qu'il eſt poſſible de ſon état actuel, & ſuppoſer par conſéquent la profondeur de la Mer aſſez petite par rapport au rayon de la Terre, quoique toujours très-conſidérable par rapport à celle des plus grands Fleuves.

Je ne dois pas omettre ici une obſervation eſſentielle. Il peut y avoir des cas où le Fluide s'abbaiſſe ſous l'Aſtre qui l'attire, au lieu de s'élever ; on rendra aiſément raiſon de ce paradoxe, ſi on conſidére, que le Fluide, étant une fois mis en mouvement, s'éléve, non-ſeulement par l'action de l'Aſtre, mais encore par la force d'inertie & par l'action mutuelle de ſes parties. Or la combinaiſon de ces forces peut être telle, que le Fluide au lieu de s'élever ſous l'Aſtre même, s'éléve à 90 degrés delà, & par conséquent s'abbaisse au-dessous de l'Astre.

A cette observation, j'en joindrai une seconde qui n'est pas moins importante. Si la Terre étoit entiérement inondée par les eaux de l'Ocean, ces eaux pourroient aussi-bien que l'air, former sous l'Equateur un courant perpétuel, & ce courant seroit vers l'Est ou vers l'Ouest, selon que la profondeur de la Mer seroit plus ou moins grande. Je sai que proche des côtes un tel mouvement doit nécessairement être détruit, & se changer en un mouvement d'oscillation : mais je laisse au Lecteur à juger, si les courans les plus remarquables, sur-tout ceux qu'on observe en pleine Mer, ne pourroient pas être attribués, au moins en partie, à l'action du Soleil & de la Lune, & à la différente hauteur des eaux ; & si les oscillations de la pleine Mer dans le sens horizontal ne seroient pas l'effet de plusieurs courans contraires.

Il me reste à dire un mot de l'influence que le ressort de l'air peut avoir sur les vents. Comme les différentes couches de l'Athmosphere sont capables de dilatation & de compression, & que l'action Solaire doit nécessairement en élever certaines parties, tandis que d'autres s'abbaissent, il est certain que les différens points d'une même couche seront inégalement pressés, & que cette couche ne conservera pas exactement la même densité ni le même ressort dans toutes ses parties. Mais quand on vient à déterminer la différence des pressions sur les points d'une même couche; on trouve cette différence si petite, que l'effet qui en résulte, doit être très-peu considérable. Il est donc permis dans toute cette recherche de regarder chacune des couches de l'air, comme non élastique & d'une densité invariable. Aussi les observations du Baromettre nous font-elles connoître, que le poids des différentes colomnes de l'Athmosphere est fort peu altéré par l'action du Soleil & de la Lune.

On demandera sans doute, pourquoi cette action qui éléve si fort les eaux de l'Ocean, ne produit pas une assez grande variation dans le poids de l'air, pour qu'on s'en apperçoive très-facilement sur le Barometre? Nous pourrions en donner plusieurs raisons; mais la seule différence entre la densité de l'air & celle de l'eau, fournit une explication très-sensible de ce Phenomene. Supposons que l'eau s'éléve en pleine Mer à la hauteur de 60 pieds : qu'on mette à la place de l'eau, quelque autre Fluide que ce ſoit, il eſt certain qu'il devra s'élever à une hauteur à peu près ſemblable ; car ſi ce Fluide eſt plus ou moins denſe que l'eau de l'Ocean, l'action Solaire qui attire chacune de ſes parties, produira auſſi dans la maſſe totale une force plus ou moins grande en même proportion ; par conſéquent la viteſſe & l'élévation des deux Fluides devront être les mêmes. Ainſi une colomne d'air homogene, d'une denſité égale à celui que nous reſpirons, s'éléveroit à la hauteur de 60 pieds, & ſa hauteur varieroit de 120 pieds en un jour, ſavoir 60 pieds en montant, & 60 en deſcendant. Or le Mercure étant environ onze mille fois plus peſant que l'air d'ici bas, une différence de 120 pieds dans la hauteur de l'Athmoſphere ne doit faire varier le Barometre que d'environ 2 lignes. C'eſt à peu près la quantité dont on trouve qu'il doit hauſſer chaque jour ſous l'Equateur, dans la ſuppoſition que le vent d'Eſt y faſſe 8 pieds par ſeconde. Mais comme il y a une infinité de cauſes accidentelles qui font ſouvent hauſſer & baiſſer le Barometre de beaucoup plus de deux lignes en un jour, il n'eſt pas ſurprenant que les balancemens qui peuvent y être excités par l'action du Soleil & de la Lune, ne soient pas faciles à distinguer : j'exhorte pourtant les Observateurs à s'y rendre attentifs.

Il me semble que le Lecteur doit avoir maintenant une idée générale de mon travail sur la question proposée par l'Académie de Berlin. Si ce travail laisse encore dans la Théorie des vents de l'obscurité & de l'incertitude, c'est au moins avoir fait quelques progrès dans cette matiere, que d'avoir donné les vrais principes dont elle dépend; principes, qui étant combinés avec les Expériences, nous conduiront sans doute à des connoissances plus fixes & plus certaines sur l'origine, l'ordre & les causes des vents réguliers.

Cette considération m'a engagé à faire aussi quelques recherches sur le mouvement de l'air renfermé entre une chaîne de montagnes, quoique l'Académie de Berlin n'ait pas paru le demander. Je me suis contenté de supposer cette chaîne, ou sur l'Equateur, ou sur un paralléle, ou sur un Méridien, parce que la nature du sujet & les bornes qui m'étoient prescrites, ne m'ont pas permis de m'engager dans un plus grand détail. Entre plusieurs remarques singuliéres auxquelles le calcul m'a conduit, j'ai trouvé que l'air, ou en général tout autre Fluide, qui, par une cauſe quelconque, ſe mouvroit uniformément & horizontalement entre deux plans verticaux & paralléles, ne devroit pas toujours s'accélérer dans les endroits où ſon lit viendroit à ſe rétrecir; mais que ſuivant le rapport de ſa profondeur, avec l'eſpace qu'il parcourroit dans une ſeconde, il devroit tantôt s'abbaiſſer en ces endroits, tantôt s'y élever; que dans ce dernier cas, il augmenteroit plus ſa hauteur en s'élevant qu'il ne perdroit en largeur, & que par conſéquent au lieu d'accélérer ſa viteſſe, il devroit au contraire la ralentir, puiſque l'eſpace par lequel il devroit paſſer, ſeroit augmenté réellement au lieu d'être diminué.

Tels ſont en abrégé les principes & les points fondamentaux de la Diſſertation ſuivante. Pour les faire connoître plus à fond, il ſeroit néceſſaire d'entrer dans des diſcuſſions plus profondes, qui ne pourroient être entendues que des ſeuls Geométres. Mais je ne dois pas manquer de répéter en finiſſant, que ſi le concours des cauſes accidentelles peut occaſionner dans les vents une infinité de variations, & altérer même quelqueſois l'action du Soleil & de la Lune jusqu'à la faire méconnoître, l'effet de cette action n'en doit pas moins ſuivre par lui-même un ordre invariable & conſtant. Approfondir & calculer cet effet, eſt l'unique but auquel il ſoit permis d'atteindre pour le préſent, & c'eſt auſſi la ſeule queſtion que j'aie tâché de réſoudre.

Cras vel atrâ
Nube polum Pater occupato,
Vel Sole puro; non tamen irritum
Quodcumque retrò eſt efficiet.

Extrait des Regiſtres de l'Académie Royale des Sciences, du 27 Août 1746.

MEſſieurs DE MONTIGNY & l'Abbé DE GUA, qui avoient été nommés pour examiner un Ouvrage de M. D'ALEMBERT, intitulé: *Réflexions ſur la cauſe générale des Vents, ou Recherches ſur les mouvemens que l'action du Soleil & celle de la Lune peuvent exciter dans l'Athmoſphère*, en ayant fait leur rapport, l'Académie a jugé cet Ouvrage digne de l'impreſſion. En foi de quoi j'ai ſigné le préſent Certificat. A Paris, ce 6 Septembre 1746.

GRAND-JEAN DE FOUCHY, *Sécretaire perpétuel de l'Académie Royale des Sciences.*

REFLEXIONS

DE L'IMPRIMERIE DE JEAN-BAPTISTE COIGNARD,
IMPRIMEUR DU ROI.

REFLEXIONS
SUR
LA CAUSE GENERALE DES VENTS,

Dans lesquelles on tâche de résoudre le Problême proposé par l'Academie Royale des Sciences & des Belles Lettres de Berlin.

ANALYSE DE L'OUVRAGE.

LA question proposée par l'Académie, consistoit *à déterminer l'ordre & la loi que le vent devroit suivre, si la Terre étoit environnée de tous côtés par l'Ocean; ensorte qu'on pût en tout tems prédire la vitesse & la direction du vent pour chaque endroit.* Pour répondre à cette question, autant que la nature du sujet m'a paru le permettre, j'ai composé la Dissertation suivante, qui peut se diviser en trois Parties.

ANALYSE DE LA PREMIERE PARTIE

Qui s'étend depuis l'art. 1 jusqu'à l'art. 39.

Dans cette premiere Partie, je suppose que la Terre est un globe solide dont la surface est parfaitement unie & couverte d'un air fort rare, homogene, & sans ressort, qui, dans son premier état, ait une figure sphérique. Je suppose, de plus, que tous les points de ce Fluide soient animés par des forces qui soient perpendiculaires à l'axe, & proportionnelles aux distances de ces points à l'axe; & non seulement je détermine la figure que le Fluide doit prendre en vertu de ces forces, mais je détermine encore (art. 12) les oscillations que doit faire le Fluide, pour passer de la figure sphérique qu'il avoit d'abord, à sa nouvelle figure sphéroidale : oscillations que personne n'a encore enseigné à calculer (*).

[(*) Il ne sera peut-être pas inutile de rapporter ici ce que dit le célebre *M. Euler*, sur un sujet qui a quelque rapport à celui-ci, dans son excellent Traité du Flux & Reflux de la Mer, fait en 1740. *Duæ sunt res, quæ absolutam ac perfectam totius motûs* (Oceani.), *reddunt summopere difficilem; quarum altera Physicam spectat, atque in ipsâ Fluidorum naturâ consistit, quorum motus difficulter ad calculum revocatur, præcipuè si quæstio sit de amplissimo Oceano, qui aliis in locis elevetur, aliis verò deprimatur*... plus bas il ajoute; *Quod quidem ad difficultatem Physicam attinet, res hoc quidem tempore fere desperata videtur: quanquam enim ab aliquo tempore, Theoria motûs aquarum ingentia sit assecuta incrementa, tamen ea potissimùm motum aquarum in vasis & tubis fluentium*

Je résous ensuite le même Problême, (art. 28) en supposant que le Fluide dont le globe est couvert, est homogene & sans élasticité; mais qu'il est assez dense pour qu'on doive avoir égard à l'Attraction mutuelle de ses parties.

Ces Problêmes résolus, je détermine aisément (art. 33) les oscillations que l'air auroit dû faire en vertu de la rotation diurne de la Terre sur son axe, si la figure de l'air avoit d'abord été sphérique : je détermine de même les oscillations que l'air devroit faire en vertu de l'action du Soleil & de la Lune, si ces deux astres étoient l'un & l'autre en repos : il est vrai, que dans le cas où le Soleil & la Lune seroient supposés immobiles, l'air auroit bien-tôt pris la figure qu'il devroit avoir en vertu de leur action, s'il n'avoit pas eu cette figure dès le commencement, & qu'ainsi les oscillations dont il s'agit, dureroient fort peu, ou même qu'il n'y en auroit peut-être point du tout ; cependant il m'a paru qu'il n'étoit pas inutile de m'appliquer à cette recherche, non-seulement parce qu'il en résulte une Théorie curieuse & nouvelle;

---

respiciunt, neque vix ullum commodum inde ad motum Oceani definiendum derivari potest. Quamobrem in hoc negotio aliud quidquam præstare non licet, nisi ut hypothesibus effingendis, quæ à veritate quàm minimè abludant, tota quæstio ad considerationes purè Geometricas & Analyticas revocetur. Je ne cite ces paroles d'un si grand Geométre, que pour faire entrevoir en quoi consiste la difficulté du Problême que je me suis proposé; la méthode que j'ai employé pour en trouver la solution, est, si je ne me trompe, générale & nouvelle.]

mais encore, parce que cette Théorie est appuyée sur des principes, dont la plûpart me seront nécessaires dans la suite de cet Ouvrage.

Analyse de la seconde Partie

Qui s'étend depuis l'art. 39 jusqu'à l'art. 90.

Cette seconde Partie est destinée à déterminer le mouvement de l'air en vertu de l'action des deux astres, lorsqu'on les suppose en mouvement. Pour en venir à bout, je suppose d'abord (*art.* 39) que la Terre est un globe solide couvert d'une couche d'air, soit homogene, soit heterogene, dont les parties ne puissent se nuire réciproquement dans leurs mouvemens, & reçoivent par conséquent de l'action de l'astre, tout le mouvement qu'elles peuvent en recevoir. Dans cette supposition, je détermine la direction & la vitesse du vent pour chaque endroit, & j'explique entr'autres choses, comment il peut se faire qu'il y ait sous l'Equateur un vent d'Est continuel. Ensuite, tout le reste demeurant comme auparavant, je change (*art.* 45) le globe solide en un globe Fluide, ou plutôt en un globe solide couvert d'un Fluide dense & dont les parties s'attirent, comme l'eau de la mer; dans cette supposition, je détermine la vitesse du vent, & je fais voir qu'elle est fort différente de celle que le vent devroit avoir sur un globe solide.

Je détermine ensuite la vitesse du vent, (*art.* 47) en supposant que les parties de l'air se nuisent réciproquement dans leurs mouvemens, comme elles se nuisent en effet; & je cherche d'abord la vitesse que doit avoir l'air, en imaginant qu'il soit homogene, & que la surface du globe terrestre soit solide. Je prouve que la direction du vent ne doit s'écarter que fort peu du plan vertical variable, par lequel l'astre passe à chaque instant; & déterminant ensuite la vitesse du vent par le calcul, je trouve que sous l'Equateur, elle doit avoir d'Orient en Occident une direction constante.

Je démontre (*art.* 49 & 50) un paradoxe singulier: savoir, qu'il y a des cas, où le Fluide, mû par la force de l'Attraction de l'astre, doit s'abbaisser sous cet astre, au lieu de s'élever, comme il sembleroit le devoir faire. Ensuite résolvant la question d'une maniere plus générale (*art.* 65), je donne les Equations pour déterminer la vitesse du vent, sans supposer que sa direction soit toujours dans le vertical de l'astre; mais ces Equations sont si compliquées, que dans le cas même le plus simple, je n'ai pû en déduire que par approximation les principales loix d'où dépend la Théorie des vents.

Ensuite je reprends (*art.* 77) l'hypothese de la direction du vent dans le plan vertical de l'astre, & je détermine sa vitesse, en supposant, que la Terre soit un globe solide, couvert, 1°. d'un Fluide dense, & dont les parties s'attirent, comme l'eau de la mer: 2°. d'un Fluide rare, dont les couches différent en densité, comme la masse d'air qui nous environne.

ANALYSE DE LA TROISIEME PARTIE

Qui s'étend depuis l'article 90 jusqu'à la fin.

Cette partie contient un leger essai sur le mouvement de l'air, entant que ce mouvement est changé & altéré par des montagnes ou par d'autres obstacles. Je détermine (*art.* 90) la vitesse du vent sous l'Equateur, sous un parallele, & sous un Meridien quelconque, en supposant que ce vent souffle dans une chaîne de montagnes paralléles, soit que ces montagnes s'étendent jusqu'au haut de l'Atmosphére, ou non : ensuite je donne les Equations par le moyen desquelles on peut déterminer le mouvement du vent, ou les oscillations qu'il devroit faire dans un espace entouré & fermé de tous côtés par des montagnes. Enfin, j'essaie de donner aussi quelques régles pour déterminer la vitesse du vent, lorsqu'il souffle entre une chaîne de montagnes qui ne sont point paralléles, & je termine cette partie par la solution d'un Problême assez curieux, dans lequel je détermine quelle doit être la vitesse du vent, supposé 1°. que la Terre soit réduite au plan de l'Equateur, ou ce qui revient au même, que l'Equateur soit couvert de très-hautes montagnes paralléles entr'elles. 2°. Que l'Athmosphére, au premier instant de son mouvement, ait une figure quelconque, pourvû que cette figure soit peu différente d'un cercle. 3°. Que chaque partie de l'Atmosphére ait reçû au premier instant de son mouvement, une impulsion quelconque. 4°. Qu'on connoiſſe l'endroit d'où l'Aſtre commence à ſe mouvoir, & le tems, depuis lequel il eſt en mouvement.

Remarque.

Dans tout le cours de cet Ouvrage, j'ai toujours ſuppoſé que le Fluide, ou les Fluides, ſoit homogenes, ſoit heterogenes, dont le globe terreſtre étoit imaginé couvert, avoient peu de profondeur par rapport au rayon de la Terre; ce qui n'eſt point contraire à l'expérience, puiſque la hauteur moyenne de l'air n'eſt que d'un petit nombre de lieues, ſelon l'eſtimation commune: & que la hauteur moyenne des eaux de l'Ocean eſt réputée d'environ $\frac{1}{4}$ de mille. De plus, cette ſuppoſition n'eſt point contraire à ces mots de la queſtion propoſée par l'Académie, *couverte d'un profond Ocean*; car quand on ſuppoſeroit la hauteur moyenne de l'Ocean, d'une lieue par exemple, l'Ocean, quoique très-profond, auroit encore fort peu de hauteur par rapport au rayon de la Terre.

Je n'ai preſque point eu d'égard au mouvement de l'air, entant qu'il peut réſulter de la chaleur produite par le Soleil. En effet, comme la cauſe de la chaleur, & la force par laquelle le Soleil échauffe l'air, ſont entiérement inconnues, ſoit dans leur principe, ſoit dans la maniere dont elles agiſſent, & dans les effets qu'elles produiſent, il m'a paru, qu'on n'en pouvoit rien déduire, qui ſervît à faire connoître *la viteſſe & la direction du vent*, comme l'Académie le demande dans ſon Programme. Je me ſuis donc borné à déterminer le mouvement de l'air, entant qu'il provient de la ſeule force du Soleil & de la Lune, qui agit ſur la Mer & ſur l'Atmoſphére en attirant leurs parties; force que *Newton* nous a appris à meſurer, quel qu'en ſoit le principe; & que l'Académie ſemble indiquer comme la principale cauſe des vents, par ces paroles de ſon Programme. *Le mouvement des vents ne ſeroit peut-être déterminé que par ces trois cauſes; ſavoir, le mouvement de la Terre, la force de la Lune, & l'activité du Soleil. Comme ces trois choſes ſuivent un ordre certain, les effets qu'elles produiſent, doivent auſſi ſubir des changemens dans un ordre ſemblable.* Par ces paroles, il me ſemble que l'Académie regarde l'action de la Lune comme influant ſur les vents, du moins autant que le Soleil, quoique l'action de la Lune ne puiſſe échauffer l'air. De plus, l'Académie demande les loix du mouvement de l'air, entant qu'il eſt produit par des cauſes qui *ſuivent un ordre certain*. Or la force du Soleil pour échauffer l'air ne doit point être comptée, ce me ſemble, au nombre de ces cauſes, puiſque l'ordre qu'elle ſuit, s'il n'eſt pas incertain en lui-même, l'eſt au moins par rapport à nous qui l'ignorons. J'avoue qu'il y a eu juſqu'à préſent pluſieurs Auteurs qui ont regardé comme la principale cauſe des vents, la chaleur produite dans l'air par le Soleil, & la raréfaction que cet Aſtre y cauſe. Mais en premier lieu, ſon action ne paroît avoir d'effet ſenſible que ſur l'air voiſin de la Terre, comme

le

le prouvent plusieurs Expériences faites sur de hautes montagnes ; d'ailleurs, si ces Auteurs ont attribué les vents généraux à la chaleur produite par le Soleil, c'est, selon toute apparence, parce qu'ils n'ont pas crû pouvoir expliquer autrement le vent d'Est continuel qu'on sent sous l'Equateur. Or j'espere démontrer dans cet Ouvrage, que le vent d'Est dont il s'agit, peut être produit par l'Attraction seule du Soleil & de la Lune.

Cependant pour ne rien laisser à désirer sur le Problême proposé, j'ai ajouté à la fin de cette Dissertation quelques remarques sur les mouvemens, que peut occasionner dans l'air la différente chaleur de ses parties.

A l'égard de l'élasticité de l'air, j'ai fait voir (*art.* 37 *n.* 2) qu'on devoit n'y avoir aucun égard, au moins entant qu'elle peut être augmentée ou diminuée par l'attraction du Soleil & de la Lune.

Pour ce qui concerne les vents irréguliers, qui résultent, soit des vapeurs, soit des nuages, soit de la situation des terres, soit enfin de différentes autres causes entiérement inconnues, je n'en ai fait aucune mention; l'Académie avouant elle-même qu'on ne peut raisonnablement en exiger le calcul.

Mais avant de finir cette Préface, il est à propos d'avertir que dans plusieurs endroits de la Dissertation suivante, j'ai cru pouvoir insérer différentes choses, qui sans avoir un rapport direct & immédiat à la question proposée par l'Académie, résultent néanmoins de la solution que j'en ai donnée, & peuvent être utiles, soit à la Dynamique, soit à l'Hydrodynamique, soit à l'Analyse même. De ce nombre, sont entr'autres 1°. les remarques de l'*art.* 31. sur la Figure de la Terre, où je démontre plusieurs vérités fort paradoxes sur cette matiere. 2°. L'examen de la cause pour laquelle l'action du Soleil & de la Lune produit une variation fort peu sensible sur le Barometre (*art.* 36), & en même tems quelques réflexions sur la maniere dont le savant *M. Daniel Bernoulli* a expliqué ce Phenoméne. 3°. Le principe général exposé dans la note sur l'*art.* 12 (†), & par lequel on peut résoudre avec facilité toutes les questions de Dynamique & d'Hydrodynamique. 4°. Les remarques de l'*art.* 79 sur les grandeurs imaginaires, & la méthode singuliére exposée dans l'*art.* 80, pour intégrer certaines équations, comme aussi la solution des Problêmes des *art.* 87 & 89. Cependant, afin qu'on puisse passer ces articles, si on le juge à propos, je les ai distingués par une étoile (*) des articles absolument nécessaires.

Il ne me reste plus qu'à soumettre au jugement de

[(†) Ce principe est le même dont je me suis servi dans mon *Traité de Dynamique* & dans mon *Traité des Fluides*; comme j'aurois pû me faire reconnoître en les citant, j'ai pris le parti d'exposer & de démontrer de nouveau ce même principe en peu de mots dans la note sur l'*art.* 12: ceux qui auront vû les applications que j'en ai fait dans mes deux premiers Ouvrages, & qui voudront se donner la peine d'examiner l'usage que j'en fais dans celui-ci, conviendront sans peine, que ce principe est tout à la fois, très-simple, très-facile, & très-fécond.]

l'Académie, ce petit nombre de recherches, auxquelles le défaut de tems, & d'autres occupations, ne m'ont pas permis de donner tout l'ordre & toute la perfection dont elles pouvoient être susceptibles.

PROPOS. I. LEMME.

1. *Soit un quart d'Ellipse* gnd, (Fig. 1) *qui différe très-peu d'un cercle : si on suppose la moitié du petit Axe* Cg = r, *la différence des demi-Axes*, α, *& le Sinus de l'angle* gCn, z, *le Sinus total étant* r : *je dis qu'on aura* Cn — Cg = $\frac{\alpha zz}{rr}$ *à très-peu près.*

Car décrivant le cercle $gO\omega$, & menant l'ordonnée nKS, on aura à cause des triangles semblables nKO, SnC; nO ou $Cn - Cg = \frac{nK \times nS}{nC} = \frac{\alpha \cdot nS^2}{rr}$. Donc &c.

PROPOS. II. PROBLÊME.

2. *Soit un globe solide* PEpV, (Fig. 2) *composé de différentes tranches circulaires* PEp, K$\epsilon\tau$, OFσ, *qui soient, si l'on veut, de différentes densités; supposons que ce globe soit couvert d'un Fluide homogene & sans ressort* DEPGIVpHD; *que chaque partie* N *du Fluide soit sollicitée par une force qui agisse suivant* NA *parallele à* DC, (†) *& qui soit*

(†) Comme la ligne *CG* est supposée l'axe du Spheroïde, la ligne *DG* change de position, selon les différentes coupes *GDH* dans lesquelles elle se trouve ; ainsi les lignes *NA* ne sont pas *proportionnelle au Sinus correſpondant* NS; *que de plus, les particules du Fluide ſoient pouſſées vers le centre* C, *par une force qui ſoit comme une fonction quelconque de la diſtance, & qui ſoit beaucoup plus grande que la force ſuivant* NA. *On demande la courbure* gnd (Fig. 3) *que doit avoir ou que doit prendre la ſurface du Fluide, pour être en équilibre.*

Il eſt évident 1°. que la courbe gnd doit être à peu près circulaire; 2°. que la peſanteur ſuivant nC en quelque point n que ce ſoit, peut être regardée comme conſtante, & peut être ſuppoſée $= p$; 3°. que la force réſultante de la peſanteur p & de la force ſuivant nA, doit être perpendiculaire à la courbe gnd en n; 4°. que ſi on appelle φ la force en d, paralléle & répondante à la force ſuivant nA, on aura la force ſuivant $nA = \frac{\varphi z}{r}$; donc la force ſuivant $n\nu$ ſera à très-peu près $= \frac{\varphi z \sqrt{[rr - zz]}}{rr}$. Ainſi décrivant le cercle $gO\omega$, on aura, à cauſe de l'équilibre, $p : \frac{\varphi z \sqrt{[rr - zz]}}{rr} :: \frac{rdz}{\sqrt{[rr - zz]}} : d(nO)$ à peu près. Donc $nO = \frac{\varphi zz}{2pr}$. Donc $Cn - Cg = \frac{\varphi zz}{2pr}$; c'eſt

---

paralléles à une ligne de poſition conſtante CD, mais aux lignes ED perpendiculaires à GH qui ſe trouvent dans les plans GNH; ou pour parler plus clairement, la ligne NA eſt toujours perpendiculaire à la ligne fixe GH.]

pourquoi (*art.* 1) la courbe gnd est une Ellipse, dont la différence a des Axes est $= \frac{\varphi r}{2p}$.

COROLL. I.

3. Pour avoir la ligne Gg, ou la distance entre le point G du cercle GND, & la surface gnd, il faut remarquer que le solide par $GND\omega g$ (*) doit être égal au solide par $gd\omega g$. Or si on appelle $2n$ le rapport de la circonférence au rayon, & Gg, k; le premier de ces solides est $k \cdot 2nrr$ à très-peu près : le second est égal à ce que devient la quantité $\int \frac{\varphi zz}{2pr} \times 2nz \times \frac{rdz}{\sqrt{[rr-zz]}}$, lorsque $z = r$; c'est-à-dire à $\frac{\varphi}{p} \times \frac{2nr^3}{3}$. Donc on aura $k = \frac{\varphi r}{3p}$.

SCOLIE I.

4. Il est évident que la quantité k ne doit pas être plus grande que GP : autrement il arriveroit que quand le Fluide seroit en équilibre, il y auroit quelque partie de la surface PE qui seroit entiérement à découvert, & alors la solution précédente devroit n'être plus la même.

(*a*) Par ces termes, *le solide par* $GND\omega g$, & d'autres semblables, j'entendrai toujours dans la suite, le solide engendré par la révolution de la figure $GND\omega g$ autour de CG.

SCOLIE II.

(*) 5. Si on demande quelle devroit être la solution du Problême dans le cas où on trouve $k > GP$, (Fig. 4) on fera $GP = \varepsilon$; & supposant pour faciliter le calcul, que ε soit fort petite par rapport à r, on imaginera que le Fluide parvienne à l'équilibre dans la situation $g\delta E$, ensorte que la partie Pg de la surface du globe soit à découvert; & faisant $E\delta = n$, & $gV = z'$, on aura $n = \frac{\varphi r}{2p} \times (\frac{rr - z'z'}{2r}) = \frac{\varphi r}{2p} \times \frac{CV^2}{CP^2}$. On trouvera de même $NO = \frac{\varphi}{p} \times \frac{OL^2 - gV^2}{2r} = \frac{\varphi}{p} \times \frac{zz - z'z'}{2r}$. Ainsi prenant z' pour constante, on trouvera le solide par $gN\delta E$ = au solide par $gECV$ multiplié par $\frac{\varphi}{p}$, moins la quantité $\frac{\varphi . nCV . gV^2}{p}$. Or le solide par $gN\delta E$ doit être égal au solide par $GNDEP$ ou $\varepsilon . 2nrr$: on aura donc $\varepsilon . 2nrr = \frac{\varphi}{p} \times [\frac{r}{3} . 2nr\, \sqrt{[rr - z'z']} + \frac{nz'z' \sqrt{[rr - z'z']}}{3} - nz'z' \sqrt{[rr - z'z']}]$. D'où l'on tire $\frac{3p\varepsilon rr}{\varphi} = (rr - z'z')^{\frac{3}{2}}$; ou $\frac{3p\varepsilon rr}{\varphi} = CV^3$. Ainsi on connoîtra la partie Pg de la surface du Fluide, qui doit être à découvert. Or comme CV ne peut être plus grand que r, il s'ensuit que le

Problême ne peut être résolu que dans le cas où $\frac{3p\epsilon}{\varphi}$ n'est pas plus grand que r, c'est-à-dire dans le cas où ϵ n'est pas plus grand que $\frac{\varphi r}{3p}$; ce qui est l'inverse de l'*art.* 4.

COROLL. II.

6. Si on revient maintenant aux suppositions qui ont été faites dans l'*article* 3, on aura Nn (Figure 3) ou $Gg - nO = \frac{\varphi}{p}\left(\frac{r}{3} - \frac{zz}{2r}\right)$; & le solide par $GNng =$ $\int \frac{\varphi}{r}\left(\frac{r}{3} - \frac{zz}{2r}\right) \times 2nz \times \frac{rdz}{\sqrt{[rr - zz]}} = \frac{\varphi nzz\sqrt{[rr - zz]}}{3p}$.

COROLL. III.

7. Donc pour avoir un point ν tel, que le solide par $n\nu mM$ soit égal au solide par $GNng$, il faut prendre $n\nu$ telle que l'on ait $2nz \cdot n\nu \times \frac{r}{3} \times \left(1 - \frac{CP^3}{CG^3}\right) = \frac{\varphi nzz\sqrt{[rr - zz]}}{3p}$: donc si on fait $CP = \varrho$; on aura $n\nu = \frac{\varphi r^3 z\sqrt{[rr - zz]}}{p \cdot 2r(r^3 - \varrho^3)}$.

SCOLIE III.

8. Si la hauteur GP du Fluide est fort petite par rapport au rayon CP, on peut trouver encore l'équation de la surface $g\nu d$ par une autre méthode fort facile, en supposant que les deux colonnes Mn, $m\nu$, soient infiniment proches l'une de l'autre, & en remarquant que l'excès

du poids de la colomne $m\nu$ sur la colomne nM est égal à la force de la particule Mm suivant Mm : d'où l'on tire $p \times d(nO) = \frac{r\,dz}{\sqrt{[rr - zz]}} \times \frac{\varphi z \sqrt{[rr - zz]}}{rr} = \frac{\varphi z\,dz}{r}$, comme dans l'*art.* 2.

Si PG n'étoit pas fort petite par rapport à CP, alors en calculant la différence de poids des colomnes $m\nu$, nM, on ne pourroit pas négliger la force suivant nN, résultante de la force $\frac{\varphi z}{r}$ qui agit suivant nA. Ainsi la force de la particule Mm suivant Mm, ne seroit point alors égale à $p\,d(nO)$, puisque $p\,d(nO)$ ne devroit point alors être regardé comme l'excès de pesanteur de la colomne $m\nu$ sur la colomne nM.

SCOLIE IV.

9. Supposant que GP soit fort petite par rapport à CP, on trouve que l'excès du poids de la colomne Ed sur la colomne Pg, sera à très-peu près $\frac{\varphi r}{2}$.

SCOLIE V.

10. Les mêmes choses étant supposées ; si on fait $r - \varrho = \epsilon$, on aura dans l'*art.* 7, $n\nu = \frac{z\sqrt{[rr - zz]}}{6\epsilon} \times \frac{\varphi}{p}$. D'où il s'ensuit que la ligne $n\nu$ ne peut être fort petite par rapport à r, comme nous l'avons supposé dans l'*art.* 7, à moins

moins que $\frac{\varphi r}{6 \iota p}$ ne soit une quantité fort petite ; c'est pourquoi, comme ι est déja fort petite par rapport à r, il faut que φ soit encore beaucoup plus petite par rapport à $6p$, que ι ne l'est par rapport à r.

COROLL. IV.

11. Si par un point quelconque γ de la petite ligne Gg, (Fig. 5) on décrit la courbe $\gamma Ii\delta$, qui coupe les lignes Gg, Nn en raison donnée, c'est-à-dire, de maniere que NI soit à Nn comme $G\gamma$ à Gg ; il est évident,

1°. Que si $n\nu$ est très-petite par rapport à r, la ligne $N\nu$ sera coupée en i, à peu près dans le même rapport que Nn l'est en I : & qu'ainsi on aura $Mm : M\mu :: Nn : NI :: Gg : G\gamma$.

2°. Que le solide par $G\gamma IN$ sera au solide par $GgnN$, comme $G\gamma$ à Gg, & qu'ainsi le solide par $G\gamma IN$ sera $=$ au solide par $Ii\mu M$; puisque le solide par $Ii\mu M$ est au solide par $n\nu mM$, (égal au solide par $GgnN$) comme $M\mu$ est à Mm, ou comme $G\gamma$ est à Gg.

3°. Que le Sinus du complément de l'angle presque droit gnC, est au Sinus du complément de l'angle presque droit γIC, comme Gg à $G\gamma$, ou comme Mm à $M\mu$; par conséquent, si on regarde les angles en I & en i comme presque égaux, le Sinus du complément de l'angle en i sera au Sinus du complément de l'angle en n, comme $M\mu$ à Mm, à très-peu près.

Propos. III. Probleme.

12. *Les mêmes choses étant supposées que dans le Problême précédent* art. 2, *on demande comment & par quels degrés la surface Spherique* GND *du Fluide* GDEP *parvient dans la situation* gnd; *ou, ce qui est la même chose, on demande la loi du mouvement de la masse* GDEP *lorsqu'elle parvient en* gdEP.

Pour rendre le calcul plus facile, nous supposerons comme dans les *art.* 6, 7, 8, 9, &c. que ε est fort petite par rapport à r; & que φ est encore beaucoup plus petite par rapport à $6p$. Cela supposé, je dis, qu'on peut imaginer sans erreur sensible, 1°. que la colomne NM du Fluide vient en νm, le point N décrivant la ligne $N\nu$, & le point M la ligne Mm. 2°. Que lorsque les points N, M sont arrivés en deux endroits quelconques i, μ, alors la force accélératrice qui agit perpendiculairement à NM ou $i\mu$, soit sur le point N, soit sur le point M, est à la force $\frac{\varphi z \sqrt{[rr - zz]}}{rr}$, comme $m\mu$ à Mm. 3°. Que dans l'instant même où le point N vient en i ou en ν, le point G vient en γ ou en g, & le point D en δ ou en d, & que la surface GND se change en $\gamma i\delta$ ou en gnd.

Il est constant qu'on peut admettre la premiere de ces suppositions, puisque les points N & M, étant (*hyp.*) très-proches l'un de l'autre, leur vitesse perpendiculaire à NM doit être à peu près la même; & cette suppoſition ſera de nouveau confirmée par les remarques que nous ferons plus bas. [*Voyez l'art.* 18].

Maintenant, pour démontrer que la ſeconde & la troiſiéme ſuppoſition ſont exactes & légitimes, ſuppoſons qu'elles le ſont en effet, & voyons ce qui s'en enſuivra. On remarquera d'abord, que quand le point N parvient en i, & le point M en μ, on aura (en décrivant, comme dans l'*art.* 11 la courbe $\gamma I \delta$) le ſolide par $G\gamma IN =$ au ſolide par $Ii\mu M$. De plus, la force totale qui agit ſur le point N ou i perpendiculairement au rayon, eſt $\frac{\varphi z \sqrt{[rr - zz]}}{rr}$: c'eſt pourquoi ſi on ſuppoſe que la force accélératrice eſt $\frac{\varphi z \sqrt{[rr - zz]}}{rr} \cdot \frac{m\mu}{Mm}$; il eſt évident que la force reſtante ſera $\frac{\varphi z \sqrt{[rr - zz]}}{rr} \times \frac{M\mu}{Mm}$. Or ſi les deux ſuppoſitions que nous examinons ici, ſont légitimes, il faut 1°. que cette force reſtante ſoit telle, qu'elle ne produiſe aucun mouvement dans les points μ & i (*), puiſ-

---

(*) §. I. C'eſt un principe généralement vrai en Méchanique, que ſi un corps tend à ſe mouvoir avec la viteſſe a, & qu'il ſoit forcé de prendre la viteſſe b, ſoit par la rencontre de quelque obſtacle, ſoit par quelque autre cauſe, on peut ſuppoſer que la viteſſe a, eſt compoſée de la viteſſe b, & d'une autre viteſſe c; & que la viteſſe c doit être telle, que ſi elle étoit la ſeule qui eut été imprimée au corps, toutes les autres circonſtances demeurant d'ailleurs les mêmes, le corps ſeroit reſté en repos. C'eſt ſur ce principe que ſont appuyées les loix du mouvement d'un corps qui

que (*hyp.*) de la force totale $\frac{\varphi z \surd.[rr-zz]}{rr}$, il n'y a que la partie $\frac{\varphi z \surd[rr-zz]}{rr} \times \frac{m\mu}{Mm}$ qui soit employée à mouvoir les points i & μ : 2°. il faut que le tems employé à parcourir Mm ou $M\mu$, ne dépende pas de la situation du point M dans le cercle PME; car puisque (*hyp.*) tous les points de la courbe GN passent tous en même tems sur la courbe $\gamma i \delta$, savoir dans le tems que le point N

---

vient frapper obliquement une surface plane. Car la vitesse absolue a avec lequel le corps tend à se mouvoir lorsqu'il frappe le plan, est composée de la vitesse b paralléle au plan, qui est la vitesse avec laquelle le corps doit se mouvoir après le choc, & de la vitesse c, perpendiculaire au plan, qui doit être détruite, & qui est telle, que si elle avoit été seule imprimé au corps, elle n'auroit produit aucun mouvement.

De ce principe général il résulte, que si la vitesse b a la même direction que la vitesse a, cette derniere vitessé pourra être regardée comme composée de b & de $a - b$, à cause de $a = b + a - b$. Donc si le corps n'avoit eu que la seule vitesse virtuelle $a - b$, il auroit dû rester en repos.

Supposons donc que le point A (Fig. 6) se meuve suivant AG, sur une courbe quelconque PAD, étant animé d'une force accélératrice réelle $= \varpi$; & qu'en même tems il soit sollicité de se mouvoir suivant AG par une force $= F$, qui par quelque raison que ce puisse être, se change en ϖ; je dis que ce corps A, s'il étoit sollicité suivant AP par une force $= F - \varpi$, demeureroit en repos. Car soit u la vitesse du corps A suivant AG dans un instant quelconque dt: dans l'instant suivant la vitesse du point A seroit $u + Fdt$, si rien n'altéroit son mouvement; mais (*hyp.*) cette vitesse est réellement $u + \varpi dt$; or la vitesse $u + Fdt = u + \varpi dt + Fdt - \varpi dt$; c'est-à-dire, que la vitesse $u + Fdt$ est composée

paſſe en i, l'expreſſion de ce tems doit être conſtante & invariable pour tous les points N; c'eſt-à-dire, le tems que le point M met à parcourir $M\mu$, ne doit point dépendre de la ſituation du point M. Voyons donc ſi la force $\frac{\varphi z \sqrt{[rr - zz]} \times \mu M}{rr . Mm}$ agiſſant perpendiculairement à $i\mu$, ne doit en effet produire aucun mouvement dans le Fluide ; & outre cela, ſi le tems par $M\mu$ & par Mm eſt le même pour tous les points M.

---

de la viteſſe $u + \varpi dt$, & de la viteſſe $Fdt - \varpi dt$, ſuivant AG. Donc par le principe général, la viteſſe $Fdt - \varpi dt$ doit être telle, que ſi elle étoit ſeule imprimée au point A, ce point reſteroit en repos ; ou ce qui revient au même, le point A étant pouſſé ſuivant AG par la force accélératrice $F - \varpi$, devroit reſter en équilibre.

Donc dans la ſuppoſition préſente, le point i ou μ (Fig. 5) étant ſollicité par la ſeule force $\frac{\varphi z \sqrt{[rr - zz]}}{rr} \times \frac{M\mu}{Mm}$ devroit reſter en repos ; car la force F eſt ici égale à $\frac{\varphi z \sqrt{[rr - zz]}}{rr}$, & la force $\varpi = \frac{\varphi z \sqrt{[rr - zz]} . m\mu}{rr . Mm}$. Donc $F - \varpi = \frac{\varphi z \sqrt{[rr - zz]} \times M\mu}{rr . Mm}$.

§. II. On doit auſſi remarquer (ce qui eſt très-néceſſaire pour l'intelligence des propoſitions ſuivantes) que ſi le point A ne ſe mouvoit pas ſuivant AP, mais ſuivant AD, & que la force accélératrice ϖ agît ſuivant AD, la force F agiſſant toujours ſuivant AP, la viteſſe dans l'inſtant qui ſuit l'inſtant dt, ſeroit $u + \varpi dt$; & que $u - Fdt$ ſeroit la viteſſe que le point A auroit eüe, ſi rien n'avoit altéré ſon mouvement. Or $u - Fdt = u + \varpi dt - Fdt - \varpi dt$. Donc ſi le corps A ne recevoit que la ſeule viteſſe $- Fdt - \varpi dt$ ſuivant AD, ou ce qui revient au même, s'il n'étoit animé que de la ſeule force accélératrice $F + \varpi$ ſuivant AP, il devroit demeurer en repos.

On a (*art.* 2) le Sinus du complément de l'angle gnC, au Sinus total, comme $\frac{\varphi z \sqrt{[rr - zz]}}{rr}$ à p; & (*art.* 11) le Sinus du complément de l'angle $\gamma i C$ eſt au Sinus du complément de l'angle gnC, comme $M\mu$ à Mm. Donc le Sinus du complément de l'angle $\gamma i C$ eſt au Sinus total, comme $\frac{\varphi z \sqrt{[rr - zz]}}{rr} \times \frac{M\mu}{Mm}$ eſt à p; donc l'action ſur le point i, provenant de la gravité p vers C, & de la force $\frac{\varphi z \sqrt{[rr - zz]}}{rr} \times \frac{M\mu}{Mm}$ perpendiculaire à $i\mu$, ſera perpendiculaire à la courbe $\gamma i C$ en i. Donc l'action de la force $\frac{\varphi z \sqrt{[rr - zz]}}{rr} \times \frac{M\mu}{Mm}$ ne produira aucun mouvement dans le Fluide.

De plus, comme l'on a $Mm = \frac{\varphi z \sqrt{[rr - zz]}}{6 \iota p}$ (*art.* 10) & que la force accélératrice en $M = \frac{\varphi z \sqrt{[rr - zz]}}{rr}$, il eſt clair que la force en M eſt par-tout proportionnelle à la diſtance du point M au point m : donc le tems par Mm ſera le même pour tous les points M, auſſi-bien que le tems par $M\mu$, puiſque $M\mu$ eſt par-tout à Mm dans la raiſon conſtante de $G\gamma$ à Gg.

Donc la ſeconde & la troiſiéme ſuppoſition ſont légitimes. *Ce qu'il falloit démontrer.*

COROLL. I.

13. Si un corps ou point M est poussé vers un autre point m par une force accélératrice qui dans les différens points μ, soit $= \frac{F \cdot m\mu}{Mm}$; les Geométres savent, qu'en appellant Mm, ϵ, $m\mu$, x, & le tems par $M\mu$, t, on aura $dt = - \frac{dx \sqrt{\epsilon}}{\sqrt{F} \cdot \sqrt{[\epsilon^2 - x^2]}}$. Donc le tems total employé à parcourir Mm sera au tems θ, qu'un corps pesant mettroit à parcourir une ligne donnée a en vertu de la gravité p, comme $\frac{n \sqrt{\epsilon}}{2 \sqrt{F}}$ à $\frac{\sqrt{2a}}{\sqrt{p}}$, $2n$ exprimant toujours le rapport de la circonférence d'un cercle au rayon : donc si au lieu de Mm ou ϵ, on substitue sa valeur $\frac{\phi z \sqrt{[rr - zz]}}{6 s p}$ & pour F sa valeur $\frac{\phi z \sqrt{[rr - zz]}}{rr}$, on trouvera que le tems employé à parcourir Mm, est $\frac{\theta n r}{4 \sqrt{[3as]}}$.

C'est une chose digne de remarque, que le tems employé par le point M à parcourir Mm ne dépend en aucune maniere de la force accélératrice ϕ, mais seulement de r & de s. Mais si on examine ce paradoxe de plus près, il ne paroîtra point surprenant, puisque la ligne Mm $(\frac{\phi z \sqrt{[rr - zz]}}{6 s p})$ est proportionnelle à la force $\frac{\phi z \sqrt{[rr - zz]}}{rr}$ suivant Mm.

COROLL. II.

14. Il eſt évident, que quand le point M eſt arrivé en m, il ne doit pas reſter en ce point m, mais qu'il doit continuer ſon chemin vers m', & décrire une ligne $mm' = Mm$; qu'enſuite il doit revenir de m vers m', & de-là en M; & qu'ainſi il doit faire en allant & en revenant autour du point m des oſcillations, qui dureroient éternellement, ſi la tenacité & le frottement des parties du Fluide ne ralentiſſoit peu à peu ſon mouvement, qui s'éteindra enfin tout-à-fait, le point M s'arrêtant en m, & le Fluide s'arrêtant en $gdEP$.

Donc le tems d'une oſcillation entiere de M en $m' = \frac{\theta n r}{2\surd[3at]}$, & le tems de deux oſcillations $= \frac{\theta n r}{\surd[3at]}$.

COROLL. III.

15. En général on aura dt à θ, comme $-\frac{dx\surd b}{\surd F.\surd[bb-xx]}$ eſt à $\frac{\surd 2a}{\surd p}$; c'eſt-à-dire $\frac{2dt\surd[3at]}{\theta r} = \frac{-dx}{\surd[bb-xx]}$: donc prenant c pour le nombre dont le Logarithme eſt l'unité, on aura . . . .

$$c^{\frac{2t\surd[3at].\surd-1}{\theta r}} = \frac{x+\surd[xx-bb]}{b}.$$ Donc $\frac{x}{b} =$

$$\frac{c^{\frac{4t\surd[3at].\surd-1}{\theta r}} + c^{\frac{-4t\surd[3at].\surd-1}{\theta r}}}{2}.$$ Donc $M\mu =$

φx

$$\frac{\varphi z \sqrt{[rr-zz]}}{6pt} \times \left[\frac{2 - \left(c^{\frac{4t\sqrt{[3at]}.\sqrt{-1}}{8r}} + c^{\frac{-4t\sqrt{[3at]}.\sqrt{-1}}{8r}}\right)}{2} \right]$$

$$NI = \frac{\varphi}{p}\left(\frac{r}{3} - \frac{zz}{2r}\right) \times \left[\frac{2 - \left(c^{\frac{4t\sqrt{[3at]}.\sqrt{-1}}{8r}} + c^{\frac{-4t\sqrt{[3at]}.\sqrt{-1}}{8r}}\right)}{2} \right]$$

parce que NI eſt à $M\mu$, comme Nn ou $\frac{\varphi}{p} \times \left(\frac{r}{3} - \frac{zz}{2r}\right)$ eſt à Mm ou $\frac{\varphi z \sqrt{[rr-zz]}}{6tp}$.

SCOLIE I.

16. Nous avons déja prouvé que la ligne $N\nu$ eſt la direction de la particule N du Fluide : or il eſt facile de déterminer l'angle $nN\nu$, puiſque $N\nu$, & $n\nu$ ſont connues (*art.* 6 & 7) : par conſéquent on trouvera facilement la viteſſe abſolue du Fluide ſuivant $N\nu$ en un point quelconque i.

[Si le Fluide *GND* n'avoit pas d'abord été ſphérique, mais qu'il eût eu la figure d'une des courbes $\gamma I\delta$, gnd, &c. que nous avons déterminées (*art.* 11), il n'auroit pas été plus difficile de trouver en ce cas le mouvement du Fluide ; par exemple, ſi la ſurface du Fluide avoit d'abord été $\gamma I\delta$, le point i eût décrit la ligne $i\nu$, & le point μ la ligne μm ; & le tems de la demi oſcillation par μm eût été le même, que le tems de la demi oſcillation par Mm dans le cas de la ſphéricité. Tout cela peut ſe démontrer par le même raiſonnement dont on s'eſt déja ſervi *art.* 12, & il ne nous paroît point néceſſaire de nous étendre davantage là-dessus. Nous verrons dans la suite quel doit être le mouvement du Fluide, lorsque la surface *GND* a une figure quelconque donnée.]

SCOLIE II.

17. Pour ce qui regarde la vitesse & la direction absolue des points qui sont entre *N* & *M* (Fig. 7); voici comment on la déterminera. Ayant décrit par un point quelconque *L* de la ligne *GP* le cercle *LRV*, on prendra $L\lambda = \frac{Gg \times LP}{GP}$, & on décrira la courbe $\lambda q u$, telle, que l'on ait par-tout $Rq : Nn :: L\lambda : Gg$; faisant ensuite $Ll = G\gamma \times \frac{LP}{GP}$, on décrira la courbe *lrov*, dans laquelle on ait $Rr : NI :: Ll : G\gamma$. Maintenant on verra facilement, que le solide par $G\gamma IN$ est au solide par *LlrR*, comme $G\gamma$ à *Ll*, (à cause que *GP* est supposée fort petite par rapport à *r*) c'est-à-dire, comme *GP* à *LP*. Or le solide par $Ni\mu M$ est au solide par $Ro\mu M$, comme *NM* à *RM*, ou comme *GP* à *LP*, & le solide par $Ni\mu M$ est égal au solide par $G\gamma IN$; d'où il s'ensuit que le solide par *LlrR* sera égal au solide par $Ro\mu M$. Donc le point *N* venant en *i*, le point *R* viendra en *o*, & la vitesse de ce point *R* suivant *Rr*, sera à la vitesse du point *N* suivant *NI*, comme $L\lambda$ à *Gg*, ou *LP* à *GP*; ainsi comme la vitesse des points *R* & *N* parallelement à *Mm*, est la même, on aura facilement le mouvement absolu du point *R* suivant *Ro*.

SCOLIE III.

18. Dans la solution du Problême précédent (*art.* 12) nous avons démontré que la force $\frac{\phi z \sqrt{[rr - zz]} \cdot M\mu}{rr \cdot Mm}$ étoit telle, qu'elle faisoit équilibre au point *i* avec la pesanteur vers *C*. Nous eussions pû aussi démontrer que la particule *Mm* du Fluide, animée par cette seule force $\frac{\phi z \sqrt{[rr - zz]} \cdot M\mu}{rr \cdot Mm}$ seroit restée en équilibre avec les colomnes *IM*, *μi*, ou plûtôt avec la différence du poids de ces deux colomnes. Si nous eussions suivi cette route pour résoudre le Problême, nous eussions trouvé pour la valeur de la force accélératrice du point *M*, l'expression $\frac{\phi z \sqrt{[rr - zz]} \cdot m\mu}{rr \cdot Mm}$ qui est l'excès de la force totale $\frac{\phi z \sqrt{[rr - zz]}}{rr}$, sur la force $\frac{\phi z \sqrt{[rr - zz]} \cdot M\mu}{rr \cdot Mm}$. Or cette valeur de la force accélératrice du point *M*, est égale à celle qu'on a déja trouvée pour la force accélératrice qui meut le point *N* parallelement à *Mm*. Ce qui confirme de nouveau la supposition que nous avons faite dans l'*art.* 12, que la vitesse des points *N* & *M* parallelement à *Mm* étoit la même. (J'appellerai dans la suite cette vitesse, *vitesse horizontale.*)

Je ne vois qu'une seule objection à faire contre cette supposition : c'est que la ligne *vm* étant plus petite que la ligne *NM*, il est difficile de concevoir comment les points de la ligne *NM* peuvent tous arriver en *vm*. Mais 1°. les lignes *NM* & *vm* différent très-peu l'une de l'autre; par conséquent l'erreur qui peut résulter de leur différence dans la détermination du mouvement des points de la ligne *NM*, doit être une erreur fort petite. [En effet, que ce soit le point *N* même qui vienne en *i*, ou que ce soit un autre point; il est évident, à cause de la petitesse de *Gg* par rapport à *CP*, que cet autre point ne peut être que fort près de *N*, & qu'ainsi le point *N* lui-même doit toujours se trouver très-près de la surface; on peut donc sans erreur sensible, supposer qu'il soit toujours sur la surface même. D'ailleurs, si on examine la solution donnée dans l'*art*. 12, on verra qu'elle ne suppose réellement autre chose, sinon que les points d'une même colomne verticale ont tous une vitesse égale, ou à peu près égale dans le sens horizontal, hypothese à laquelle on ne sauroit se refuser. C'est sur-tout le mouvement que les points *N*, *O*, (Fig. 5) ont dans le sens vertical, qui peut faire changer leur situation par rapport à la surface *GND*. Or la force accélératrice qui produit ce mouvement n'est point à considérer, étant très-petite par rapport à la pesanteur]. 2°. L'hypothese que nous faisons ici, est entiérement semblable & analogue à celle qu'ont fait jusqu'ici tous les Auteurs d'Hydraulique, savoir que quand un Fluide s'échappe verticalement d'un vase de figure quelconque, toutes les particules qui sont situées dans la même tranche horizontale, ont le même mouvement vertical : cette derniere hypothese est conforme à l'expérience, & cependant elle pourroit être ſujette aux mêmes difficultés que l'on nous fait ici. 3°. Me ſera-t-il permis d'ajouter (mais je ne donne ceci que comme une légere conjecture) que les particules du Fluide qui ſont dans la ligne *NM*, peuvent être conſidérées comme des globules ou corpuſcules élaſtiques, qui changent un peu de figure pour venir dans l'eſpace $\nu\mu$. En effet ſoient *NM*, *GT*, (Fig. 8) deux colomnes infiniment proches ; que *NM* vienne en $\nu\mu$, & *GT* en *St* ; il eſt évident que le ſolide par *NMTG* doit être égal au ſolide par $\nu S t m$. Ainſi, comme νm eſt plus petite que *NM*, la baſe du ſecond ſolide doit être plus grande que celle du premier, en même raiſon. Ne peut-on donc pas ſuppoſer que les globules élaſtiques qui rempliſſent le premier ſolide, deviennent un peu ſphéroidaux, lorſqu'ils viennent remplir le ſecond, & que leur diametre diminue un peu dans le ſens *NM*, & augmente un peu dans le ſens *Mm* ?

Au reſte, cette hypotheſe ſur la figure & l'élaſticité des parties du Fluide (que je ne donne encore une fois que comme une légere conjecture,) n'a rien de contraire à l'expérience par laquelle on trouve que l'eau eſt incompreſſible. En effet, une boule d'ivoire, par exemple, à qui la moindre percuſſion fait changer de figure, ne peut être comprimée par la preſſion la plus conſidérable qu'on puiſſe imaginer.

SCOLIE IV.

19. Si la hauteur *NM* du Fluide n'eſt pas petite par

rapport au rayon *CM*, alors on ne peut plus ſuppoſer que la viteſſe horizontale des points *N* & *M* ſoit la même : en effet, ce n'eſt que dans le cas où l'arc *Mm* ne différe pas ſenſiblement de l'arc concentrique décrit du rayon *Cn*, qu'il eſt permis d'admettre que la force qui fait équilibre en *M* avec les colomnes *NM*, *νm*, eſt égale à la force qui fait équilibre en *n* avec la gravité. Dans tous les autres cas, la force accélératrice des points *N* & *M* n'eſt pas la même, puiſque les forces accélératrices des points *N* & *M*, ne ſont autre choſe que l'excès dont la force $\frac{\varphi z \sqrt{[rr - zz]}}{rr}$ ſurpaſſe les forces qui ſont équilibre avec la peſanteur ; par conſéquent la viteſſe horizontale de ces points ne doit pas être la même.

SCOLIE V.

20. (*) On nous objectera peut-être, que les viteſſes horizontales des points *M* & *N*, peuvent au moins être entr'elles comme les rayons *CM*, *CN*, dans le cas où *GP* n'eſt pas petite par rapport à *CP*. Si cela étoit, les points *N* & *M* auroient la même viteſſe horizontale *angulaire*, & on pourroit avec facilité déterminer leur mouvement. Pour lever entiérement cette difficulté, nous allons démontrer que les viteſſes horizontales des points *N* & *M* ne ſont point exactement entr'elles, comme les rayons *CN*, *CM*, dans le cas où *GP* eſt fort petite par rapport à *CP* : d'où il ſera facile de conclure

que ces viteſſes ne ſont pas entr'elles comme les rayons dans les autres cas.

La force ſuivant NA, eſt $\frac{\varphi zz}{rr}$ entant qu'elle agit ſuivant CN. Donc les parties de la colomne NM ſont toutes animées par une force $= p - \frac{\varphi zz}{rr}$: de plus, un point quelconque O eſt mû ſuivant OM (*art.* 17) par une force $= \frac{\varphi\left(\frac{r}{3} - \frac{zz}{2r}\right) 6\varepsilon}{rr} \times \frac{OM}{MN} \times \frac{m\mu}{Mm}$. Donc faiſant $MO = x$, il eſt évident que le poids du point O vers x, ſera $p - \frac{\varphi zz}{rr} - \frac{\varphi (6\varepsilon) \left(\frac{r}{3} - \frac{zz}{2r}\right)}{rr} \times \frac{x}{\varepsilon} \times \frac{m\mu}{Mm}$. Donc le poids de la colomne $OM = px - \frac{\varphi zzx}{rr} - \frac{3\varphi\left(\frac{r}{3} - \frac{zz}{2r}\right) xx \cdot m\mu}{rr \cdot Mm}$; & le poids total de la colomne IM, ſera $p \cdot IM - \frac{\varphi zz\varepsilon}{r} - \frac{3\varphi r\varepsilon \cdot m\mu \left(\frac{r}{3} - \frac{zz}{2r}\right)}{rr \cdot Mm}$. Donc la difference entre le poids de deux colomnes voiſines, eſt $pd(NM) - \frac{2\varphi z dz \cdot \varepsilon}{rr} + \frac{3\varphi\varepsilon\varepsilon \cdot m\mu \cdot z dz}{Mm \cdot rr}$. Or ſi les points N & M avoient la même viteſſe angulaire, la force accélératrice du point M feroit $\frac{\varphi z \sqrt{[rr - zz]}}{rr} \times \frac{CM}{CN} \times \frac{m\mu}{Mm}$; & la force qui devroit faire équilibre avec la gravité, ſeroit $\frac{\varphi z \sqrt{[rr - zz]}}{rr} \times \frac{r - \iota}{r} \times \frac{M\mu}{Mm}$; cette force étant multipliée par $Mm = \frac{r dz - \iota dz}{\sqrt{[rr - zz]}}$, devroit être égale à la différence de poids des deux colomnes voiſines IM, $i\mu$; or on a $pd(NM) = \frac{\varphi z dz . M\mu}{r . Mm}$. C'eſt pourquoi il faudroit qu'on eût $\frac{M\mu}{Mm} \times - \frac{2\varphi \iota z dz}{rr} = \frac{3\varphi \iota\iota . m\mu r z dz}{Mm . r^3} - \frac{2\varphi \iota z dz}{rr}$. Ce qui eſt impoſſible.

Si outre la force ſuivant NA, il y a une force ſuivant NC, qui ſoit proportionnelle à la diſtance du point N au point C, ce qui doit être en effet (*Princ. Math. l.* 1. *Prop.* 66.) lorſque la force ſuivant NA vient de l'action d'un corps fort éloigné, qui agit ſur la maſſe DCG; dans ce cas il ſera facile de démontrer que les points N & M n'auront pas la même viteſſe angulaire. Car comme l'expreſſion de la force ſuivant NC, ne contient ni z, ni Mm, ni $M\mu$, ni $m\mu$; il eſt évident que l'équation, qui dans le cas précédent n'a pû avoir lieu, & qui conſerve encore dans ce cas-ci, les quantités $\frac{M\mu}{Mm} \times \frac{-2\varphi \iota z dz}{rr}$, & $\frac{3\varphi \iota\iota . m\mu . z dz}{Mm . rr} - \frac{2\varphi \iota z dz}{rr}$, ne pourra pas non plus avoir lieu dans l'hypotheſe préſente. Donc &c.

SCOLIE VI.

21. Si la force que nous avons ſuppoſée agir ſuivant nA (Fig. 3) agiſſoit ſuivant nB paralléle à CG, & étoit proportionnelle

proportionnelle au Sinus de l'angle *NCE*, ou au Cosinus de l'angle *NCG*, alors il n'y auroit d'autre changement à faire dans les calculs précédens, que de mettre $-\varphi$ pour φ, φ exprimant la force suivant *CG* en *G*; en effet, la force qui sollicite alors les points *M* & *N* au mouvement dans le sens horizontal, est $-\frac{\varphi z \sqrt{[rr-zz]}}{rr}$. Dans ce cas, le grand axe de l'Ellipse *gnd* sera *Cg*, le petit axe sera *Cd*; & les lignes *Gg*, *Dd*, *Mm*, *Nn*, *NI*, &c. deviendront négatives, tout le reste demeurant comme ci-dessus.

[Il faut seulement remarquer, que si on vouloit alors résoudre le Problême de l'*art.* 5, on trouveroit que la partie de la surface *PE* (Fig. 4) qui peut être à découvert, ne devroit point être prise depuis le point *P* jusqu'en *g*, comme dans l'*art.* 5; mais depuis le point *E* jusqu'à quelque autre point qui fût entre *E* & *P*: soit *O* ce point; si on nomme *OL*, z', on aura l'équation $2\epsilon rr = \frac{\varphi}{p} \times [rz'z' - \frac{2r^3}{3} + \frac{2}{3}(rr - z'z')^{\frac{3}{2}}] = \frac{\varphi}{p} \times [r.(OC^2 - CL^2) - \frac{2}{3} \times (CO^3 - CL^3)]$; équation du troisiéme degré, d'où l'on tirera la valeur de *CL*.]

PROPOS. IV. LEMME.

22. *Soit un Spheroide Elliptique, engendré par la révolution d'une demi Ellipse* gdK (Fig. 9) *autour de son petit axe* gK; *je dis* 1°. *que l'attraction que la masse du Fluide*

exerce en un point quelconque n *suivant* nR ; *sera égale à l'attraction qu'exerceroit sur le point* S *un Spheroide semblable au Spheroide* gdK , *& de même densité , dont le petit axe seroit* 2CS, *& le centre* C. 2°. *Que l'attraction que le même point* n *souffre suivant* nS , *est égale à l'attraction qu'exerceroit sur le point* R *un Spheroide semblable au Spheroide* gdK , *& de même densité , dont le grand axe seroit* 2CR , *&* C *le centre.*

Cette proposition a été démontrée par *M. Mac-Laurin* dans son excellente Dissertation sur le Flux & Reflux de la mer. (*Paris* 1741.)

COROLL. I.

23. On aura donc l'attraction en *n*, si on détermine la quantité des attractions en *R* & en *S*, produites par les Spheroides dont nous venons de parler. Or la premiere de ces attractions (*Cor.* 3. *Prop.* 91. *l.* 1. *Princ. Math.*) est à l'attraction en *d*, comme *CR* à *Cd*; la seconde est à l'attraction en *g*, comme *CS* à *Cg*. Donc la question se réduit à trouver les attractions en *g* & en *d*.

COROLL. II.

24. Afin de rendre le calcul plus simple, nous supposerons que l'Ellipse *gdK* différe peu d'un cercle. Cela posé ; pour déterminer la quantité de l'attraction en *g*, soit Cg ou $C\delta = R$, $\frac{\delta\gamma}{Cg} = \frac{\alpha}{R}$; $gS = x$; $2p$ le rapport de la circonférence au rayon ; δ la densité du Spheroi-

de, ou le rapport de la masse au volume : on sait que l'attraction de la Sphére en g, est $\frac{4nR^3\delta}{3} \times \frac{1}{R^2} = \frac{4nR\delta}{3}$. Pour avoir l'attraction du Sphéroide, il faut ajouter à cette quantité, ce que devient $\int \frac{2ndx.\delta.x.(2Rx-xx).\alpha}{(2Rx)^{\frac{3}{2}}.R}$, lorsque $x = 2R$, c'est-à-dire $\frac{16n\alpha\delta}{15}$. Ainsi l'attraction en S suivant SC, ou en n suivant $nR = \frac{CS}{Cg} \times (\frac{4nR\delta}{3} + \frac{16n\alpha\delta}{15})$.

A l'égard de l'attraction en d; pour la trouver, nous remarquerons avec M. *Daniel Bernoulli*, que les sections du Sphéroide perpendiculaires à Cd, sont des Ellipses semblables à la génératrice, & dont le rapport avec leurs cercles circonscrits, est $\frac{1}{1+\frac{\alpha}{R}} = 1 - \frac{\alpha}{R}$ à très-peu près. C'est pourquoi si on fait $Rd = x$, on trouvera que l'attraction en d est égale à l'attraction du globe circonscrit au Sphéroide, c'est-à-dire $\frac{4n\delta}{3} \times (R + \alpha)$, moins ce que devient $\int \frac{ndx.\alpha x\delta.(2Rx-xx)}{(2Rx)^{\frac{3}{2}}.R}$ lorsque $x = 2R$; c'est-à-dire $\frac{8n\alpha\delta}{15}$. Donc l'attraction en n suivant $nS = \frac{CR}{Cd} \times (\frac{4n\delta R}{3} + \frac{12n\alpha\delta}{15}) =$ à peu près $\frac{CR}{Cg} \times \frac{4n\delta R}{3} - \frac{\alpha.CR}{R.Cg} \times$

$\frac{4n\delta R}{3} + \frac{CR}{Cg} \times \frac{12n\alpha\delta}{15}$. Donc, z étant le Sinus de l'angle gCn, & r le Sinus total, l'attraction qui agit sur le point n perpendiculairement à Cn, sera $\frac{CR \cdot CS \cdot \alpha}{Cg^2 \cdot R} \times \frac{4n\delta R}{3} + \frac{4n\alpha\delta}{15} \times \frac{CS \cdot CR}{Cg^2} = \frac{z\sqrt{[rr - zz]}}{rr} \times \frac{4n\delta R}{3} \times \frac{6\alpha}{5R}$.

COROLL. III.

25. Donc l'attraction du Sphéroide, entant qu'elle agit sur le point n perpendiculairement à Cn, est, toutes choses d'ailleurs égales, comme la différence α des axes.

SCOLIE.

26. Si le Sphéroide étoit allongé, alors α seroit négative, & l'attraction qui agiroit sur le point n perpendiculairement à Cn, seroit dirigée vers le côté gC.

PROPOS. V. LEMME.

27. *Les mêmes choses étant posées que dans l'article* 11, *si par un point* γ (Fig. 5) *de la petite ligne* Gg *on décrit une courbe* $\gamma I\delta$, *telle, que l'on ait par-tout* Nn : NI :: Gg : Gγ ; *je dis, que cette nouvelle courbe* $\gamma I\delta$, *sera une Ellipse, dont la différence des axes sera à* α, *comme* Gγ *à* Gg.

Car puisque $Cn = Cg + \frac{\alpha zz}{rr}$, & $nI = \frac{Nn \times g\gamma}{Gg} = \frac{(Cg + gG - Cn) \times g\gamma}{Gg} = (gG - \frac{\alpha zz}{rr}) \times \frac{g\gamma}{Gg} = g\gamma - \frac{\alpha zz \cdot g\gamma}{rr \cdot Gg}$;

on aura $CI - C\gamma = Cg + \frac{azz}{rr} + g\gamma - \frac{azz}{rr} \times \frac{g\gamma}{Gg} - Cg - g\gamma = \frac{azz}{rr} \times \frac{G\gamma}{Gg}$. Donc $C\delta - C\gamma = \frac{a \cdot G\gamma}{Gg}$. *Ce Q. F. D.*

PROPOS. VI. PROBLÊME.

28. *On demande le mouvement du Fluide* GDEP, (Fig. 5) *en supposant que les particules du Fluide & du Globe s'attirent mutuellement, tout le reste demeurant comme dans la Propos. 3.*

1°. L'attraction que le Globe & le Fluide exercent sur le point n perpendiculairement à Cn, doit être la même, que si le globe solide étoit homogene, & d'une densité δ égale à celle du Fluide, parce que l'attraction du globe perpendiculairement à Cn, est nulle.

2°. Pour trouver la courbûre *gnd* que doit avoir le Fluide, afin de restes en équilibre, il faut écrire dans les calculs de l'*art.* 2 & des suivants, jusqu'au 12, la quantité $\varphi + \frac{4n\delta . 6a}{3 \cdot 5}$, au lieu de φ; & si on fait $CP = \varrho$, & qu'on suppose $\frac{4n\Delta\varrho}{3}$ égale à l'attraction du globe suivant nC, on aura $\varphi + \frac{4n\delta . 6a}{3 \cdot 5} = \varphi + \frac{6a}{5r} \times p \times \left(\frac{4n\delta r}{4n\delta r - 4n\delta\varrho + 4n\Delta\varrho} \right)$.

Donc la ligne $a = \frac{r}{2} \times \left(\frac{\varphi}{p} + \frac{4n\delta . 6a}{5(4n\delta r - 4n\delta\varrho + 4n\Delta\varrho)} \right)$ $= \frac{\varphi r}{2p} : \left(1 - \frac{3n\delta r}{5(n\delta r - n\delta\varrho + n\Delta\varrho)} \right)$.

3°. On aura par conséquent le mouvement du Fluide, si dans les calculs de l'*art.* 12 & des suivants, on met au lieu de φ la quantité $\varphi : (1 - \frac{3n\delta r}{5(n\delta r - n\delta\varrho + n\Delta\varrho)})$ qui peut se réduire à $\frac{\varphi}{1 - \frac{3\delta}{5\Delta}}$, parce que r est presque $= \varrho$.

En effet, le complément de l'angle en I ou i étant au complément de l'angle en n, comme $G\gamma$ à Gg, ou comme $M\mu$ à Mm; & la force qui fait équilibre en n avec la gravité étant $\frac{\varphi z \sqrt{[rr - zz]}}{rr(1 - \frac{3\delta}{5\Delta})}$; la difficulté se réduit à prouver que la force qui fera équilibre en i, sera $\frac{\varphi z \sqrt{[rr - zz]}}{rr(1 - \frac{3\delta}{5\Delta})} \times \frac{G\gamma}{Gg}$. Or cette force a en effet une telle valeur. Car la force qui agit sur le point n perpendiculairement à Cn, est composée de l'attraction perpendiculaire à Cn, & de la force $\frac{\varphi z \sqrt{[rr - zz]}}{rr}$; & la somme de ces forces est $\frac{\varphi z \sqrt{[rr - zz]}}{rr(1 - \frac{3\delta}{5\Delta})}$: or l'attraction en n est à l'attraction en I ou i, (*art.* 25 & 27) comme Gg à $G\gamma$; de plus, la force $\frac{\varphi z \sqrt{[rr - zz]}}{rr}$ en n est à la force correspondante en I ou i, comme Gg à $G\gamma$. Donc la somme de l'attraction en I, & de la force qui répond à la force $\frac{\varphi z \sqrt{[rr - zz]}}{rr}$, eſt $\frac{\varphi z \sqrt{[rr - zz]}}{rr\left(1 - \frac{3\delta}{5\Delta}\right)} \times \frac{G\gamma}{Gg}$. *Ce Q. F. D.*

COROLL. I.

29. Donc, tout ce qui a été démontré depuis l'*art.* 2 juſqu'à l'*art.* 22, peut s'appliquer au cas, où l'on ſuppoſe que les parties du Fluide s'attirent. Il ne faudra qu'écrire $\frac{\varphi}{1 - \frac{3\delta}{5\Delta}}$, au lieu de φ.

SCOLIE GENERAL.

30. Si les ſurfaces *PME*, *GND*, n'étoient point circulaires, mais ſeulement peu différentes d'un cercle; il faudroit pour trouver le mouvement du Fluide, faire les mêmes calculs que ci-deſſus, pourvû que la ſurface *GND* fût telle, qu'elle fût en équilibre, abſtraction faite de la force φ : les lignes *NI*, *Nn*, *Gg*, *G*γ, *Mm*, *M*μ, demeureroient toujours les mêmes ; il n'y auroit que les complémens des angles en *N* & en *I* qui ſeroient augmentés ou diminués d'une quantité égale au complément de l'angle *GNC*. Mais auſſi les forces qui feroient équilibre en *i* & en *n* avec la gravité, ſeroient diminuées ou augmentées de la force qui agit en *N* perpendiculairement à *CN*, & qui doit toujours être proportionnelle au complément de l'angle *GCN*, puiſque

la ſurface *GND* (*hyp.*) eſt en équilibre. Cette obſervation a lieu, tant pour le ſyſtême de la peſanteur vers un centre, que pour le ſyſtême de l'attraction des parties de la matiere; tout cela n'a pas beſoin, ce me ſemble, de démonſtration: cependant on pourra la trouver aiſément par les principes que nous établirons plus bas (*a*).

COROLL. II.

31. (*) La différence des axes, dans le cas de l'attraction des parties, étant $\frac{\varphi r}{2p\left(1-\frac{3\delta}{5\Delta}\right)}$; il eſt évident que cette différence peut être très-conſidérable par rapport à r; lorſque $\frac{\varphi}{2p\left(1-\frac{3\delta}{5\Delta}\right)}$ n'eſt point une petite quantité; que cette différence peut même devenir infinie, ſi 3δ eſt égal à 5Δ; mais il faut remarquer que dans les cas où α n'eſt pas fort petite par rapport à r, les calculs de l'*art.* 28 ne peuvent plus avoir lieu, parce que dans ces calculs, on a ſuppoſé que α fût très-petite par rapport à r.

Outre cela, ſi $1-\frac{3\delta}{5\Delta}$ eſt une quantité négative, alors la différence des axes devient négative, c'eſt-à-dire, le Sphéroide devient allongé autour de l'axe *CP*, & les

(*a*) Voyez l'*art.* 62.

calculs

calculs des articles précédens peuvent encore s'appliquer à ce cas, pourvû que le Sphéroide ſoit peu allongé.

Par-là on expliqueroit, pour le dire en paſſant, comment la Terre auroit pû être allongée par ſa rotation autour de ſon axe. Il n'y auroit qu'à ſuppoſer qu'elle eût d'abord été ſphérique, & compoſée de deux parties ſphériques, l'une ſolide & l'autre Fluide, dont les denſités Δ & δ euſſent été entr'elles en moindre raiſon que 3 à 5.

J'avoue qu'il doit paroître aſſez ſingulier, que la force ſuivant *NA*, combinée avec l'attraction des parties, doive en certains cas abbaiſſer le Fluide en *D* au lieu de l'élever. Mais pour peu qu'on y faſſe d'attention, on remarquera qu'il y a une infinité de cas où *Cd* ne ſauroit être le grand axe du Sphéroide. Car puiſqu'on a néceſſairement $\alpha = \frac{r}{2} \times \left(\frac{\varphi}{p} + \frac{4n\delta \cdot 6\alpha}{5(4n\delta r - 4n\delta\varrho + 4n\Delta\varrho)}\right)$; ou $\alpha = \frac{\varphi r}{2p} + \frac{3\alpha\delta}{5\Delta}$; il eſt évident que la quantité α ne peut être poſitive, à moins que $\frac{3\alpha\delta}{5\Delta}$ ne ſoit $< \alpha$, c'eſt-à-dire, à moins que 3δ ne ſoit $< 5\Delta$.

Ainſi le rapport des denſités δ & Δ peut être tel, 1°. que la plus petite force agiſſant ſuivant *nA*, ſoit capable d'élever conſidérablement le Fluide en *D*. 2°. Que cette même force ſoit capable de l'abbaiſſer conſidérablement au même point *D*.

Si le noyau intérieur, que nous avons ſuppoſé juſqu'à préſent ſphérique, étoit un Sphéroide Elliptique dont la demi différence des axes fut α', en ce cas, imaginant toujours la hauteur du Fluide très-petite par rapport à r, on trouveroit que l'attraction horizontale d'un point quelconque n du Fluide, seroit égale à $\frac{z\sqrt{[rr - zz]}}{rr} \times$ $[\frac{4n\delta}{3} \times \frac{6a}{5} + \frac{4n\Delta - 4n\delta}{3} \times \frac{6a'}{5}]$ (†). D'où l'on tire

$$a = \frac{r}{2} \times [\frac{\varphi}{p} + \frac{4n\delta \cdot 6a + (4n\Delta - 4n\delta) \cdot 6a'}{5 \cdot 4n\Delta r}] = \frac{\frac{\varphi r}{2p} + \frac{3a'}{5}(\frac{\Delta - \delta}{\Delta})}{1 - \frac{3\delta}{5\Delta}};$$

c'est pourquoi, lors même que le noyau intérieur est applati, le Sphéroide peut être allongé, si on a $1 < \frac{3\delta}{5\Delta}$, & si $\varphi + \frac{6pa' \cdot (\Delta - \delta)}{5\Delta r}$ est positif. En général, soit que le noyau intérieur soit applati, ou qu'il soit allongé, c'est-à-dire, soit que a' soit positif ou non, le Sphéroide fluide extérieur sera applati ou allongé, selon que les deux termes de la fraction précédente seront de même signe ou de signes différens. Donc si la Terre étoit un Sphéroide allongé, il ne seroit pas absolument nécessaire d'avoir recours pour expliquer ce Phenoméne, à un noyau intérieur allongé. Car il pourroit se faire que ce noyau fût applati, & que la Terre fût allongée vers les Pôles.

[(†) Comme le Fluide est supposé avoir peu de hauteur, l'attraction du noyau sur une partie quelconque du Fluide est sensiblement la même, que si cette partie étoit immédiatement contiguë au globe.]

[Par exemple, si $5\Delta = 3\delta - f$, on trouvera que α doit être $= \frac{\frac{\varphi r}{2p} - \frac{\alpha'}{5}(2 + \frac{f}{\Delta})}{\frac{-f}{5\Delta}}$; d'où l'on voit que $\frac{\varphi}{p}$ étant $\frac{1}{289}$, α sera négatif, si $\frac{2\alpha'}{5r} \times (2 + \frac{f}{\Delta})$ est moindre que $\frac{1}{289}$.

On remarquera, que si l'on a en même tems $\varphi = 0$, $\alpha' = 0$ & $3\delta = 5\Delta$, la quantité α pourra être tout ce qu'on voudra ; c'est-à-dire, que si la densité de la partie solide est à celle de la partie fluide, comme 3 à 5, le Fluide pourra rester en équilibre, ayant telle figure Elliptique qu'on voudra, pourvû que cette figure Elliptique ne s'écarte pas beaucoup d'un cercle, & qu'aucune autre force n'agisse sur le Sphéroide que l'attraction mutuelle de ses parties. Il en sera de même, si $3\delta = 5\Delta$ & $\frac{\varphi r}{2p} + \frac{3\alpha'(\Delta - \delta)}{5\Delta} = 0$.

Au reste, il faut observer que la quantité α exprime la différence des rayons *Cd*, *Cg*, & que cette différence n'est égale à celle des lignes *Ed*, *Pg*, que dans le cas où $\alpha' = 0$. Si on suppose que la force φ n'agisse point sur le Fluide ; & que dans ce cas la surface *GND* soit en équilibre, on aura $CD - CG = \frac{\frac{3\alpha'}{5} \times \frac{\Delta - \delta}{\Delta}}{1 - \frac{3\delta}{5\Delta}}$; $ED - PG = \frac{2\alpha'}{5(\frac{3\delta}{5\Delta} - 1)}$; donc $Dd + Gg = \frac{\varphi r}{2p(1 - \frac{3\delta}{5\Delta})}$, précisément comme dans le cas où α' étoit $= 0$ (*art.* 28). On trouvera aussi que la force parallèle au côté *Mm* du Sphéroide solide, est par-tout $\frac{\varphi . z\sqrt{[rr - zz]}}{rr\left(1 - \frac{3\delta}{5\Delta}\right)}$, précisément comme dans le cas de la sphéricité : ce qui confirme de nouveau la remarque que nous avons déja faite dans l'*art.* 30.

Il faut remarquer encore, que quand on suppose le noyau sphérique, Δ exprime la densité d'un globe homogene, dont le rayon seroit r ou ϱ, & dont l'attraction $\frac{4n\Delta r}{3}$ seroit égale à celle du noyau ; au lieu que quand on suppose le noyau Elliptique, les calculs précédens demandent qu'il soit homogene, & que Δ exprime sa véritable densité.]

COROLL. III.

32. (*) De l'article précédent il s'ensuit, que si l'élévation des eaux en pleine mer, est bien connue, & que la force du Soleil ou de la Lune, ou la somme de ces deux forces soit connue aussi, on pourra toujours déterminer la relation qui doit être entre δ & Δ, pour que les eaux s'élevent à la hauteur observée. Il ne paroît pas qu'on puisse déterminer par un autre moyen le rapport de la densité Δ à la densité δ. Par-là on connoîtra quelle seroit la pesanteur résultante de l'attrac-

tion d'un globe ſolide égal à la Terre en groſſeur, & de la même denſité que les eaux de l'Ocean.

M. *Newton* trouve que l'élévation des eaux de la mer en vertu de l'action ſeule du Soleil, ſeroit d'environ deux pieds, en ſuppoſant tout le globe de la Terre fluide & homogene ; cet illuſtre Geométre auroit trouvé cette hauteur beaucoup plus grande, s'il avoit ſuppoſé que la mer eût peu de profondeur par rapport au rayon de la Terre, par exemple $\frac{1}{4}$ de mille, & que la denſité des parties ſolides fût différente de celle de la partie fluide. Ainſi pour faire quadrer avec les obſervations la hauteur des eaux de la mer trouvée par la Théorie de l'attraction, il n'eſt point néceſſaire d'avoir recours à l'hypotheſe, que la Terre eſt compoſée d'une infinité de couches fluides de différentes denſités ; hypotheſe que nous examinerons d'ailleurs dans un moment (*a*) : il ſuffit de ſuppoſer que les parties ſolides de la Terre n'ont pas la même denſité que l'eau de la mer.

COROLLAIRE GENERAL.

33. On peut, par le moyen de tout ce qui a été démontré juſqu'ici, trouver aiſément la viteſſe & la direction du vent, en un endroit quelconque de la Terre, en ſuppoſant 1°. que l'air ſoit un Fluide homogene, rare, & ſans reſſort. 2°. Que la Terre qu'il environne de tous

(*a*) Voyez l'*art.* 36.

côtés soit un globe solide, ou (*art.* 30) qu'elle différe peu d'un globe. 3°. Que la Terre & l'air qui la couvre, tournent autour d'un même axe. 4°. Que le Soleil & la Lune n'ayent aucun mouvement par rapport à la Terre, & qu'ils agissent sur la masse de l'air en attirant ses parties.

On remarquera d'abord, que l'air étant supposé très-rare, l'attraction des parties de l'air ne produira aucun effet sensible, puisque la force $\frac{\varphi}{1 - \frac{3\delta}{5\Delta}}$ doit être censée égale à φ, lorsque δ est fort petite par rapport à Δ.

Maintenant, pour déterminer le vent que doit produire la rotation de la Terre, il faut observer que ce vent doit souffler alternativement du Nord au Sud, & du Sud au Nord, & que le tems d'une de ses oscillations dépend de la seule hauteur de l'air (*art.* 13).

Pour donner là-dessus un essai de calcul, nous supposerons que l'air étant homogene, ait 850 × 32 pieds de hauteur. En effet, l'air que nous respirons ici est environ 850 fois moins dense que l'eau, & le poids d'une colomne d'air entiere = 32 pieds d'eau. Donc (*art.* 13) on aura le tems par $Mm = \frac{\theta nr}{4\sqrt{[3 . a\epsilon]}} = 1^{\text{sec.}} \times \frac{180 . 57060 . 6}{4\sqrt{[3 . 15 . 850 . 32]}}$, parce qu'en faisant $\theta = 1^{\text{sec.}}$, on a $a =$ 15 pieds, $nr = 180^{\text{degr. terr.}} = 180 \times 57060 \times 6$: or $1^{\text{sec.}} \times \frac{180 . 57060 . 6}{4\sqrt{[3 . 15 . 850 . 32]}} = 1^{\text{jour}} \times \frac{61624800}{4 \times 302276571} \times (3 + \frac{1}{6})$;

& le tems par *Mm'*, ou le tems d'une oscillation entiere $= 2^{\text{jours}} \times \frac{61624800}{4 \times 302276571} \times (3 + \frac{1}{6}) =$ environ 8 heures.

Présentement, si on fait abstraction du mouvement de la Terre & de la force de la Lune, & qu'on cherche le vent qui doit résulter de la seule action du Soleil qu'on suppose demeurer fixe & immobile au-dessus d'un point quelconque *D* du globe; il est évident que le vent à chaque endroit soufflera toujours dans le plan d'un cercle qui passe par le Soleil & par le centre de la Terre, & que ce vent soufflera alternativement en sens contraires, pendant un tems égal à $2^{\text{jours}} \times \frac{61624800}{4 \times 302276571} \times (3 + \frac{1}{6})$. Il en faut dire autant de l'action de la Lune.

Donc, si par les regles ordinaires, on réduit à un seul mouvement les trois mouvemens qui résultent de la rotation de la Terre autour de son axe, de la force du Soleil, & de celle de la Lune, on aura la direction & la vitesse absolue du vent pour chaque endroit. Car comme la figure de l'air est peu changée par l'action de chacune de ces trois forces, lorsqu'elles sont séparées, il s'ensuit que le mouvement qui résulte de ces trois actions prises ensemble, doit être à peu près le même que le mouvement composé qui résulteroit des trois mouvemens considérés séparément. De plus, il faut remarquer

1°. Que si l'action du Soleil & celle de la Lune est supposée commencer avec la rotation de la Terre, la direction du vent sera toujours dans une ligne droite,

& que le vent soufflera alternativement en sens opposés pendant le tems que nous venons de déterminer ; & qu'au contraire, si ces trois causes ne commencent pas à agir dans le même instant, la direction du vent variera continuellement.

2°. Que le tems des oscillations du vent ne dépend point de la grandeur de ces forces, quoiqu'elles influent sur la vitesse & sur la force absolue du vent.

[Si on cherche par l'*art.* 13 quelle doit être la vitesse au point *m* (Fig. 5), qui est le point de milieu d'une oscillation, on trouvera que cette vitesse est à $\sqrt{[2pa]}$ :: $\frac{\varphi z\sqrt{[rr - zz]}}{r}$: $2p\sqrt{[3a\epsilon]}$. Donc, lorsqu'elle est la plus grande qu'il est possible, elle sera à la vitesse $\sqrt{[2pa]}$, comme φr à $4p\sqrt{[3a\epsilon]}$. Or un corps pesant parcourt environ 15 pieds dans une seconde, & la vitesse qu'il a après avoir parcouru ces 15 pieds, est telle, qu'elle lui feroit parcourir uniformément 30 pieds dans le même tems : donc la plus grande vitesse que le Fluide puisse avoir, lui fera parcourir en une seconde, $30^{\text{pieds}} \times \frac{\varphi r}{4p\sqrt{[3a\epsilon]}}$: donc comme la hauteur ϵ de l'air doit être beaucoup plus grande que $850 \times 32^{\text{pieds}}$; il s'ensuit que la plus grande vitesse de l'air sera beaucoup moindre que de $30^{\text{pieds}} \times \frac{\varphi r}{4p\sqrt{[3a \cdot 850 \times 32]}}$ par seconde. Nous verrons dans l'article suivant, les conséquences qu'on peut tirer de cette formule.

Si

Si au lieu de ſuppoſer que la force φ agiſſe ſur une Sphére, on ſuppoſe qu'elle agiſſe ſur une maſſe circulaire *PEDG* (Figure 3), on trouvera pour lors $Mm = \frac{\varphi z \sqrt{[rr - zz]}}{4p}$, comme il eſt aiſé de s'en aſſurer par le calcul, & la viteſſe en *m* ſera à la viteſſe dans le cas de la Sphére, comme $\sqrt{3}$ à $\sqrt{2}$. Ainſi la viteſſe pour une maſſe circulaire ſera plus grande que pour une maſſe ſphérique. De-là on voit, comment il ſe peut faire que les montagnes augmentent la viteſſe du vent, indépendamment de ce qu'elles rétreciſſent le Canal dans lequel il doit ſe mouvoir. *Voyez l'art.* 90.]

REMARQUE I.

34. Il ne faut pas manquer d'obſerver, qu'en ſuppoſant $s = 850 \times 32$ pieds, la méthode précédente ne feroit pas abſolument exacte, pour déterminer la viteſſe du vent qui viendroit de la rotation de la Terre. En effet, pour que la méthode ſoit aſſez exacte, il faut (*art.* 10) que $\frac{\varphi r}{6sp}$ ſoit une quantité aſſez petite : or on a ici $\varphi = \frac{p}{289}$; $s = 32 \times 850^{\text{pieds}}$: $r = 19695539$; donc $\frac{\varphi r}{6sp} = \frac{19695539}{6 . 289 . 850 . 32} = \frac{19695539}{47164800}$; quantité qui n'eſt peut-être pas aſſez petite, pour que la ſolution puiſſe être regardée comme fort approchée.

[Mais si au lieu de supposer la hauteur de l'air de 850 x 32 pieds, on la supposoit avec Mrs *Mariotte* & *de la Hire* d'environ 15 lieues ou 184320 pieds, alors la plus grande valeur de l'espace *Mm*, ne seroit plus qu'environ $\frac{1}{20}$ du rayon ; & l'expression de la vitesse du vent seroit alors plus exacte. Il est vrai que dans cette hypothese, l'air ne seroit pas homogene, comme nous l'avons toujours supposé jusqu'à présent. Mais je crois qu'on peut prendre ici sans beaucoup d'erreur la vitesse du vent pour la même, soit dans le cas de l'homogénéité de l'air, soit dans le cas où ses parties ont différentes densités. J'en donnerai la raison dans la suite de cette Dissertation.]

A l'égard du vent qui résulte de l'action du Soleil, la méthode précédente le donnera fort exactement, même quand on supposeroit $s = 850 \times 32$. Car la force φ, (†) comme il est aisé de le voir par les *Principes Mathematiques de la Philos. nat. l. 3. Prop. 66.* est $\frac{3Sr}{d^3}$; *S* étant la masse du Soleil, & *d* sa distance au centre

(†) Ici & dans toute la suite de cette Dissertation, j'ai négligé entiérement la partie de la force Solaire qui agit suivant *NC*; & qui (*Princ. Math. l. 3. Prop. 66.*) est $\frac{S \cdot NC}{d^3}$; parce que cette force doit être regardée comme nulle par rapport à la gravité *p*; *NC* étant presque égale à *CP*.

de la Terre. Or on a $\frac{S}{d^2} : \frac{p}{289} :: \frac{d}{(365)^2} : \frac{r}{1}$, parce que les forces centrales ou centrifuges, sont entr'elles en raison composée de la directe des rayons & de l'inverse des quarrés des tems périodiques. Donc $\frac{3Sr}{d^3} = \frac{3p}{289 \cdot (365)^2}$; donc $\frac{\varphi r}{6 \epsilon p} = \frac{19695539}{2 \cdot 289 \cdot (365)^2 \cdot 850 \cdot 32}$, quantité fort petite. A l'égard de la Lune, sa force, suivant M. *Newton*, n'est qu'environ quadruple de celle du Soleil (†) : ainsi $\frac{\varphi r}{6 \epsilon p}$ est encore une fort petite quantité pour la Lune.

[Si l'on vouloit savoir combien le vent auroit de vitesse en vertu de la rotation de la Terre, en supposant la hauteur de l'air de $850 \cdot 32 \times 9$ pieds, qui est plus grande que la hauteur donnée par M. *Mariotte*, on trouveroit qu'il parcourroit en une seconde avec sa plus grande vitesse (*art.* 33) l'espace de $\frac{19695539 \times 30 \text{ pieds}}{289 \cdot 4 \cdot \sqrt{[3 \cdot 15 \cdot 850 \cdot 32 \times 9]}}$ qui est $> \frac{19695539 \times 30}{4 \times 289 \times 2 \times 4 \times 30 \times 6 \times 3} > 30 \times \frac{19695539}{290 \cdot 200 \cdot 100}$

[(†) M. *Daniel Bernoulli* dans sa piéce sur le Flux & Reflux de la mer, prétend que le rapport des deux forces donné par M. *Newton* est trop grand; & il ne fait ce rapport égal qu'à $\frac{5}{2}$, ce qui rendroit $\frac{\varphi r}{6 \epsilon p}$ encore moindre pour la Lune. Quoiqu'il en soit, on peut au moins assurer que le rapport des forces Solaire & Lunaire, ne doit être exprimé que par un nombre assez petit, & cela nous suffit ici pour l'usage que nous en voulons faire.]

$> 90^{\text{pieds}}$. Or, 1°. ſelon M. *Mariotte*, un vent capable de déraciner les arbres, ne fait qu'environ 22 pieds par ſeconde. 2°. Nous avons ſuppoſé ici la hauteur de l'air beaucoup plus grande que ne l'a fait M. *Mariotte*, & par-là nous avons encore diminué la viteſſe du vent. 3°. Nous avons ſuppoſé que l'air étoit homogene, & uniformément répandu dans tout l'eſpace qu'il occupe. Or ſi on imagine que les parties inférieures ſoient plus denſes que les ſupérieures, comme elles le ſont en effet, le mouvement total de la maſſe de l'air doit reſter à peu près le même, & ce mouvement doit ſe partager de telle ſorte, que les parties inférieures aient plus de viteſſe que les parties ſupérieures ; on en verra la raiſon dans la ſuite : cela vient en général de ce que les parties inférieures étant plus denſes, la partie qui eſt détruite dans la force attractive qui les anime, doit être moindre que celle qui eſt détruite dans les parties ſupérieures ; car pour qu'il y ait équilibre, il faut que la partie de la force accélératrice qui eſt détruite dans chaque couche, ſoit d'autant moindre que cette couche eſt plus denſe. (*Voyez l'art.* 76.) : donc la partie reſtante de la force attractive, & employée à mouvoir chaque couche, ſera d'autant plus grande que cette couche ſera plus denſe, ou plus près de la Terre. De toutes ces obſervations combinées il réſulte, que la viteſſe du vent en vertu de la rotation de la Terre, devroit être énorme. On verra dans l'*art.* 37, pourquoi ſes effets ne ſont pas à beaucoup près ſi conſidérables qu'ils le devroient être ſuivant ce calcul.

A l'égard de la viteſſe du vent qui peut réſulter de l'action du Soleil, on trouvera, qu'en ſuppoſant la hauteur de l'Athmoſphere de 850×32 pieds, elle ne feroit que de $\frac{3 \cdot 19695539 \times 20^{\text{pieds}}}{2 \cdot 289 \cdot (365)^2 \cdot 4\sqrt{[3 \cdot 15 \cdot 850 \cdot 32]}}$, qui eſt une quantité très-petite. D'où il faut conclure, que ſi le Soleil étoit en repos, le vent que ſon action pourroit produire ſur la Terre ne ſeroit point ſenſible ; on verra dans la ſuite quel doit être le vent produit par le Soleil, lorſqu'on ſuppoſe cet aſtre en mouvement.]

R E M A R Q U E II.

35. Dans la ſuppoſition que le Soleil ſeul agiſſe, la plus grande différence entre le poids de deux colomnes d'air éloignées l'une de l'autre de 90 degrés, eſt (*art.* 9.) $\frac{3Sr^2\delta}{2d^3}$, en ſuppoſant que δ ſoit la denſité de l'air voiſin de la Terre ; par conſéquent cette différence eſt égale à $\frac{3p \cdot (19695539) \times \delta}{2 \cdot 289 (365)^2}$. Or la denſité du Mercure étant à celle de l'air que nous reſpirons, comme 850×14 à 1, il s'enſuit que la quantité $\frac{3p \cdot (19695539) \times \delta}{2 \cdot 289 \cdot (365)^2}$ eſt au poids de 27 pouces de Mercure, comme $\frac{19695539 \times 3}{2 \cdot 289 \cdot (365)^2}$ eſt à $\frac{27}{12} \times 850 \times 14$. Donc la différence cherchée eſt égale au poids d'un pouce de Mercure, multiplié par la fraction

$\frac{36 \times 19695539}{2 . 289 . (365)^2 . 850 \times 14}$; c'eſt-à-dire qu'elle eſt égale au poids de $\frac{709039404}{6878200 \times 129985}$ parties d'un pouce de Mercure; quantité trop petite pour pouvoir être ſenſible. Il faut remarquer encore, que la plus grande différence entre le poids de deux colonnes éloignées l'une de l'autre de 90 degrés, eſt toujours égale à $\frac{3Sr^4 . \delta}{2d^3}$, ſoit que l'air ſoit homogene, ou compoſé de couches de différente denſité, & d'une hauteur quelconque; ainſi on peut déja aſſurer en général, que l'action du Soleil & celle de la Lune, quand on les ſuppoſe en repos, ne doit produire aucun effet ſenſible ſur le Barometre.

[Si on cherche quelle devroit être la variation du Barometre en vertu de la rotation de la Terre, on la trouvera de $\frac{19695539 \times 12}{2 . 289 . 850 . 14}$ pouces de Mercure; quantité très-conſidérable : on demandera ſans doute, pourquoi un changement qui devroit être ſi remarquable, ne s'obſerve pas journellement? Cela vient 1°. de ce que les balancemens de l'Atmoſphere cauſés par la rotation de la Terre doivent avoir ceſſé depuis long-tems, & de ce que l'Atmoſphere doit avoir acquis depuis pluſieurs ſiécles la figure permanente que la rotation de la Terre a dû lui donner. 2°. On peut en apporter une autre raiſon. Si la ſurface de la Terre *PME* étoit ſphérique, la figure permanente de l'Atmoſphere ſeroit telle, que le Barometre devroit être conſidérablement plus haut en *E* qu'en *P*. Mais la ſurface ſolide de la Terre eſt Elliptique, & telle que la force centrifuge combinée avec la peſanteur, pouſſe les corps peſans dans une direction perpendiculaire à cette ſurface. Suppoſant donc que la Terre & l'Atmoſphere tournent autour d'un même axe, il eſt facile de voir que dans le cas de l'équilibre, on aura la colomne Ed égale à la colomne Pg ; donc la hauteur du Barometre ſera la même en *P* & en *E*, au moins ſenſiblement.

Si on veut ſavoir quel eſt le rapport de l'eſpace que le vent peut parcourir dans une ſeconde, à la variation du Barometre, on trouvera que ce rapport eſt celui de $30 \times 850 \times 14$ à $2\sqrt{[3 \cdot 15 \cdot s]}$. Ainſi une force capable de faire parcourir au vent n pieds, ou $12 \times n$ pouces dans une ſeconde, feroit varier le Barometre de $\frac{2 \times 12n \times \sqrt{[3 \cdot 15 \cdot s]}}{850 \cdot 14 \cdot 30}$ pouces. Suppoſant donc $s = 850 \times 32$ & $n = 10$, on trouveroit qu'une force capable de faire parcourir au vent 10 pieds par ſeconde, produiroit dans le Barometre des balancemens très-ſenſibles.

Si l'on vouloit que la denſité de l'air fût à celle de l'eau, comme 1 à m, en ce cas il faudroit au lieu de 850×32, mettre $m \times 32$ &, au lieu de 850×14, il faudroit mettre $m \times 14$; & la quantité précédente ſe changeroit en $\frac{2 \cdot 12n\sqrt{[3 \times 15 \times 32]}}{\sqrt{m} \cdot 14 \cdot 30}$, qui feroit d'autant moindre que l'air feroit ſuppoſé moins denſe.

On verra dans la ſuite quel doit être le rapport entre la viteſſe du vent & la variation du Barometre, lorſqu'on ſuppoſe le Soleil & la Lune en mouvement.

Au reſte, il n'eſt pas inutile d'obſerver que $\frac{gr}{2p}$ n'exprimant (*art.* 9) que la différence de poids des colomnes *Ed*, *Pg*, cette quantité n'exprime proprement que la moitié de la variation que doit avoir le Barometre durant les oſcillations de l'air, dans les hypotheſes précédentes. Car, comme on l'a déja remarqué *art.* 13, lorſque le Fluide eſt parvenu dans la ſituation *gnd*, il doit paſſer au-delà de ce terme d'équilibre, & la ligne *Pg* doit ſe racourcir encore d'une quantité égale à *Gg*, tandis que la ligne *Ed* s'allongera d'une quantité égale à *Dd*. Donc la variation du Barometre, ſera comme 2 (*Dd*+*Gg*) égale à $\frac{gr}{p}$: mais cette remarque n'empêche pas les propoſitions précédentes d'être exactes.]

REMARQUE III.

36. Le célébre M. *Daniel Bernoulli*, dans ſon excellent Traité du Flux & Reflux de la mer, explique d'une maniere bien différente, pourquoi l'action du Soleil & de la Lune ne produit aucun effet ſenſible ſur le Barometre. Suivant le calcul de ce ſavant Geométre, l'action ſeule du Soleil devroit produire ſur le Barometre, une différence de plus de 20 lignes, ſi l'air n'étoit pas

pas un Fluide élastique. Mais comme l'air est élastique, sa pression, dit cet illustre Auteur, doit être égale dans tous les endroits de la Terre. Ainsi l'action du Soleil & de la Lune ne doit point changer sensiblement la hauteur du Mercure dans le Barometre.

Mais, en premier lieu, il ne me paroît pas évident que l'Elasticité de l'air doive produire une pression égale sur toutes les parties de la Terre. En effet, pour qu'un Fluide Elastique, dont les parties sont tirées par exemple suivant nA (Fig. 3), soit en équilibre, il suffit, ce me semble, que la pression en un point quelconque M soit égale au ressort de la particule M; de même que dans l'Athmosphere dont les couches se condensent les unes les autres, il suffit que la réaction d'une couche quelconque en vertu de son ressort, soit égale au poids qui la comprime, sans qu'il soit nécessaire, que la pression soit par-tout la même. 2°. On peut au moins douter, si lorsque l'air est agité par le Soleil, cette pression peut se répandre assez promptement sur toute la surface de la Terre, pour être tout-d'un-coup égale en tous lieux. Si donc on s'en rapporte aux calculs de M. *Daniel Bernoulli*, il ne doit pas paroître impossible que le Barometre ne soit sujet chaque jour à des variations considérables. 3°. Si ce grand Geométre étoit parti d'une autre hypothese, que celle sur laquelle il a fait ses calculs, peut-être n'auroit-il pas eu besoin d'avoir recours au ressort de l'air, pour expliquer le Phenomene en question. Qu'on nous permette ici quelques réflexions sur l'Analyse de ce savant Auteur; elles sont nécessaires pour nous faire mieux entendre.

M. *Daniel Bernoulli* fait d'abord la même hypothese que nous; il suppose (*Ch. IV. art. II. n. IV.*) que la Terre est un globe *solide* composé d'une infinité de couches *solides* & sphériques, dont chacune est homogene, mais différe des autres par sa densité. Il imagine ensuite que le globe terrestre est couvert d'un Fluide homogene, qui ait peu de hauteur par rapport au rayon de la Terre; il prend donc le noyau sphérique GbH (Fig. 10) pour immuable, & suppose que la seule partie $GBHbG$ change de figure par l'action du Soleil : il résout ensuite son Problême, en remarquant que le Fluide des canaux GC, BC, doit être en équilibre. Faisant donc $AC = a$, $GC = c$, $Bb = \beta$, Cp ou $Cn = x$; po ou $nm = dx$, la densité variable en p ou en $n = m$, la densité uniforme du Fluide $GBHbG = \mu$; la gravitation en C vers le corps $A = g$, la force accélératrice que le globe exerce en b ou $G = G$, la même force pour les points o, & $m = Q$; il trouve le poids de la colonne $BC = \mu \beta G + \int Q m dx - \frac{\int 2gmx dx}{a} - \frac{\int 8n\mu\beta m x dx}{15b}$, & le poids de la colonne $GC = \int Q m dx + \frac{\int g m x dx}{a} + \frac{\int 4 n \mu \beta m x dx}{15 b}$.
D'où il conclut

$$\beta = \frac{\int 15 g b m x dx}{5\mu G a b - \int 4 n \mu a m x dx}$$

Ainsi, la quantité β, doit, selon lui, être en raison inverſe de μ, tout le reſte d'ailleurs égal ; c'eſt-à-dire, que β doit être en raiſon inverſe de la denſité du Fluide $GBHbG$: ce qui eſt fort différent du réſultat que nous devrions trouver par nos principes dans cette hypotheſe.

Pour le faire voir, ſuppoſons qu'on n'ait aucun égard à l'attraction des parties de la matiere ; dans ce cas, les quantités $-\frac{\int 8n\beta\mu mx\,dx}{15b}$ & $\frac{\int 4n\mu\beta mx\,dx}{15b}$ devroient être effacées des calculs précédens ; & ſuppoſant la peſanteur en raiſon inverſe du quarré des diſtances, on auroit

$$\beta = \frac{3\int gmx\,dx}{\mu Ga}.$$

D'où l'on voit, que ſi on n'avoit point d'égard à l'attraction, la quantité β, ſuivant les calculs de M. *Daniel Bernoulli*, devroit être encore en raiſon inverſe de μ. Or ſuivant notre calcul de l'*art.* 2, la différence $\frac{\varphi r}{2p}$ des axes ne dépend point de la denſité du Fluide $GBHbG$. D'où peut donc provenir le peu d'accord de notre réſultat avec celui de l'illuſtre Auteur dont il s'agit ? Voici, ſi je ne me trompe, quelle en eſt la raiſon.

M. *Daniel Bernoulli* conſidére la partie GbH comme ſolide ; or dans cette hypotheſe, il me ſemble qu'on ne doit point ſuppoſer l'équilibre entre les Canaux entiers BC & GC, dont les parties CG, bG, ſe font équilibre, pour ainſi dire, par leur ſolidité ſeule, ſoit qu'elles aient préciſément le même poids, ou non. Il ne doit y avoir véritablement d'équilibre que dans la ſeule partie Fluide homogene $GBHbG$; car il n'y a que cette partie qui puiſſe faire changer la figure du Globe. Or ſi on n'a point d'égard à l'attraction, on trouvera comme dans l'*art.* 2. $Bb = \frac{\varphi r}{2p}$; & ſi on a égard à l'attraction, on trouvera que la différence des axes eſt $\frac{\varphi r}{2p\left(1 - \frac{3\delta}{5\Delta}\right)}$: cette quantité ne ſuit point la raiſon inverſe de δ; mais elle eſt d'autant plus grande que δ eſt plus grand, ſi $1 > \frac{3\delta}{5\Delta}$, & ſi $3\delta > 5\Delta$, elle eſt d'autant plus petite, priſe négativement, que δ eſt plus grand.

Si on veut maintenant que la partie GbH ſoit Fluide, alors on ne peut point ſuppoſer que les couches mo, pn, ſoient circulaires & concentriques : car toutes les couches de différente denſité dont le Fluide eſt composé, doivent changer de figure ; ainſi la différence des axes ne ſera pas Bb, puiſqu'alors Cb ſera plus grand que CG.

Or je dis, 1°. que n'ayant point égard à l'attraction des parties, cette différence ſera la même, que ſi le globe étoit formé d'un ſeul Fluide homogene d'une denſité quelconque; car ſoit GB (Fig. 11) la courbûre que le Fluide doit prendre dans ce dernier cas, où le globe eſt entiérement homogene, & ſoient PO, NM, nm, les courbes auxquelles la preſſion du Fluide eſt perpendiculaire : il eſt évident que Nn ſera en équilibre avec

Mm; donc qu'on augmente ou qu'on diminue la densité du Fluide contenu dans l'eſpace *NMmn*, l'équilibre ne ſera point troublé pour cela : & comme on en peut dire autant du Fluide contenu dans les autres eſpaces, il s'enſuit que le Fluide *GBG* conſervera toujours la même figure, ſoit qu'il ſoit homogene, ou non, pourvû qu'on n'ait point d'égard à l'attraction des parties.

Donc la différence β des axes ne paroît pas devoir dépendre de la loi des denſités des différentes parties du globe, au moins dans le cas où l'on n'a point d'égard à l'attraction. Néanmoins ſuivant la formule

$$\beta = \frac{3\int g m x \, dx}{\mu G a}$$

que nous avons déduite de celle de M. *Bernoulli*, on voit que la quantité β devroit dépendre des denſités. Ainſi il me ſemble qu'on peut douter ſi la formule de M. *Bernoulli* eſt exacte, ſoit pour le cas où le globe eſt entiérement Fluide, ſoit pour le cas où il eſt en partie Fluide, & en partie ſolide.

Je ne crois pas qu'il ſoit néceſſaire de chercher quelle figure le globe devroit avoir, en le ſuppoſant entiérement Fluide & composé de parties différemment denſes, & en ayant de plus égard à l'attraction : cette recherche peut être utile dans la Théorie de la Figure de la Terre, parce qu'on peut à la rigueur ſuppoſer que la Terre, aujourd'hui mêlée de parties ſolides & de parties Fluides de différentes denſités, étoit toute Fluide dans ſon origine, & composée de couches inégalement denſes qui se sont durcies pour la plûpart, après avoir pris la figure qu'elles devoient avoir suivant les loix de l'Hydrostatique. Mais dans la matiere que nous traitons ici, c'est-à-dire dans les recherches sur les causes des Marées ou des vents, on doit supposer la Terre, à peu près dans l'état où elle est en effet, c'est-à-dire presque entiérement solide, & couverte 1°. d'un Fluide homogene & dont les parties s'attirent, comme l'eau de la mer. 2°. D'un Fluide heterogene, fort rare, dont l'attraction puisse être négligée comme insensible.

Or pour trouver en ce cas la figure de ce Fluide mixte, il faut d'abord chercher (*art.* 28) la figure que la surface de l'eau doit prendre, & qui, à cause du peu d'attraction de l'air, doit être à peu près la même, que s'il n'avoit point d'air au-dessus. Cela posé, il est évident que la surface de la mer & la surface supérieure de l'air, doivent être chacune de niveau; ainsi les colonnes verticales de l'air contenues entre ces deux surfaces, doivent être toutes du même poids, & par conséquent de la même longueur. Ce qui fournit un moyen facile de déterminer la figure de chacune des couches de l'air.

Remarque IV.

37. Il faut remarquer, au reste, que le vent, tel que nous l'avons déterminé dans les *art.* 33 & 34, doit avoir lieu dans la seule hypothese, que la masse de l'air ait d'abord eu la figure sphérique, que ses parties soient

parfaitement Fluides & homogenes, qu'enfin le Soleil & la Lune ſoient immobiles. Or il eſt naturel d'imaginer, ou que la maſſe de l'air peut avoir eu dès le commencement la figure qu'elle auroit dû avoir, pour être en équilibre en vertu de l'action des trois cauſes dont nous avons parlé, ou au moins, que ſi elle a d'abord été ſphérique, elle a dû parvenir en peu de tems à l'état d'équilibre par le frottement & la tenacité de ſes parties, comme il arrive aux liqueurs qui oſcillent dans des Syphons. Ainſi, tout ce que nous avons dit ſur cette matiere, eſt principalement utile pour diſpoſer le Lecteur à entendre les ·ropoſitions qui doivent ſuivre, & dans leſquelles il retrouvera tous les principes que nous avons employés juſqu'à préſent.

C'eſt pourquoi dans toute la ſuite de cette Diſſertation, où nous ſuppoſerons que le Soleil & la Lune ſoient en mouvement par rapport à la Terre, nous ferons entiérement abſtraction du vent qui pourroit réſulter de la rotation de la Terre autour de ſon axe, parce que d'un côté ce vent doit avoir ceſſé depuis long-tems, s'il a jamais exiſté ; & que d'un autre côté il ne ſeroit pas le même que nous avons déterminé juſqu'ici, l'air étant heterogene, au lieu que nous l'avons ſuppoſé homogene juſqu'à préſent. A l'égard de la figure Spheroidale que l'Athmoſphere doit avoir en vertu de cette rotation, elle ne doit apporter aucun changement ſenſible à la viteſſe & à la direction du vent, qui, dans l'hypotheſe de la ſphéricité de la Terre, devroit réſulter du mouvement du Soleil & de la Lune, & que nous déterminerons plus bas.

[On voit par-là, pourquoi la rotation de la Terre qui devroit produire (*art.* 34) des vents si considérables, n'en produit cependant aucun.

Au reste, quand je dis que la rotation de la Terre n'excitera dans l'Athmosphere aucun mouvement, cela doit s'entendre de l'Athmosphere supposée inaltérable & dans un état permanent. Mais comme la masse de l'air se charge & se décharge continuellement d'une infinité de vapeurs & de corps étrangers, qui passent d'un endroit dans un autre, & que d'ailleurs la chaleur Solaire en raréfie certaines parties, pendant que d'autres se condensent par le froid, il est facile de concevoir que les colomnes verticales, ou les couches horizontales de l'air sont continuellement altérées dans leur poids & dans leur densité, & qu'ainsi la rotation du globe Terrestre doit causer fréquemment dans notre Athmosphere des mouvemens, qui pourront être assez considérables, & qui (*art.* 35) pourront même produire dans le Barometre des variations sensibles. C'est ce qui doit arriver sur-tout dans les endroits où l'air sera libre, & ne sera arrêté dans ses mouvemens par aucun obstacle. Ne peut-on donc pas conjecturer, sans prétendre pour cela exclure les autres causes, que les vents violens qui font beaucoup varier le Barometre, sont dûs, au moins en partie, à la rotation de la Terre? Quoiqu'il en soit, comme ces vents dépendent de la disposition actuelle de l'Athmosphere, on on ſent aſſez qu'il eſt impoſſible de les déterminer, & que nous devons par conſéquent faire abſtraction ici de toutes les variations accidentelles qui peuvent arriver dans le poids & la denſité de l'air.]

Nous ſuppoſerons par-tout dans la ſuite, 1°. que le globe terreſtre eſt en repos, & que tout le mouvement eſt dans le Soleil & dans la Lune. En effet, il ne doit réſulter delà aucune différence dans le mouvement de l'air, ſi ce n'eſt peut-être celle qui proviendroit de la force centrifuge de ſes parties, cauſée par le mouvement diurne ou annuel. Or, en premier lieu, la force centrifuge qui vient du mouvement annuel, étant la même dans toutes les parties du globe terreſtre, elle ne doit produire dans l'air, que des mouvemens qui lui ſeront communs avec toute la maſſe du globe. A l'égard de la force centrifuge qui naît du mouvement diurne, elle doit ſeulemenr changer un peu la figure de l'Athmoſphere, ſans produire dans les mouvemens de l'air aucune altération ſenſible.

2°. Nous ferons entiérement abſtraction du reſſort de l'air, au moins entant que ce reſſort peut empêcher toutes les colomnes verticales d'avoir la même denſité. En effet, il eſt évident que la force qui preſſe horizontalement les particules de la colomne qui eſt au-deſſous de l'aſtre, n'eſt pas fort grande par rapport à la force $\frac{3Sr^2.\delta}{2d^3}$ qui (*art.* 35) preſſe ces parties dans le cas de l'équilibre, & qui eſt tout-à-fait inſenſible (*ibid.*). Donc la force

i

dont il s'agit est très-petite par rapport au poids total de l'air ; donc les parties de la colomne qui en est pressée, doivent avoir une densité qui ne différe pas sensiblement de celle de la colomne qui est éloignée de l'Astre de 90 degrés.

3°. Nous supposerons qu'il n'y ait qu'un Astre qui se meuve autour de la Terre; car après avoir déterminé les mouvemens de l'air, qui doivent provenir de l'action d'un seul astre, on trouvera facilement (*art.* 33. *n.* 2) par la composition des mouvemens, l'effet qui doit résulter de l'action de plusieurs astres ensemble.

4°. Enfin, nous supposerons toujours $r = 1$, & que z étant le Sinus de l'angle u, on a $z = \frac{c^{u\sqrt{-1}} - c^{-u\sqrt{-1}}}{2\sqrt{-1}}$

& $\sqrt{[1 - zz]} = \frac{c^{u\sqrt{-1}} + c^{-u\sqrt{-1}}}{2}$; ce qui est connu des Geometres. Donc faisant l'arc $PM = u$, on aura la force $\frac{3Sz\sqrt{[rr - zz]}}{rd^3} = \frac{3S}{d^3} \times \left(\frac{c^{2u\sqrt{-1}} - c^{-2u\sqrt{-1}}}{4\sqrt{-1}}\right)$.

REMARQUE V.

38. Une des principales difficultés qu'on rencontre dans la détermination du mouvement de l'air, consiste en ce que chacune de ses particules ne doit point, à parler en rigueur, avoir le même mouvement, que si elle étoit libre, & considérée comme un point unique & isolé. Car quoique les parties de l'air, qui, par exemple,

environnent l'Equateur, ſoient contiguës les unes aux autres, toutes ces parties auroient le même mouvement & la même viteſſe vers le même côté, ſi elles avoient toutes la même force accélératrice, & ainſi chaque particule auroit alors la même viteſſe, que ſi on la conſidéroit comme un point libre & iſolé. Mais les parties de l'air ſont agitées par des forces qui ſont différentes, ſelon la différente diſtance qu'il y a de l'aſtre à ces parties. Donc ſi on conſidére ces parties comme des points libres, & qu'on cherche le mouvement qu'elles doivent recevoir en vertu de leurs forces accélératrices, on trouvera une viteſſe différente pour chaque point. Ainſi, pour que chaque partie d'air eût la même viteſſe, que ſi elle étoit entiérement libre, & pour qu'en même tems les parties du Fluide fuſſent toujours contiguës les unes aux autres, il faudroit néceſſairement qu'il arrivât de deux choſes l'une : ou que le Fluide s'abbaiſsât dans les endroits où la viteſſe ſeroit plus grande, & s'élevât dans ceux où il y auroit moins de viteſſe ; ou que le Fluide, entant qu'il eſt capable de ſe dilater & de ſe comprimer, ſe dilatât dans les endroits où il y auroit plus de viteſſe, & ſe comprimât dans ceux où il y en auroit moins. Or (*hyp.*) la force qui agit ſur l'air horizontalement, eſt employée toute entiere à en mouvoir les parties. Ainſi le Fluide ne pourroit s'élever & s'abbaiſſer dans le premier cas, ou ſe dilater & ſe comprimer dans le ſecond, ſans que la force des colonnes verticales ne devînt inégale ; d'où il réſulteroit néceſſairement un nouveau mouvement dans les particules de l'air, qui troubleroit & changeroit leur mouvement horizontal.

Cependant si on suppose (ce qui se peut à la rigueur) que le Fluide, en partie se dilate & se comprime, en partie s'éléve & s'abbaisse, de maniere que la différence entre le poids de deux colomnes voisines *nM*, *vm*, (Fig. 5) soit égale à l'effort que fait pour se dilater la partie *Mm* de Fluide comprise entre ces colomnes; alors, & dans ce seul cas, le mouvement de chaque particule sera le même, que si on n'avoit point d'égard au mouvement des particules environnantes.

De plus, faisant abstraction entiére de l'Elasticité, on remarquera, que quand les colomnes verticales de notre Athmosphere ne seroient pas toutes exactement de même poids, cependant il pourroit absolument se faire, qu'à cause de la tenacité & de l'adhérence des parties, cette différence de poids ne causât aucun mouvement dans l'air, sur-tout si sa hauteur étoit peu considérable; car l'Athmosphere ayant peu de densité, la différence de poids seroit alors fort petite, & par conséquent la force motrice fort petite aussi. Cherchons donc d'abord la vitesse que devroient avoir les parties de l'air, en les regardant comme des points isolés. Nous donnerons ici d'autant plus volontiers la solution de ce Probléme, qu'elle facilitera beaucoup l'intelligence de tout ce qui doit suivre.

PROPOS. VII. PROBLEME.

32. *On demande quel doit être le mouvement de l'air*

en ſuppoſant 1°. que le Soleil ſe meuve autour de la Terre, & qu'il agiſſe ſur la maſſe de l'air. 2°. Que l'air ſoit un Fluide de peu de profondeur, qui environne la Terre, & dont les parties reçoivent de l'action du Soleil tout le mouvement qu'elles peuvent en recevoir; c'eſt-à-dire, le même mouvement qu'elles auroient, ſi on les conſidéroit comme des points iſolés & libres, qui ne fuſſent pas environnés par d'autres points.

1°. Si le point A (Fig. 12) dont on cherche le mouvement, eſt ſuppoſé dans l'Equateur QAR, & que l'aſtre décrive l'Equateur d'un mouvement uniforme, qu'enfin l'aſtre ſuppoſé en P, décrive Pp pendant que A parcourt AB; on fera $AP = u$, $Pp = d\alpha$, $AB = q\,d\alpha$. Or comme AB eſt ſuppoſée fort petite par rapport à Pp, à cauſe que l'action du Soleil eſt fort petite, il eſt évident qu'on pourra faire $Pp = du$, & que la différence de $q\,d\alpha$, ſera à très-peu près $dq\,du$. Outre cela, ſi le tems par Pp & par AB eſt appellé dt, & ſi θ eſt comme dans l'*art.* 13, le tems qu'un corps peſant met à parcourir la ligne a, en vertu de la gravité p, on aura, ſuivant les principes connus de la Méchanique (†) $dq\,d\alpha = \frac{\pi\,dt^2 . 2a}{p\,\theta^2}$,

(†) Cette équation eſt appuyée ſur le principe général ſi connu, que des forces accélératrices qui agiſſent uniformément, ſont entr'elles en raiſon compoſée de la directe des eſpaces parcourus, & de l'inverſe des quarrés des tems employés à parcourir ces eſpaces. Cependant on pourroit être en doute, s'il ne faut pas mettre $2a$, au lieu de a dans cette équation, parce que a eſt (*hyp.*) l'eſ-

(π étant la force accélératrice en A). Or ϖ est ici égal à $\frac{3S}{dt} \times (\frac{c^{2u\sqrt{-1}} - c^{-2u\sqrt{-1}}}{4\sqrt{-1}})$ (*art.* 37. *n.* 4) : & on peut ſuppoſer que le Soleil parcourre pendant le tems θ l'eſpace b dans l'Equateur par ſon mouvement uniforme ; donc $b : Pp :: \theta : dt$: ainſi l'équation précédente ſe changera en $dq = \frac{3S \cdot 2adu}{pb^2 \cdot dt} \times (\frac{c^{2u\sqrt{-1}} - c^{-2u\sqrt{-1}}}{4\sqrt{-1}})$: donc $q = (\frac{3Sz^2}{2dt} \pm \frac{3Sm^2}{2dt}) \times \frac{2a}{pb^2}$; z étant le Sinus de l'angle u, & m une conſtante.

Donc ſi $m = 0$, ou ſi m eſt telle que $zz \pm mm$ ſoit

---

pace qu'un corps animé de la peſanteur p, devroit parcourir dans le tems t ; mais il faut remarquer que la différentielle de l'eſpace infiniment petit AB, priſe ſuivant la méthode des ſecondes différences, ſe trouve double de ſa valeur réelle ; ainſi afin d'avoir ſon expreſſion véritable, il faut la diviſer par 2. Pour nous mieux faire entendre, ſuppoſons qu'on demande l'eſpace que doit parcourir pendant le tems t, un corps pouſſé par la gravité p ; il eſt évident que cet eſpace ſera $\frac{a \times tt}{\theta\theta}$. Maintenant, ſoit x ce même eſpace ; ſi on ſuppoſoit $ddx = \frac{adt^2}{\theta^2}$; on auroit $x = \frac{att}{2\theta\theta}$; ainſi on trouveroit une valeur de x qui ne ſeroit que la moitié de ſa valeur véritable. On doit donc ſuppoſer $ddx = \frac{2adt^2}{\theta\theta}$; & l'on aura $x = \frac{att}{\theta\theta}$.

Quoique cette remarque ſoit inutile pour ceux d'entre les Geométres à qui ces ſortes de calculs ſont familiers, j'ai crû devoir la rappeller ici, de crainte que quelques-uns de mes Lecteurs, n'y faiſant pas attention, ne croyent que j'aie commis une erreur en mettant $2a$ pour a.

toujours une quantité positive, l'air se mouvra continuellement sous l'Equateur d'Orient en Occident. Or pour que $zz \pm mm$ soit toujours positif, il faut que mm ait toujours le signe $+$. Si mm avoit le signe $-$ & que mm fût > 1, alors il y auroit sous l'Equateur un vent continuel d'Occident en Orient.

2°. Soit QPR un paralléle quelconque, α un point quelconque, qui dans le tems que P parcourt Pp, parcourre $\alpha\beta = \lambda du$ dans la direction du Méridien, & $\alpha b = q' du$ dans la direction du paralléle; il est constant que la force suivant αb sera toujours donnée par une fonction de la variable $AP = u$, & des distances du point α au paralléle QPR & à l'Equateur, distances qu'on peut regarder comme constantes sans erreur sensible, durant le tems que l'astre met à parcourir le cercle QPR. Ainsi on aura à très-peu près

$$dq' = \frac{3S \cdot 2a\,du\,\varphi u}{p h^2 d^3}, \text{(†)} \ \& \ d\lambda = \frac{3S \times du\,\Delta u \cdot 2a}{p d^3 \cdot b^2}$$

équations qui peuvent être aisément intégrées, au moins par les quadratures.

Ayant trouvé la vitesse du vent dans le sens du paralléle & dans le sens du Méridien, on trouvera facilement sa vitesse & sa direction absolue.

COROLLAIRE.

40. Il ne seroit pas plus difficile de trouver la vitesse

(†) Par φu & Δu, j'entends des fonctions données de u.

du point α, si ce point écoit supposé se mouvoir entre des montagnes paralléles. Car l'action du Soleil sur ce point seroit toujours déterminable par une fonction de u, & de la distance du point α au paralléle de l'astre, distance qu'on peut regarder comme constante pendant le tems d'une révolution ; par conséquent, si $q''du$ est l'espace décrit par le point α, tandis que le point P parcourt Pp, on aura à très-peu près

$$dq'' = \frac{3S \, . \, du \, . \, Tu \, . \, 2\alpha}{d^3 pb^2}.$$

SCOLIE I.

41. On peut sans beaucoup de peine trouver les équations exactes & rigoureuses qui doivent conduire à déterminer le mouvement du point A; car, par exemple, si on cherche le mouvement dans l'Equateur, on remarquera que $Pp - AB = d(PA)$; c'est-à-dire, que $d\alpha - qd\alpha = du$. Ainsi on aura . . . .

$$\frac{3S}{d^3} \times \left(\frac{c^{2u\sqrt{-1}} - c^{-2u\sqrt{-1}}}{4\sqrt{-1}}\right) \times \frac{2\alpha d\alpha^2}{b^2 p} = \frac{dq}{du} \times d\alpha;$$

ou $\frac{3S \, . \, 2\alpha du}{pb^2 d^3} \times \left(\frac{c^{2u\sqrt{-1}} - c^{-2u\sqrt{-1}}}{4\sqrt{-1}}\right) = dq(1-q);$

dont l'intégrale est $\frac{3S\alpha}{pb^2 d^3} \times (zz \pm mm) = q - \frac{qq}{2}.$

[Il est évident que l'on aura $\frac{c^{u\sqrt{-1}} - c^{-u\sqrt{-1}}}{2\sqrt{-1}} =$
$\pm \sqrt{\left[\mp mm + \frac{pbbd^3}{3S\alpha} \times \left(q - \frac{qq}{2}\right)\right]}$; par conséquent du

ou

ou $d\alpha(1-q) = \pm \frac{pbbd^3}{3Sa} \times (\frac{dq}{2} - \frac{qdq}{2})$ divisé par

$$\sqrt{[(1 \pm mm - \frac{pbbd^3}{3Sa} \times (q - \frac{qq}{2})] \times}$$

$$\sqrt{[\mp mm + \frac{pbbd^3}{3Sa} \times (q - \frac{qq}{2})]};$$

D'où l'on tirera fort aisément la valeur de $d\alpha$ en dq & en q; & par conséquent, si on suppose que dans un instant quelconque la vitesse du vent soit donnée en tel point qu'on voudra de l'Equateur, avec la distance du Soleil au Zenith de ce point, on aura l'équation entre les arcs que parcourt le Soleil durant un tems quelconque, & la vitesse du vent à la fin de ce même tems, ainsi que l'espace $\int q\,d\alpha$ que le vent aura parcouru.

On peut négliger le terme $\frac{qq}{2}$ comme nul par rapport aux autres; en ce cas on aura . . . .

$$d\alpha = \pm \frac{pbbd^3dq}{2.3Sa\sqrt{[(1 \pm mm - \frac{pbbd^3q}{3Sa}) \times (\mp mm + \frac{pbbd^3q}{3Sa})]}},$$

équation très-facile à intégrer, & de laquelle on tirera la valeur de α en q, & celle de q en α, & par conséquent celle de $\int q\,d\alpha$ en α].

SCOLIE II.

42. Il est évident, que les quantités φu & Δu de l'art. 39. n. 2. sont faciles à connoître lorsqu'on connoît les quantités $AP = u$, $\alpha A = A$, & les angles

$P\alpha A$, $P\alpha b$, & l'arc αP. Je donnerai ici d'autant plus volontiers la méthode pour les déterminer, qu'il en naîtra une Trigonométrie ſphérique, non-ſeulement nouvelle à pluſieurs égards, mais qui pourra encore être utile pour calculer les triangles ſphériques dont tous les côtés ne ſont point des arcs de grand cercle.

Soit donc le triangle ſphérique αRN, (Figure 13) rectangle en N, & composé de trois Arcs de grand cercle, ſoit l'Angle $R\alpha N = \alpha$, l'Angle $\alpha RN = R$, l'Angle $K\alpha R$, complément d'$\alpha = \alpha'$; $\alpha N = x$, $\alpha R = X$, $RN = V$; ſoient αO, αZ les tangentes des Arcs αN, αR; on pourra facilement démontrer que le triangle rectiligne αZO eſt rectangle en O: donc ſuppoſant l'Arc RV infiniment proche de $R\alpha$, on aura $\alpha I : \alpha V :: \alpha O : \alpha Z$; ou dX:

$$dx :: \frac{e^{x\sqrt{-1}} - e^{-x\sqrt{-1}}}{e^{x\sqrt{-1}} + e^{-x\sqrt{-1}}} : \frac{e^{X\sqrt{-1}} - e^{-X\sqrt{-1}}}{e^{X\sqrt{-1}} + e^{-X\sqrt{-1}}} : \text{donc}$$

$$\frac{dX(e^{X\sqrt{-1}} - e^{-X\sqrt{-1}})}{e^{X\sqrt{-1}} + e^{-X\sqrt{-1}}} = \frac{dx(e^{x\sqrt{-1}} - e^{-x\sqrt{-1}})}{e^{x\sqrt{-1}} + e^{-x\sqrt{-1}}},$$

ou $$\frac{d(e^{X\sqrt{-1}} + e^{-X\sqrt{-1}})}{e^{X\sqrt{-1}} + e^{-X\sqrt{-1}}} = \frac{d(e^{x\sqrt{-1}} + e^{-x\sqrt{-1}})}{e^{x\sqrt{-1}} + e^{-x\sqrt{-1}}}:$$

ainſi, comme $x = 0$, rend $X = RN = V$, on aura

$$\frac{e^{X\sqrt{-1}} + e^{-X\sqrt{-1}}}{2} = \frac{e^{V\sqrt{-1}} + e^{-V\sqrt{-1}}}{2} \times \frac{e^{x\sqrt{-1}} + e^{-x\sqrt{-1}}}{2} \quad \ldots\ldots\ldots\ldots\ldots\ldots\ldots (Æ).$$

Maintenant, pour avoir les Angles α & R, il faut

remarquer qu'en prenant x pour conftante, on aura

$$\frac{dV}{dX} = \frac{1}{Cof. R} = \frac{2}{c^{R\sqrt{-1}} + c^{-R\sqrt{-1}}} \ldots\ldots\ldots (Æ')$$

& qu'en prenant V pour conftante, on aura

$$\frac{dx}{dX} = \frac{1}{Cof. \alpha} = \frac{2}{c^{\alpha\sqrt{-1}} + c^{-\alpha\sqrt{-1}}} \ldots\ldots\ldots (Æ'').$$

Soit donc $Aa = A$, $AP = u$; $aP = u'$, on aura, en faifant paffer par le Pôle S le grand cercle SPQ, PQ ou $AN = x - A$; $NQ = \frac{AP}{Cof. AN} = \frac{2u}{c^{(x-A)\sqrt{-1}} + c^{-(x-A)\sqrt{-1}}}$;

$QR = NR - NQ = V - \frac{2u}{c^{(x-A)\sqrt{-1}} + c^{-(x-A)\sqrt{-1}}}$;

& enfin $PR = X - u'$. Or PRQ étant un triangle fphérique rectangle en R, & compofé de trois Arcs de grand cercle, on aura, à caufe de l'équation (Æ) ci-deffus,

$$(c^{PR.\sqrt{-1}} + c^{-PR\sqrt{-1}}) \times 2 = (c^{RQ.\sqrt{-1}} + c^{-RQ.\sqrt{-1}}) \times$$
$$(c^{PQ.\sqrt{-1}} + c^{-PQ.\sqrt{-1}}) \ldots\ldots\ldots\ldots (Æ'''):$$

il faut fubftituer dans cette équation les valeurs de PR, PQ, RQ, qu'on vient de trouver.

Or comme l'équation (Æ''') donnera une valeur du Cofinus de l'angle R, dont on a déja une autre expreffion par l'équation (Æ'), on aura, en comparant enfemble ces deux valeurs, une nouvelle équation que j'appelle Æ^{IV}; & des trois équations Æ, Æ''', Æ^{IV}, combinées enfemble, il en naîtra une feule qui contiendra les trois quantités u, u', A, & outre cela, la quantité x, ou la diſtance du lieu α, au grand cercle NR.

Outre la méthode que nous venons de donner dans cet article pour trouver l'équation entre les Arcs d'un triangle ſphérique, dont tous les côtés ne ſont point de grands cercles, on peut auſſi ſe ſervir de la méthode ſuivante, qui paroît encore plus facile. Soit imaginée la corde de l'Arc αP (Fig. 15), & des points α, P, ſoient auſſi imaginées des droites perpendiculaires aux plans AP, αA, & au rayon du cercle AP qui paſſe par A. On aura un triangle rectangle, dont les côtés ſeront facilement exprimés par les Arcs αP, αA, AP, & l'équation entre les côtés de ce triangle, qui peut ſe déduire facilement de l'égalité entre le quarré de l'hypothenuſe, & la ſomme des quarrés des côtés, donnera l'équation entre les Arcs αP, AP, αA.

Pour déterminer préciſément les quantités q', & λ de l'*art.* 39, ſoit AP (Fig. 15) le paralléle décrit par le Soleil; & ſuppoſons qu'on cherche la viteſſe du point α ſur le paralléle QR; on fera $AP = u$, & on prendra $\frac{n}{1}$ pour le rapport du rayon du paralléle AP au rayon du paralléle QR: je dis, que ſuivant les noms donnés dans cet article, on aura $\lambda = \frac{3S : 2an}{2d^3 \cdot pb^2} \times [(\text{Sin.}\, \alpha P)^2 \pm mm]$.

Car on doit avoir $d\lambda du = \frac{3S \cdot (c^{2\alpha P \cdot \sqrt{-1}} - c^{-2\alpha P \cdot \sqrt{-1}})}{4d^3\sqrt{-1}} \times$ Coſ. $R\alpha P \times \frac{2adu^2}{1pbb}$. Or quelle que ſoit l'équation entre

αP, AP, $A\alpha$, on trouvera par le moyen de cette équation le Cosinus de l'angle $R\alpha P$, en y prenant AP & αP comme variables, en tirant ensuite de la différentiation la valeur de $\frac{d(\alpha P)}{d(AP)}$, & multipliant cette valeur par n ou la divisant par $\frac{1}{n}$: donc on aura le Cosinus de $R\alpha P = \frac{pN}{Pp} \times n = \frac{d(\alpha P)}{du} \times n$. Donc $d\lambda = \frac{3S \cdot 2a}{pbbd^3} \times n \cdot \frac{(c^{2\alpha P \cdot \sqrt{-1}} - c^{-2\alpha P \cdot \sqrt{-1}})}{4\sqrt{-1}} \times d(\alpha P)$; & $\lambda = \frac{3Sn \cdot a}{d^3 p b^2} \times [(\text{Sin.}\ \alpha P)^2 \pm mm]$.

A l'égard de la vitesse du vent dans le sens du Méridien; supposons, pour plus de facilité, que le cercle AP soit l'Equateur; & faisant $\alpha P = X$, & $\alpha A = x$, la force accélératrice suivant αA, sera $\frac{3S}{d^3} \times \frac{c^{2X\sqrt{-1}} - c^{-2X\sqrt{-1}}}{4\sqrt{-1}} \times \frac{dX}{dx} = \frac{3S}{d^3} \times \frac{c^{x\sqrt{-1}} - c^{-x\sqrt{-1}}}{\sqrt{-1} \cdot (c^{x\sqrt{-1}} + c^{-x\sqrt{-1}})} \times \frac{(c^{X\sqrt{-1}} + c^{-X\sqrt{-1}})^2}{4}$. D'où il suit que dans un seul & même Hémisphere, cette force sera toujours dirigée du même côté; ainsi comme elle produit (*hyp.*) son plein & entier effet, il en résulte que l'action de cette force devroit continuellement rapprocher de l'Equateur la masse entiére de l'air, & que toute l'Athmosphere devroit se réunir & s'amonceler dans le plan de l'Equinoctial.

Or il est clair au premier coup d'œil, qu'on ne peut légitimement supposer que cela arrive, & que la masse de l'Athmoſphere, doit néceſſairement faire des oſcillations dans le ſens du Méridien, & avoir du Nord au Sud un eſpece de Flux & de Reflux : on ne doit donc point ſuppoſer, que la force qui agit dans le ſens du Méridien, ait ſon effet plein & entier. Au reſte, il eſt évident que cette force eſt nulle quand $x = 0$, & $X = 90°$., & qu'ainſi elle eſt nulle à l'Equateur & aux Pôles, & très-petite dans les lieux voiſins. Donc pour peu qu'il y ait de ténacité dans les parties de l'air, & d'aſpérité dans la ſurface de la Terre, l'action de cette force ſera nulle près de l'Equateur & des Pôles ; elle n'aura d'effet que dans les Zones tempérées, & cet effet doit même être peu conſidérable ; car lorſque l'air n'a point de mouvement dans le ſens du Méridien près de l'Equateur & des Pôles, l'air intermédiaire qui lui eſt adhérent & contigu, ne doit faire que de très-petites oſcillations en ce ſens.

De-là il s'enſuit, que ſi on veut chercher la viteſſe du vent ſuivant la méthode de l'*art.* 39, on ne doit & on ne peut avoir égard qu'au mouvement qui ſe fait dans le ſens du parallele QR.

SCOLIE III.

43. b étant (*hyp.*) l'eſpace que le Soleil ou la Terre parcourt dans le tems θ, qu'un corps peſant met à parcourir a ; ſi on fait $\theta = 1^{\text{ſec.}}$, on aura $a = 15^{\text{pieds}}$, $b = \frac{15^{\text{deg. terr.}}}{3600} = \frac{15 \cdot 57060 \cdot 6^{\text{pieds}}}{3600} = \frac{5706}{4} = 1427$ pieds environ;

or la vitesse angulaire du vent est à la vitesse angulaire de l'Astre, comme q à 1, ou (négligeant mm) comme $\frac{3aS}{pb^2 di} \times zz$ à 1; c'est-à-dire, dans le cas présent, comme $\frac{3 \times 15 \times 19695539}{289.(365)^2.(1427)^2} \times zz$ est à 1; & dans le tems que la Terre parcourroit l'espace b, le vent avec la plus grande vitesse qu'il pût avoir, parcourroit un espace $= \frac{3Sa}{pbdi}$; c'est-à-dire, que le vent parcourroit en une seconde un espace égal à $\frac{3 \times 15 \times 19695539}{289.(365)^2.(1427)}$ pieds, [quantité fort petite, puisqu'elle est beaucoup moins considérable que $\frac{50 \times 20000000}{200.100000.1000}$ pieds, c. à d. $\frac{1}{20}$ de pied.] Or comme les observations nous apprennent que sous l'Equateur le vent fait environ 8 à 10 pieds par seconde (†); il s'ensuit que la vitesse véritable du vent est fort différente de celle que nous trouvons par la Théorie présente, & qu'ainsi la méthode de l'*art.* 39, ne sauroit être regardée comme assez exacte, à moins qu'on ne suppose mm positif, & beaucoup plus grand que l'unité.

SCOLIE IV.

44. Afin qu'on puisse plus aisément juger si la méthode du Problême présent peut être admise, dans le cas

---

(†) Voyez Mrs *Mariotte* & *Musschembroek*.

où on suppose mm beaucoup plus grand que l'unité, nous allons examiner quelle devroit être la différence entre le poids des colomnes ou leur longueur, si les parties de l'air se mouvoient avec la vitesse que nous venons de déterminer. Pour rendre le calcul plus facile, nous supposerons que la Terre soit réduite au plan de l'Equateur, que ϵ soit la hauteur du Fluide au point P (Fig. 14) au-dessus duquel est l'Astre, & $\epsilon - k$ la hauteur du Fluide en A, k étant une fonction de u, que A, a, soient deux points infiniment proches l'un de l'autre, & que a parcourre la ligne ab, tandis que A parcourt la ligne AB; supposant ensuite $q = \frac{3S.a}{pb^2 d^3} \times (zz \pm mm)$ on aura $ab - AB = \frac{2adu.\,3Szdz}{pb^2 d^3}$; par conséquent $Bb = du - \frac{2adu.\,3Szdz}{pb^2 d^3}$. Or la hauteur du Fluide en A, lorsque l'Astre est en P, est (*hyp.*) $\epsilon - k$; donc la hauteur de la colomne en A, lorsque l'Astre est en p, doit être $\frac{Aa \times (\epsilon - k)}{Bb}$, parce que le Fluide qui occupoit d'abord l'espace $AOoa$, occupe dans l'instant suivant l'espace $QBbq$; donc la hauteur de la nouvelle colomne en A, sera $\epsilon - k + \frac{2a\epsilon.\,3Szdz}{pb^2 d^3}$: de plus, lorsque P vient en p, la hauteur de la colomne en A, devient $\epsilon - k - dk$ à très-peu près. D'où l'on tire $dk = \frac{-2a\epsilon.\,3Szdz}{pb^2 d^3}$; &

comme

comme $z = o$ rend $k = o$, on aura $k = \frac{-3a\varepsilon . Sz^2}{pb^2 d^3}$. Donc la plus grande différence qu'il puiſſe y avoir entre le poids des colomnes, eſt $\frac{3Sa}{pb_2 d_3} \times p\delta\varepsilon$; or $p\delta\varepsilon$ étant égal au poids de 32 pieds d'eau, cette différence eſt égale au poids de $\frac{3 . 15 . 32 . 19695539}{(1427)^2 . (365)^2 . 289}$ parties d'un pied d'eau, quantité fort petite, comme il eſt facile de le voir. De plus, il faut remarquer, que dans le cas dont il s'agit ici, elle exprime la différence de poids des colomnes, ſoit pour l'air homogene, ſoit pour l'air heterogene. Car 1°. ſi l'air eſt ſuppoſé homogene, on aura toujours δ en raiſon inverſe de ε; parce que $p\delta\varepsilon$ eſt égal au poids de 32 pieds d'eau. 2°. Si l'air eſt heterogene, & compoſé de couches de différentes denſités δ, δ', δ'' &c. dont les hauteurs en P ſoient ε, ε', ε'' &c. on trouvera que la différence cherchée eſt égale à $\frac{3aS}{pb^2 d^3} \times (p\delta\varepsilon + p\delta'\varepsilon' + p\delta''\varepsilon''$ &c.) Or $p\delta\varepsilon + p\delta'\varepsilon' + p\delta''\varepsilon''$ &c. eſt égal au poids de 32 pieds d'eau. Donc &c.

Par conſéquent, puiſque la force qui peut empêcher que les parties de l'air ne ſe meuvent comme des points libres & iſolés, eſt une force très-petite; il s'enſuit que dans la méthode du Problême préſent, on pourroit ne s'écarter que très-peu de la vérité, pourvû qu'on prît *mm* poſitif & beaucoup plus grand que l'unité. Cependant pour ne pas trop nous arrêter à cette ſimple conjecture, & pour embrasser le Problême dans toute sa difficulté, nous allons déterminer la vitesse du vent dans l'hypothese que les parties de l'air se nuisent mutuellement les unes aux autres ; mais avant de passer à cette recherche, nous avons encore une remarque à faire dans l'article suivant, sur le cas dont il s'agit ici.

SCOLIE V.

45. Si le globe solide que nous avons supposé couvert d'une lame ou couche d'air sphérique, étoit changé en Sphéroide solide, il n'en résulteroit aucun changement dans le mouvement de l'air. Car tous les points de la surface du Sphéroide seront poussés perpendiculairement à cette surface (parce que ce Sphéroide représente notre Terre à laquelle l'air est contigu); par conséquent les particules de l'air, voisines de cette surface, ne recevront par l'attraction du Sphéroide aucune nouvelle force qui puisse augmenter ou diminuer le mouvement qu'elles ont déja. Il n'en seroit pas de même si le Sphéroide étoit Fluide, & que ses parties eussent un mouvement horizontal. Car alors, outre la force d'attraction, commune aux parties du Sphéroide & de l'air, il seroit encore nécessaire d'avoir égard à la force accélératrice des parties du Fluide : soit π cette force accélératrice, φ l'attraction horizontale des parties du Fluide ; & imaginons que la pesanteur p vers le centre se décompose en deux forces, dont l'une que j'appelle G,

ſoit perpendiculaire à la ſurface du Sphéroide, & l'autre que j'appelle F, agiſſe dans le ſens horizontal; il eſt évident (*art.* 12. *not.* (*a*) §. I.) que les particules du Fluide, ſollicitées par les forces G, & $\varphi - F - \pi$, devroient reſter en équilibre; donc la force G étant (*hyp.*) perpendiculaire à la ſurface du Fluide, on aura $\varphi - F - \pi = 0$. Or la force $\varphi - F$ agit ſur les particules de l'air; donc ces particules, outre la force $\frac{3S}{d^3} \times \frac{(c^{2u\sqrt{-1}} - c^{-2u\sqrt{-1}})}{4\sqrt{-1}}$, ſont encore ſollicitées au mouvement par la force $\varphi - F$, ou (à cauſe de $\varphi - F - \pi = 0$) par la force π qui eſt la force accélératrice horizontale des particules du Fluide.

D'où il s'enſuit 1°. que la viteſſe & la force abſolue du vent, n'eſt pas la même ſur un Sphéroide ſolide que ſur un Sphéroide Fluide, dont on ſuppoſe que les parties ſoient en mouvement. 2°. Que la viteſſe reſpective du vent & des parties de la ſurface du globe eſt la même dans l'un & l'autre cas, puiſque la force π dont il faut augmenter ou diminuer dans le ſecond cas la force accélératrice du vent, eſt la force même qui accélére le Fluide.

Voilà ce qui doit arriver, dans l'hypotheſe, que la force $\frac{3S}{d^3} \times \frac{(c^{2u\sqrt{-1}} - c^{-2u\sqrt{-1}})}{4\sqrt{-1}}$ n'agiſſe que ſur l'air & non ſur le Fluide inférieur. Mais comme cette hypotheſe eſt peu naturelle, ſuppoſons que la force $\frac{3S}{d^3} \times \frac{(c^{2u\sqrt{-1}} - c^{-2u\sqrt{-1}})}{4\sqrt{-1}}$ agiſſe en même tems ſur l'air

& ſur le Fluide, & nous aurons . . . .

$$\frac{3S}{d^3} \times \frac{(c^{2u\sqrt{-1}} - c^{-2u\sqrt{-1}})}{4\sqrt{-1}} + \varphi - F - \pi = 0.$$ Les trois premiers termes de cette équation repréſentent la force qui agit ſur l'air : donc cette force eſt $= \pi$; c'eſt-à-dire que la force accélératrice de l'air eſt la même que celle du Fluide. Donc la viteſſe reſpective de l'air & du Fluide ſera nulle.

De-là il eſt aiſé de conclure, que la viteſſe du vent qui ſouffle ſur la Mer, doit être fort différente de celle avec laquelle le vent ſouffleroit ſur le continent ; car, comme la Mer change continuellement de figure, on ne ſauroit avoir continuellement $\varphi - F = 0$. [En effet, pour que l'on eût toujours $\varphi - F = 0$, il faudroit que le Sphéroide pût prendre toutes ſortes de figures en vertu de ſon attraction, & qu'ainſi il y eût une infinité de cas, où il fût en équilibre, ce qui n'a lieu (*art.* 31) que dans un ſeul cas, ſavoir dans celui où la denſité du noyau eſt à celle du Fluide, comme 3 à 5.] Ainſi la force accélératrice π du vent *marin*, ſi on peut l'appeller ainſi, ne doit pas être ſuppoſée égale à la force accélératrice $\frac{3S}{d^3} \times \frac{(c^{2u\sqrt{-1}} - c^{-2u\sqrt{-1}})}{4\sqrt{-1}}$ du vent qui ſouffle ſur le continent (†).

[(†) Cette vérité ſe confirmera encore, par ce que nous démontrerons dans l'*art.* 85.]

PROPOS. VIII. LEMME.

46. *Soit un parallélepipede rectangle, qui ait pour base le rectangle infiniment petit* ABCD, (Fig. 16) *& dont la hauteur soit* ε; *imaginons que les points* A, B, C, D, *viennent en* a, b, c, d, *desorte que la base* ABCD, *devienne* abcd; *on demande quelle doit être la hauteur du parallélepipede, qui auroit pour base* abcd, *pour que ce parallélepipede soit égal au parallélepipede donné, dont la base est* ABCD, *& la hauteur* ε.

Soit $\varepsilon - \mu$ la hauteur cherchée, μ étant fort petite par rapport à ε; on aura $[\varepsilon - \mu] \times (AB + ab - AB) \times (AD + ad - AD) = \varepsilon . AB . AD$. D'où l'on tire, en négligeant ce qui se doit négliger, $\frac{\mu}{\varepsilon} = \frac{ab - AB}{AB} + \frac{ab - AD}{AD}$. *Ce Q. F. T.*

PROPOS. IX. PROBLÊME.

47. *Soit la Terre un globe solide qui ait pour centre le point* G (Fig. 17); *imaginons que ce globe soit couvert d'un Fluide homogene & sans ressort, & outre cela fort rare, afin qu'on puisse négliger l'attraction de ses parties; & supposons qu'un corps dont la masse soit* S, *se meuve uniformément autour du centre du globe à la distance* d: *on demande le mouvement du Fluide en vertu de l'action du corps* S.

I.

Supposons 1°. que le corps *S* se meuve dans le plan

d'un grand cercle *pPR*, & prenons ſur la ſurface du globe, deux points *A*, *B*, infiniment proches du cercle *pPR*, & qui en ſoient également éloignés de part & d'autre. Maintenant, par les points *A* & *B*, & par le point *P*, au-deſſus duquel on ſuppoſe que ſoit l'Aſtre, faiſons paſſer les plans des deux grands cercles *PAD*, *PBC*; il eſt évident que le mouvement horizontal des points *A* & *B* vient de la force avec laquelle le corps *S* agit horizontalement ſur ces points. Or la direction de cette force eſt toujours dans le plan vertical qui paſſe par le corps *S*, & ce plan vertical, différe peu du plan immobile *pPR*, au moins dans les lieux qui ſont fort près du cercle *pPR*; ainſi nous ſuppoſerons ici que les points *A* & *B* ſe meuvent toujours dans le plan du grand cercle vertical qui paſſe par ces points, par le centre *G*, & par le corps *S*; & nous n'aurons pour le préſent aucun égard au mouvement que les Corpuſcules *A* & *B* peuvent avoir perpendiculairement à ce plan. Nous examinerons plus bas, juſqu'à quel point cette hypotheſe peut paſſer pour exacte. [Il faut obſerver, au reſte, que ces plans verticaux changent continuellement de poſition, à meſure que le corps *S* ſe meut.]

II.

Soit l'arc *PA*, ou la diſtance de l'Aſtre au point $A = u$; que $Pp = d\alpha$, repréſente l'arc décrit par le corps *S* dans un inſtant : on ſuppoſera (ce qui eſt permis) $AD = Pp$; & $AB = Pp$; de plus, on remarquera que toute la variation qu'il peut y avoir dans la viteſſe des parties du Fluide & dans ſa hauteur, doit dépendre de la ſeule diſtance variable du corps S au Zenith du lieu où l'on cherche la viteſſe du Fluide ; imaginant donc que le point A décrive la ligne Aa, tandis que le corps S vient de P en p, on fera $Aa = qd\alpha$, q exprimant une fonction inconnue composée de u & de conſtantes. Or comme la ligne Aa eſt très-petite par rapport à Pp, on pourra ſuppoſer ſans erreur ſenſible $d\alpha = du$, & $qd\alpha = qdu$. Donc ſi Dd eſt l'eſpace parcouru durant ce même tems par le point D, on aura $Dd - Aa = dqdu$, & $\frac{ab - AB}{AB} = \frac{bm - BM}{BM} = qdu \times \frac{d(c^{u\sqrt{-1}} - c^{-u\sqrt{-1}})}{c^{u\sqrt{-1}} - c^{-u\sqrt{-1}}}$ (en ſuppoſant que BM ſoit le Sinus de PA ou PB, & qu'ainſi $BM = \frac{c^{u\sqrt{-1}} - c^{-u\sqrt{-1}}}{2\sqrt{-1}}$).

III.

Soit à préſent la hauteur du Fluide en $P = \varepsilon$, & $\varepsilon - k$ ſa hauteur en A; il eſt évident (*art.* 46) que le point S venant en p, la hauteur $\varepsilon - k$ doit être diminuée de la quantité $(\frac{Dd - Aa}{AD} + \frac{ab - AB}{AB}) \times [\varepsilon - k]$, ou (en négligeant k) $\varepsilon \times (\frac{Dd - Aa}{AD} + \frac{bm - BM}{BM})$. Or ſi on ſuppoſe $k = \int v\,du$, il eſt clair que P venant en p, & A en a, de maniere que Aa ſoit fort petite par rapport à Pp, la hauteur $\epsilon - k$ deviendra à très-peu près $\epsilon - k - \nu du$; donc on aura . . . .

$$\frac{\nu}{\epsilon} = \frac{dq}{du} + \frac{qd(c^{u\sqrt{-1}} - c^{-u\sqrt{-1}})}{du(c^{u\sqrt{-1}} - c^{-u\sqrt{-1}})} \ldots\ldots (A).$$

IV.

Supposons ensuite que π soit la force accélératrice de la particule A ou a, on aura $\pi = \frac{d(Aa)p\theta^2}{dt^2 . 2a}$, (en conservant les mêmes noms que dans les *art.* 13 & 39); & si on fait $b : d\alpha :: \theta : dt$, c'est-à-dire, si on suppose que le corps S parcourre uniformément l'espace b dans le tems θ, on aura $\pi = \frac{d(Aa) . pb^2}{2a du^2}$ = à très-peu près $\frac{dq}{du} \times \frac{pb_2}{2a}$, parce que Aa est fort petite par rapport à Pp.

Or comme le point A est mû suivant AD par la force accélératrice π, en même tems qu'il est tiré suivant AP par une force $= \frac{3S}{d^3} \times (\frac{c^{2u\sqrt{-1}} - c^{-2u\sqrt{-1}}}{4\sqrt{-1}})$, il faut (*art.* 12. *not.* (*a*) §. II.) que la force $\frac{3Sc(c^{2u\sqrt{-1}} - c^{-2u\sqrt{-1}})}{4d^3\sqrt{-1}}$ $+ \pi$ soit telle, que si elle agissoit toute seule sur le point A, elle retînt ce point en repos : donc la force $\pi + \frac{3S(c^{2u\sqrt{-1}} - c^{-2u\sqrt{-1}})}{4d^3\sqrt{-1}}$ doit nécessairement faire équilibre en A avec la gravité p ; donc la différence de poids des

des colomnes en A & en D, doit être $=$ à $AD \times$

$$\left(\frac{3S\left(e^{2n\sqrt{-1}} - e^{-2n\sqrt{-1}}\right)}{4d^3\sqrt{-1}} + \pi \right) : \text{donc on aura l'équa-}$$

tion $v\,du \times p = du \left(\dfrac{3S\left(e^{2n\sqrt{-1}} - e^{-2n\sqrt{-1}}\right)}{4d^3\sqrt{-1}} + \pi \right) ;$

ou $v = \dfrac{3S\left(e^{2n\sqrt{-1}} - e^{-2n\sqrt{-1}}\right)}{4p\,d^3\sqrt{-1}} + \dfrac{bb\,dq}{du.2u} \quad \ldots \; . \; . \; (B)_3$

V.

On tire des équations A & B, l'équation fuivante ;

$$\frac{dq}{du} + \frac{uqd\left(e^{n\sqrt{-1}} - e^{-n\sqrt{-1}}\right)}{du\left(e^{n\sqrt{-1}} - e^{-n\sqrt{-1}}\right)} = \frac{3S}{pd^2} \times \frac{\left(e^{2n\sqrt{-1}} - e^{-2n\sqrt{-1}}\right)}{4d^3\sqrt{-1}} +$$

$\dfrac{dq}{du} \times \dfrac{b^3}{2u} :$ fi on fuppofe dans cette équation $1 - \dfrac{b^3}{2uu} = \lambda$, &

$\dfrac{e^{u\sqrt{-1}} - e^{-u\sqrt{-1}}}{2\sqrt{-1}} = z$, on la changera en $\lambda\,dq + \dfrac{q\,dz}{z} =$

$\dfrac{3Sz\,dz}{4p\,d^3}$; dont l'intégrale complette (†) eft $q z^{\frac{1}{\lambda}} = \dfrac{3S}{4p\,d^3} \times$

(†) Dans cette équation intégrale, il ne faut point ajouter de conftante. Car fi $\frac{1}{\lambda}$ eft une quantité pofitive, auffi-bien que $\frac{1}{\lambda}$ $+ 2$, alors les deux membres deviennent l'un & l'autre égaux à zero, lorfque $z = 0$; & fi $z^{\frac{1}{\lambda}}$, ou $z^{\frac{1}{\lambda}} + 2$, ou ces deux quantités à la fois font infinies quand $z = 0$, il y aura toujours éga-lité entre les deux membres de l'intégrale, fi $q = \dfrac{3Sz z}{4p\,d^3(2\lambda + 1)}$; fans qu'on ait befoin d'ajouter de conftante.

$\frac{z^{\frac{1}{\lambda}+2}}{2\lambda+1}$. Donc $q = \frac{3S}{2pd^3} \times \frac{z^2}{3-\frac{b^2}{a\epsilon}}$; & k ou $\int v\,du = \frac{3Szz}{2pd^3} + \frac{b^2}{2a\epsilon} \times \frac{9S}{pd^3} \times \frac{z^2}{3-\frac{b^2}{a\epsilon}} = \frac{3Sz^2}{2pd^3} \times \left(\frac{3a\epsilon}{3a\epsilon-bb}\right)$.

VI.

Telles sont les valeurs des quantités k & q, dans l'hypothese, que les points A voisins du cercle pPR se meuvent toujours dans le plan qui passe par le centre G & par le Soleil ; hypothese qui peut être regardée comme assez exacte pour deux raisons : 1°. parce que la force qui peut écarter de ce plan le point A, est infiniment petite par rapport à la force suivant AP, qui est elle-même très-petite par rapport à la pesanteur p : ainsi pour peu qu'il y ait quelque adhérence & quelque tenacité dans les particules du Fluide, & que l'aspérité de la surface terrestre produise quelque résistance, on sent que l'effet de cette force doit être nul. 2°. Outre cela, cette force, pendant le tems d'une révolution, agit alternativement en sens contraires. Ainsi son effet total peut être considéré comme nul, & on peut regarder les valeurs déja trouvées des quantités q, & k, comme leurs valeurs moyennes.

Pour ce qui est des autres points qui sont plus éloignés du cercle pPR, on peut aussi supposer que leur mouvement se fasse dans le plan d'un grand cercle qui paſſe par le corps *S*, par ces points, & par le centre *G*; 1°. parce que la force qui peut éloigner ces points du plan vertical, agit alternativement en ſens contraires. 2°. Parce que la tenacité & la cohéſion des parties du Fluide peut être telle, que les parties, éloignées du cercle *pPR*, aient un mouvement analogue à celui des parties voiſines de ce cercle.

A l'égard de la viteſſe de ces points, nous la déterminerons dans le Problême ſuivant (*art. 65*); mais nous ſuppoſerons pour le préſent, qu'en vertu de la tenacité du Fluide toutes les parties qui ſont également diſtantes du corps *S*, aient une égale viteſſe.

Nous ſera-t-il permis d'ajouter, pour confirmer cette hypotheſe, qu'elle paroît avoir beaucoup de rapport à celles qu'ont faites les célébres Mrs *Euler* & *Daniel Bernoulli*, dans leurs excellentes Piéces ſur le Flux & Reflux de la mer? Ces deux illuſtres Auteurs ſuppoſent que la Terre eſt changée par l'action du Soleil ou de la Lune, en un Sphéroide dont l'axe eſt dans la ligne qui joint le centre de la Terre & celui du Soleil ou de la Lune. Or la hauteur des parties du Fluide dépend de leur viteſſe horizontale; & comme la hauteur eſt ſuppoſée la même dans tous les lieux, du Zenith deſquels le Soleil, par exemple, eſt également éloigné, n'eſt-il pas naturel d'en conclure, qu'on peut ſuppoſer auſſi que la viteſſe horizontale ſoit la même dans ces points-là?

De plus, les obſervations nous apprennent que le vent ſouffle ſous l'Equateur d'Orient en Occident au tems des Equinoxes, qu'il participe un peu du Nord dans l'Hémisphere Boreal, & un peu du Sud dans l'Hémisphere Austral : & qu'il participe d'autant plus du Nord ou du Sud, que le Soleil est plus éloigné vers le Sud ou vers le Nord. Donc on peut supposer que la direction du vent, est à peu près dans le vertical du Soleil. [Nous verrons d'ailleurs plus bas (*art.* 74) que cette hypothese peut avoir lieu, même dans le cas où l'on supposeroit les particules parfaitement Fluides, & sans aucune adhérence entr'elles, ni aucun frottement sur la surface du globe terrestre.]

Enfin, si on veut avoir égard à l'attraction des parties du Fluide, comme on y aura égard dans l'*art.* 77, on est obligé de supposer d'abord, que le Fluide est au moins à peu près, un Sphéroide formé par la révolution d'une Ellipse autour de son axe : autrement on se trouveroit engagé dans des calculs impraticables. *Voyez les art.* 77 & 84.

Si le corps *S* étoit mû, non dans le plan d'un grand cercle, mais dans une courbe quelconque, il est visible, que pour les raisons déja exposées ci-dessus, on pourra supposer sans beaucoup d'erreur, que les parties du Fluide se meuvent toujours dans un plan qui passe par le corps *S* & par le centre de la Terre.

Au reste, ceux qui ne jugeront pas ces hypotheses assez plausibles, trouveront dans le Problême suivant (*art.* 65) les équations vraies & rigoureuses, par lesquelles on peut déterminer exactement le mouvement du Fluide, avec les corrections qu'on peut faire aux calculs du Problême présent.

COROLLAIRE I.

48. Puiſque $Aa = qdu = \frac{3Sz^2}{2pd^3(3-\frac{b^2}{a\epsilon})} \times du$, & que zz eſt toujours poſitif; il eſt évident que le point A ſe mouvra toujours du même côté, ſavoir, du côté oppoſé au corps S, comme on l'a ſuppoſé dans la figure, ſi $3 > \frac{bb}{a\epsilon}$; & du même côté, ſi $3 < \frac{bb}{a\epsilon}$. Or ſuppoſons que l'air ſoit homogene, & que ſa hauteur ϵ (*art.* 33) ſoit de 850×32 pieds; on aura $3a\epsilon$ ou $3 . 15 . 850 . 32 < bb$ ou $(1427)^2$. Donc l'air devroit dans cette hypotheſe ſe mouvoir d'Orient en Occident, & toujours du même côté que le Soleil, ce qui s'accorde avec les obſervations.

De plus, il eſt évident que la hauteur du Fluide $\epsilon - k$ ou $\epsilon - \frac{3Sz^2}{2pd^3} \times \frac{3a\epsilon}{3a\epsilon - b^2}$, eſt la plus petite qu'il eſt poſſible dans les lieux qui ont le corps S à l'horizon, & la plus grande dans ceux qui ont le corps S au Zenith, ſi $3a\epsilon > b^2$; qu'au contraire, ſi $3a\epsilon < b^2$, la hauteur du Fluide ſera la plus petite qu'il eſt poſſible, lorſque le corps S eſt au Zenith, & la plus grande, lorſque le corps S eſt à l'horizon: qu'enfin, ſoit que l'on ait $3a\epsilon >$ ou $< b^2$, la ſurface du Fluide doit s'élever & s'abbaiſſer alternativement deux fois dans l'eſpace d'un jour, mais que ſa hauteur ne ſera jamais plus grande ou plus petite que ϵ.

SCOLIE I.

49. Il doit paroître fort ſurprenant, que dans l'hypotheſe de $3as < b^2$, le Fluide doive s'abbaiſſer au-deſſous de l'Aſtre, lorſqu'au contraire il ſembleroit devoir s'élever. Mais, pour peu que l'on y faſſe d'attention, le paradoxe diſparoîtra preſque entiérement : en effet, ſi le Fluide n'avoit aucune force d'inertie, il devroit toujours s'élever au-deſſous de l'Aſtre : mais l'inertie de ſes parties peut être telle, que s'étant d'abord élevé au-deſſous de l'Aſtre au premier inſtant, il s'éléve un peu plus vers l'Eſt dans l'inſtant ſuivant, dans le troiſiéme inſtant encore un peu plus vers l'Eſt ; & ainſi de ſuite, juſqu'à ce qu'il ſoit arrivé à la diſtance de 90 degrés de l'Aſtre, auquel point on peut ſuppoſer que le Fluide ait acquis un état permanent. Pour que le Fluide s'abbaiſſe ſous l'Aſtre, il faut qu'il ſoit d'autant plus élevé, qu'il eſt plus éloigné de l'Aſtre : or pour qu'il ſoit d'autant plus élevé, qu'il eſt plus éloigné de l'Aſtre, il ſuffit que de deux points pris dans le même vertical infiniment près l'un de l'autre, celui qui eſt le plus éloigné de l'Aſtre, ſe meuve plus vîte ou plus lentement que l'autre, ſelon que le mouvement ſe fait vers le même côté ou vers un autre côté que celui du corps S. En effet, ſoit par exemple $Dd > Aa$; la hauteur $s - k$ du Fluide augmentera, tandis que P vient en p, parce que $ABDC$ décroiſſant, & devenant $abcd$, la hauteur du Fluide doit croître en même raiſon. Ainſi le paradoxe eſt beaucoup moindre qu'il ne paroît.

SCOLIE II.

50. Au reste, on auroit tort de croire que ce paradoxe vînt de la supposition que nous avons faite, que toutes les parties du Fluide se mouvoient dans un plan vertical passant par le corps *S*. Car, supposons pour un moment, que la Terre & l'Air qui l'environnent soient réduits au plan de l'Equateur, ou du cercle *pPR*, alors, sans faire aucune hypothese, on trouveroit les équations suivantes, en ne faisant qu'effacer *q* dans les équations *A*, *B*; $\frac{v}{z} = \frac{dq}{du}$ . . . (*C*) & $v = \frac{3S(c^{2u\sqrt{-1}} - c^{-2u\sqrt{-1}})}{pd^3 . 4\sqrt{-1}} + \frac{dq . bu}{2a\epsilon du}$ . . . (*D*); par conséquent $\lambda dq = \frac{3Szdz}{\epsilon pd^3}$; dont l'intégrale est $q = \frac{3Sz^2}{\lambda\epsilon p . 2d^3} + K$, supposant que $q = K$, quand $z = 0$: & $\int v du = \frac{3Szz}{2pd^3} \times \frac{2a\epsilon}{2a\epsilon - bb}$: d'où l'on voit que si $2a\epsilon < bb$, le Fluide doit s'abbaisser sous l'Astre.

COROLL. II.

51. C'est une chose digne d'être remarquée, que la quantité *q* a une valeur déterminée & unique, lorsqu'on suppose que la Terre est un globe : au lieu que cette même quantité *q* peut varier selon la quantité *K*, lorsqu'on suppose que la Terre est réduite à un plan circulaire. Soit $K = \frac{3Smm}{\lambda\epsilon p . 2d^3}$; & on verra que la vitesse du

Fluide aura la même direction que celle du corps *S*, ou une direction contraire, ou alternativement la même direction & une direction contraire, ſelon que $\frac{zz \pm mn}{\lambda}$ ſera, ou toujours négatif, ou toujours poſitif, ou alternativement poſitif & négatif.

COROLL. III.

52. Cette remarque donne moyen d'expliquer, comment il peut ſe faire qu'il y ait ſous l'Equateur un vent continuel d'Orient en Occident, & qu'en même tems la Mer ait un Flux & Reflux alternatif pendant chaque jour: car la maſſe de l'air qui couvre l'Ocean ſous l'Equateur, étant libre de tous côtés, peut & doit être regardée comme une portion de Sphere: au contraire, la Mer qui eſt reſſerrée par les Terres de toutes parts, doit ſe mouvoir à peu près comme dans un plan circulaire. D'ailleurs les rivages qui ſont dans la direction du Méridien, empêchent néceſſairement les eaux de la Mer de ſe mouvoir toujours dans le même ſens.

Il réſulte de tout ce que nous venons de dire,

1°. Que le plus grand eſpace que le vent puiſſe parcourir durant une ſeconde, en vertu de l'action Solaire, eſt $1427^{\text{pieds}} \times \frac{3 \cdot 16965539 \cdot 15}{289 \cdot (365)^2 (3 \cdot 15^2 - [1427]^2)}$; ainſi connoiſſant la viteſſe du vent ſous l'Equateur en vertu de l'action Solaire, on trouvera quelle doit être la hauteur de l'Athmoſphere, ſuppoſée homogene.

2°. Que

2°. Que si $3a\epsilon < b^2$, cette vitesse sera d'autant plus petite que ϵ sera plus petite ; & qu'au contraire, si $3a\epsilon > b^2$, elle sera d'autant plus petite que ϵ sera plus grande.

3°. Que la plus grande variation du Barometre sera en général $\frac{3Sr^2}{2pd^3 \cdot 850 \cdot 14} \times \frac{3}{3 - \frac{(1427)^2}{15\epsilon}}$; & que cette variation sera à l'espace que le vent parcourt dans une seconde, comme $\frac{3 \cdot 850 \cdot 32}{2 \cdot 850 \cdot 14} : 1427^{\text{pieds}}$, en supposant comme ci-dessus $\epsilon = 850 \times 32$. Donc si le vent parcourt par ex. 1 pied dans une seconde, la variation du Barometre sera de $\frac{3 \cdot 12 \cdot 32}{2 \cdot 14 \cdot 1427}$ pouces = environ $\frac{1}{35}$ de pouce. Donc si la force du Soleil peut faire parcourir 1 pied à l'air dans une seconde, elle ne causera dans le Barometre que des variations très-peu considérables & insensibles. De plus, il est à remarquer, que si on suppose comme dans l'*art.* 35, $\epsilon = m \times 32$, & par conséquent qu'on mette $m \times 14$, au lieu de 850×14, on trouvera toujours la même variation de $\frac{3 \cdot 12 \cdot 32}{2 \cdot 14 \cdot 1427}$ pouces : d'où l'on voit qu'en général, supposant l'air homogene, ou mû, comme s'il étoit homogene, & le vent de n pieds par seconde, la variation du Barometre sera d'environ $\frac{12n}{35}$ lignes. Par conséquent, si en vertu de l'action du Soleil & de la Lune, l'air fait ſous l'Equateur 10 pieds par ſeconde lorſqu'il a le plus de viteſſe, la variation du Barometre pourra être aſſez ſenſible, quoique petite, puiſqu'elle ſera d'environ trois lignes en un jour. C'eſt de quoi il ſeroit bon de s'aſſurer par des obſervations. Au reſte, les variations du Barometre ont bien d'autres cauſes que l'action du Soleil & celle de la Lune; ainſi on ne pourroit faire les obſervations dont il s'agit, que dans les tems où il arriveroit à la maſſe de l'air peu de variations accidentelles, & dans les endroits où l'air ſeroit libre. Quoiqu'il en ſoit, ce que nous remarquons ici ſur les variations du Barometre, n'a rien de contraire à ce que nous avons dit ſur ce ſujet dans l'*art.* 35, où nous ſuppoſions le Soleil & la Lune en repos. On verra d'ailleurs dans la ſuite, que ces variations ſont à peu près les mêmes dans nos climats que ſous l'Equateur, & plus petites encore, dans les lieux plus près du Pôle, quoiqu'elles ſoient déja aſſez petites ſous l'Equateur, pour qu'elles puiſſent être ſenſiblement altérées par l'action des cauſes accidentelles, & par-là difficiles à connoître & à diſtinguer.

4°. Si $3as < b^2$, la variation du Barometre ſera d'autant plus petite que s ſera plus petite; ce ſera le contraire, ſi $3as > b^2$.

5°. Etant donnée la hauteur à laquelle les eaux de la Mer ſont élevées par l'action du Soleil ou de la Lune, on connoîtra facilement la profondeur s néceſſaire pour produire cette élévation. Ainſi ſans avoir recours, comme dans l'*art.* 32, à la différente denſité de la partie fluide du globe terreſtre & de ſa partie ſolide, on peut expliquer l'élévation plus ou moins grande des eaux, par le plus ou moins de profondeur qu'elles ont.

6°. Si la hauteur s n'eſt que d'un petit nombre de pieds, on trouvera que la plus grande élévation eſt de $\frac{3 \cdot 19695539 \cdot 3 \cdot 15 \cdot s}{2 \cdot 289 \cdot (365)^2 \cdot [1427]^2}$ pieds, quantité très-petite, lorſque s eſt au-deſſous de 250 pieds : ce qui peut ſervir à expliquer, pourquoi l'action du Soleil & celle de la Lune, ne produiſent aucun Flux dans les plus profondes rivieres.]

SCOLIE III.

53. Si dans les calculs du Problême précédent, on ſuppoſoit $3as = b^2$, alors Aa ſeroit infinie, & par conſéquent fort grande par rapport à Pp; c'eſt pourquoi on ne pourroit appliquer à ce cas-ci les calculs précédens, dans leſquels on a toujours ſuppoſé que Aa étoit fort petite par rapport à Pp. Pour avoir donc alors les vraies équations du mouvement du Fluide, il faut remarquer que $Pp + AB = d(PA)$, c'eſt-à-dire, que $d\alpha + qd\alpha = du$. Donc, faiſant toujours $AB = Pp = d\alpha$; on aura

$$(1) \ldots \frac{dk(1+q)}{s-k} = dq + \frac{qd(c^{u\sqrt{-1}} - c^{-u\sqrt{-1}})}{c^{u\sqrt{-1}} - c^{-u\sqrt{-1}}},$$

&

$$(2) \ldots \frac{dk}{du} = \frac{3S(c^{2u\sqrt{-1}} - c^{-2u\sqrt{-1}})}{4d^3p\sqrt{-1}} + \frac{dq \cdot (1+q)bb}{du \cdot 2a}.$$

Donc, faisant les réductions, & supposant la quantité $\frac{e^{u\sqrt{-1}} - e^{-u\sqrt{-1}}}{2\sqrt{-1}} = z$, on trouvera l'équation

$$(3) \ldots \frac{3Szdz}{pd^3} + \frac{bbdq}{2a} - edq - \frac{eqdz}{z} = \frac{-eqdq}{1+q} - \frac{kdq}{1+q} - \frac{qbbdq}{2a} - \frac{eqqdz + ekqdz}{z(1+q)}.$$

Cette équation ne paroît point facile à intégrer, excepté dans le cas où k & q sont supposées des quantités fort petites ; car alors on peut faire le second membre de l'équation égal à zero.

Cependant il est bon de remarquer, que cette équation peut être de quelque usage, pour déterminer aussi près qu'on voudra le mouvement du Fluide. Pour cela, on l'intégrera d'abord en négligeant le second membre, puis on l'intégrera de nouveau, en mettant dans le second membre les valeurs de q & de k, trouvées par la premiere intégration : ensuite de cette nouvelle valeur de q, on tirera une seconde valeur de k, par le moyen de l'équation (2), & cette valeur de k est exactement $\frac{3Szz}{2pd^3} + \frac{b^2q}{2a} + \frac{b^2q^2}{4a}$: substituant ces nouvelles valeurs de q & de k, dans le second membre de l'équation (3), on en tirera une seconde valeur de q, encore plus exacte, & ainsi de suite ; & de cette maniere on approchera de plus en plus de la vraie valeur des grandeurs q & k.

COROLL. IV.

54. Pour déterminer la constante ε, au moins lorsque k est fort petite par rapport à ε; on supposera que ε' soit la hauteur du Fluide lorsqu'il est sphérique, & on trouvera aisément, que $\varepsilon' . 2nrr$ doit être égal à $\varepsilon . 2nrr - \frac{3S}{pd^3} \times \frac{2nr^3}{3} \times \frac{3a\varepsilon}{3a\varepsilon - b^2}$. Donc, on aura à peu près $\varepsilon = \varepsilon' + \frac{3S}{pd^3} \times \frac{3a\varepsilon' . r}{3(3a\varepsilon' - b^2)}$.

SCOLIE IV.

55. La quantité k étant proportionnelle au quarré zz du Sinus de l'arc PA, il s'ensuit que la surface du Fluide est une Ellipse, dont la différence des axes est $\frac{3S . 3a\varepsilon}{2pd^3(3a\varepsilon - b^2)}$: & il faut remarquer, que si $3a\varepsilon > b^2$, on a toujours $3a\varepsilon > 3a\varepsilon - b^2$; donc en ce cas l'Ellipse sera plus allongée vers le Soleil, que l'Ellipse dont le Fluide prendroit la figure, si le corps S étoit en repos, & dont les axes ne différeroient (*art.* 2 & 33) que de la quantité $\frac{3S}{2pd^3}$. Si au contraire $3a\varepsilon < b^2$, le Sphéroide sera applati sous l'Astre, & d'autant plus applati, que $3a\varepsilon$ sera plus grand ou plus petit par rapport à $bb - 3a\varepsilon$: enfin, si $b = 0$, la différence des axes sera précisément $\frac{3S}{2pd^3}$, telle qu'elle doit être en ce cas par les *art.* 2

& 33 ; & cet accord peut servir à confirmer la bonté de nos Principes & de notre Théorie.

SCOLIE V.

56. Si le corps *S* se meut toujours dans le plan de l'Equateur *PAR*, il est évident qu'il sera toujours à la même distance de chacun des deux Pôles, savoir à 90 degrés; & qu'ainsi le Fluide qui est aux Pôles doit toujours conserver la même hauteur, & de plus, la même vitesse, s'il en a une. Ce qui d'ailleurs se déduit de nos calculs, puisque la vitesse & la hauteur ne changent point dès que z est constante : nouvelle remarque qui sert à confirmer encore notre Théorie.

SCOLIE VI.

57. Si le Fluide est supposé d'abord sphérique, & divisé en cet état en couches sphériques concentriques d'un nombre infini, il est évident que la surface extérieure sera changée (*art.* 55) en une Ellipse, dont la différence des axes sera connue ; toutes les autres couches circulaires intérieures se changeront de même en couches Elliptiques, dont la différence des axes sera toujours proportionnelle à leur distance de la surface supérieure, ce qu'on peut prouver par un raisonnement semblable à celui de l'*art.* 17 : ainsi on trouvera de même que dans cet article, la vitesse & la direction absolue de chaque point.

SCOLIE VII.

58. Nous avons ſuppoſé juſqu'à préſent, que la Terre & le Fluide qui la couvroit ſe mouvoient autour d'un axe commun avec un égal mouvement angulaire, & c'eſt ce mouvement que nous avons tranſporté au corps *S*. Mais ſi par quelque raiſon que ce puiſſe être, la viteſſe angulaire de la Terre & celle de l'air qui l'environne n'étoient pas égales, on ſuppoſeroit l'excès de la viteſſe du Fluide ſur celle de la Terre $= \pm V$; & il faudroit donner au corps *S* cet excès de viteſſe angulaire avec un ſigne & une direction contraire : ce qui ne feroit changer que la quantité conſtante *b* dans les calculs précédens, tout le reſte demeurant comme ci-deſſus.

PROPOS. X. LEMME.

59. *Soient deux plans* ACG, BCG, (Fig. 18) *perpendiculaires l'un à l'autre; & ſoit l'angle* ACB *un angle droit, auſſi-bien que les angles* GCB, GCA : *ſoient menées dans les plans* AG, BG, *les lignes droites* CE, CD, *qui faſſent avec* AC, BC, *des angles infiniment petits* ACE, BCD. *Je dis, que l'angle* ECD *peut être pris pour un angle droit.*

Car $DE^2 = AB^2 + BD^2 - AE^2 = BD^2 - AE^2 + AC^2 + CB^2 = BD^2 - AE^2 + CE^2 - AE^2 + CD^2 - BD^2 = CE^2 + CD^2 - 2AE^2$. Donc EC^2 ne differe de $CE^2 + AE^2$, que d'une quantité infiniment petite du second ordre ; donc l'angle *ECD* ne différe d'un angle droit que d'un angle infiniment petit du second ordre : donc l'angle *ECD* peut être pris pour un angle droit.

PROPOS. XI. LEMME.

60. *Les mêmes choses étant supposées que dans le Lemme précédent ; imaginons que le point* C (Fig. 19) *soit sollicité par trois puissances, dont l'une* (p) *agisse suivant* CG, *les deux autres* (π *&* ϖ) *agissent, l'une dans le plan* CGD *perpendiculairement à* CG, *l'autre dans le plan* GCE *perpendiculairement à* CG ; *soit tirée par un point quelconque* G *de la ligne* CG *la perpendiculaire* $G\varepsilon$ *au plan* ECD, *& par le point* ε, *où cette perpendiculaire rencontre le plan* ECD, *soient menées* εd, εe, *perpendiculaires à* CD, CE : *je dis, que si* $p : \pi :: CG : Cd$, *&* $p : \varpi :: CG : Ce$; *la force résultante des trois forces* p, π, ϖ, *sera perpendiculaire au plan* ECD.

Les puissances π, ϖ, qui (*hyp.*) sont perpendiculaires à *CG*, peuvent être supposées agir suivant *CD* & *CE*. Car il ne résultera de cette supposition qu'une erreur infiniment petite du second ordre ou même du troisiéme, dans la valeur & la direction de la puissance qui doit résulter des trois forces p, π, ϖ. Or l'angle *ECD* est droit (*art.* 59) ; de plus, on a $\pi : \varpi :: Cd : Ce$: donc la force résultante de π & de ϖ sera suivant $C\varepsilon$, & sera à p, comme $C\varepsilon$ est à CG ; donc la force qui résulte de cette derniere & de la force p, sera paralléle à $C\varepsilon$,

c'est-à-dire

c'est-à-dire perpendiculaire au plan *ECD*. *Ce qu'il falloit démontrer.*

COROLL. I.

61. Réciproquement, si le point *C* est sollicité par une puissance quelconque, qui agisse perpendiculairement au plan *ECD*, on pourra toujours supposer que cette puissance se décompose en trois autres p, π, ϖ, qui agissent suivant *CG*, *CD*, *CE*, & qui soient entr'elles, comme *CG*, *Cd*, *Ce*.

COROLL. II.

62. (*) Les Principes qui viennent d'être démontrés peuvent servir à rendre raison, pourquoi les changemens qui arrivent dans la figure du globe terrestre en vertu des actions réunies du Soleil & de la Lune, sont presque égaux aux sommes des changemens produits par ces actions séparées. Car soient *AL*, *AB*, (Fig. 20) deux arcs infiniment petits, pris dans un grand cercle du globe, & supposons que l'angle des plans *LAG*, *ABG*, soit droit : imaginons ensuite que les points *A*, *B*, *L*, soient poussés en *C*, *D*, *E* * par quelque force très-petite *S*, qui agisse sur les parties du globe suivant une loi quelconque ; & que ces mêmes points *A*, *B*, *L*, viennent en *I*, *O*, *K*, par l'action d'une autre force très-petite *L*, qui agisse aussi suivant une loi donnée ; je dis que les forces *S* & *L* agissant ensemble, feront descendre les points

A, B, L, en P, S, R, de maniere que l'on aura $BD + DS = BD + BO$; $AC + CP = AC + AI$; $LE + ER = LE + LK$.

Car 1°. comme AC & CP ſont fort petites (*hyp.*) par rapport à AG, les forces conjointes S, L, doivent être cenſées agir en P, comme elles agiſſent en C & en I. 2°. Soient p, π, ϖ, les forces qui agiſſent ſur le point C ſuivant CG, & ſuivant des lignes perpendiculaires à CG, dans les plans ABG, ALG; on aura $p : \pi :: AB : BD - AC$; & $p : \varpi :: AL : LE - AC$; de même, ſoient p', π', ϖ', les trois forces qui agiſſent de même ſur le point I, on aura $p : \pi' :: AB : BO - AI$; & $p : \varpi' :: AL : LK - AI$. Donc $p : \pi + \pi' :: AB : BS - AP$; & $p : \varpi + \varpi' :: AL : LR - AP$. Donc (*art.* 60) le point P eſt pouſſé par une force qui eſt perpendiculaire au plan RPS; donc ce point P doit être en équilibre.

Quel que ſoit le nombre des forces S, L &c. la propoſition préſente ſera toujours vraie, comme il eſt facile de le voir. Donc le changement total produit par l'action conjointe de ces forces, ſera égal à la ſomme des changemens réſultans des actions ſéparées.

[On pourroit à la rigueur nous objecter, qu'il n'eſt pas néceſſaire que $DS = BO$, $CP = AI$, & $ER = LK$, pour que l'on ait $p : \pi + \pi' :: AB : BS - AP$, & $p : \varpi + \varpi' :: AL : LR - AP$; qu'il ſuffit que $DS - CP = BO - AI$, & que $ER - CP = LK - AI$. Mais on remarquera qu'alors l'eſpace $SDCER$, ne ſeroit point égal à l'eſpace $OBALK$, ce qui eſt pourtant néceſſaire, afin que le Fluide conſerve toujours la même maſſe & le même volume.

Il eſt évident par ce Corollaire, que l'action du Soleil & de la Lune ſur un Fluide dont la figure différe peu d'une Sphere, eſt la même que ſur un Fluide ſphérique: ce qui confirme ce que nous avons déja dit dans l'*art.* 30 ci-deſſus.]

PROPOS. XII. LEMME.

63. *Soit donné un globe qui ait* G (Fig. 21) *pour centre; que* PE, PA *en ſoient deux grands cercles;* AO *un arc de petit cercle, dont le plan* RAO *ſoit perpendiculaire aux plans des cercles* PA, PE: *je dis*

1°. Que ſi on fait PA ou $PO = u$; l'angle $APO = A$; $PG = 1$, on aura $AO = A \times RO = \frac{A(e^{u\sqrt{-1}} - e^{-u\sqrt{-1}})}{2\sqrt{-1}}$.

2°. Que ſi on ſuppoſe l'Arc infiniment petit $Pp = du$; on aura $pA - PA = pN = \frac{du(e^{A\sqrt{-1}} + e^{-A\sqrt{-1}})}{2}$; & que l'angle $NAP = \frac{PN}{Sin.\ PA} = \frac{PN}{AR} = \frac{Pp \times Sin.\ A}{AR} = \frac{du.(e^{A\sqrt{-1}} - e^{-A\sqrt{-1}})}{e^{u\sqrt{-1}} - e^{-u\sqrt{-1}}}$.

3°. Si on mene AZ perpendiculaire à OR, on aura $\frac{AZ}{ZR} = \frac{e^{A\sqrt{-1}} - e^{A\sqrt{-1}}}{\sqrt{-1}(e^{A\sqrt{-1}} + e^{-A\sqrt{-1}})}$, qui eſt la tangente de l'angle APO; & on trouvera que la tangente de l'angle ApO est $\frac{AZ}{ZR + Pp \times RG} = \frac{AZ}{ZR} - \frac{RG \cdot AZ \cdot Pp}{ZR^2} = \frac{AZ}{ZR} - \frac{RG \cdot AZ \cdot da}{ZR^2}$. D'où il s'ensuit, que l'angle $ApO = APO -$ la quantité $\frac{RG \cdot AZ \cdot da}{ZR^2}$ divisée par $1 + \frac{AZ^2}{ZR^2}$; ou (à cause de $AZ^2 + ZR^2 = AR^2$) que l'on aura . . . . . .

$$ApO = APO - \frac{da \cdot Sin. A \cdot RG}{Sin. u} = APO - du \times \frac{(c^{A\sqrt{-1}} - c^{-A\sqrt{-1}}) \cdot (c^{u\sqrt{-1}} + c^{-u\sqrt{-1}})}{2(c^{u\sqrt{-1}} - c^{-u\sqrt{-1}})}.$$

4°. Prenant Pp pour constante, on aura $\frac{pN}{Pp} = Cof. APO$.

Donc $d(pN) = Pp \times \frac{d(c^{A\sqrt{-1}} + c^{-A\sqrt{-1}})}{2} =$

$$\frac{2du}{c^{A\sqrt{-1}} + c^{-A\sqrt{-1}}} \times \frac{c^{A\sqrt{-1}} - c^{-A\sqrt{-1}}}{2\sqrt{-1}} \times \frac{du(c^{A\sqrt{-1}} - c^{-A\sqrt{-1}}) \cdot (c^{u\sqrt{-1}} + c^{-u\sqrt{-1}})}{(c^{A\sqrt{-1}} + c^{-A\sqrt{-1}}) \cdot (c^{u\sqrt{-1}} - c^{-u\sqrt{-1}})} =$$

$$\frac{du^2 \cdot (c^{A\sqrt{-1}} - c^{-A\sqrt{-1}})^2 \cdot (c^{u\sqrt{-1}} + c^{-u\sqrt{-1}})}{\sqrt{-1}(c^{A\sqrt{-1}} + c^{-A\sqrt{-1}})^2 \cdot (c^{u\sqrt{-1}} - c^{-u\sqrt{-1}})}.$$

5°. Soit QAK un grand cercle quelconque qui passe par le point A; soit prise dans ce cercle la ligne Aa infiniment petite, & en même tems très-petite aussi par rapport à Pp & à pN; soient menées les perpendiculaires ai sur PA, & ae sur OA; imaginons ensuite que P vienne en p, & il est évident que Aa demeurant la même, la ligne Ai décroîtra d'une quantité $= Ae \times$ angl. PAN, & que la ligne Ae croîtra d'une quantité $=$ $Ai \times$ angl. PAN.

COROLLAIRE.

64. Comme Aa est très-petite par rapport à Pp, il s'ensuit, que si A vient en a, tandis que P vient en p, on peut toujours supposer que Ai décroît à peu près d'une quantité égale à $Ae \times$ angl. PAN; & que Ae croît au contraire d'une quantité $=$ à $Ai \times$ angl. PAN.

PROPOS. XIII. PROBLÊME.

65. *Les mêmes choses étant supposées que dans la* Prop. 9. art. 47, *trouver le mouvement du Fluide, sans supposer que ses parties se meuvent dans les plans des cercles verticaux, qui passent par le corps* S.

I.

Soit ε la hauteur du Fluide en P, $\varepsilon - k$ la hauteur en A, k étant fort petite par rapport à ε : imaginons que le point A parcourre Aa, tandis que P vient en p; il est évident que dans l'instant suivant, ce point A, si rien ne l'en empêchoit, décriroit dans le plan du cercle QAK la ligne $a\alpha = Aa$; desorte que les lignes Ai, Ae, qui changent de position en a, seroient à très-peu près (art. 64) $Ai - Ae \times \frac{da\,(c^{A\sqrt{-1}} - c^{-A\sqrt{-1}})}{c^{u\sqrt{-1}} - c^{-u\sqrt{-1}}}$;

& $Ae + Ai \times \frac{da\,(c^{A\sqrt{-1}} - c^{-A\sqrt{-1}})}{c^{u\sqrt{-1}} - c^{-u\sqrt{-1}}}$.

II.

Maintenant, pour trouver la viteſſe & la direction du point A dans un inſtant quelconque, il ſuffit de déterminer la viteſſe qu'il aura en cet inſtant, tant dans le plan vertical par lequel paſſe le corps S, que dans le plan du petit cercle perpendiculaire à ce vertical; plans qui changent de poſition l'un & l'autre à chaque inſtant.

III.

Soit donc $Ai = q\,d\alpha$, $A\varepsilon = n\,d\alpha$; il eſt évident que le Problême ſera réſolu, ſi on détermine les quantités q & n. Or ces quantités, auſſi-bien que la quantité k, ne peuvent être que des fonctions des quantités u & A: ſuppoſons donc

$$dq = r\,du + \lambda\,dA$$
$$dn = \gamma\,du + \beta\,dA$$
$$dk = \varrho\,du + \sigma\,dA.$$

IV.

Imaginant à préſent que A ſoit parvenu en a, & P en p, la quantité $n\,d\alpha$, deviendra à très-peu près (*art.* 63. *n.* 2 & 3) $d\alpha \times [n + \gamma . pN + \beta . (ApO - APO)] = d\alpha \times [n + \frac{\gamma\,d\alpha\,(c^{A\sqrt{-1}} + c^{-A\sqrt{-1}})}{2} +$

$$\beta \times \frac{-d\alpha\,(c^{A\sqrt{-1}} - c^{-A\sqrt{-1}}).(c^{u\sqrt{-1}} + c^{-u\sqrt{-1}})}{2\,(c^{u\sqrt{-1}} - c^{-u\sqrt{-1}})} \ldots\ldots (1)$$

V.

Or si le point A n'étoit animé par aucune force accélératrice suivant Ae, la petite ligne décrite par le point A (tandis que le point P décrit $pp' = Pp$) seroit (*n. I. art. pres.*) $n\,d\alpha + \frac{q\,d\alpha^2 . (c^{A\sqrt{-1}} - c^{-A\sqrt{-1}})}{c^{u\sqrt{-1}} - c^{-u\sqrt{-1}}}$ . . (2)

Donc la différence des quantités (1) & (2) exprime le petit espace que le point A parcourt en vertu de la force accélératrice qui le pousse suivant Ae; si donc on appelle cette force φ, il faut (suivant les noms de l'*art.* 47. *n. IV.*) que la différence des quantités (1) & (2) multipliée par $\frac{b^2}{Pp^2}$, soit à $2a$, comme φ à p; donc comme l'on a $\frac{b^2}{Pp^2} = \frac{b^2}{d\alpha^2}$; il s'ensuit que . . . .

$$(E) \ldots \varphi = \frac{pb^2}{2a\,d\alpha^2} \times \left[\frac{\gamma\,d\alpha^2 . (c^{A\sqrt{-1}} + c^{-A\sqrt{-1}})}{2} - \right.$$

$$\epsilon\,d\alpha^2 \times \frac{(c^{A\sqrt{-1}} - c^{-A\sqrt{-1}}) . (c^{u\sqrt{-1}} + c^{-u\sqrt{-1}})}{2(c^{u\sqrt{-1}} - c^{-u\sqrt{-1}})} -$$

$$\left. \frac{q\,d\alpha^2 (c^{A\sqrt{-1}} - c^{-A\sqrt{-1}})}{c^{u\sqrt{-1}} - c^{-u\sqrt{-1}}}\right].$$

VI.

Si on appelle π la force accélératrice suivant Ai, on trouvera par un raisonnement semblable, que . . .

$$(F) \ldots\ldots \pi = \frac{pb^2}{2adα^2} \times \Big[\frac{rdα^2(c^{A\sqrt{-1}} + c^{-A\sqrt{-1}})}{2} - \lambda d α^2 \times \frac{(c^{A\sqrt{-1}} - c^{-A\sqrt{-1}}).(c^{u\sqrt{-1}} + c^{-u\sqrt{-1}})}{2(c^{u\sqrt{-1}} - c^{-u\sqrt{-1}})} + \frac{udα^2.(c^{A\sqrt{-1}} - c^{-A\sqrt{-1}})}{c^{u\sqrt{-1}} - c^{-u\sqrt{-1}}}\Big].$$

VII.

Or comme le point *A* eſt ſollicité de ſe mouvoir ſuivant *AP*, par une force égale à $\frac{3S(c^{2u\sqrt{-1}} - c^{-2u\sqrt{-1}})}{4d^3\sqrt{-1}}$, & que ſes forces accélératrices ſuivant *Ae*, & *Ai*, ſont φ & π, il faut (*art.* 12. *not.* (*a*) §. II.) que la force $\frac{3S}{d^3} \times \frac{c^{2u\sqrt{-1}} - c^{-2u\sqrt{-1}}}{4\sqrt{-1}} + \pi$ agiſſant ſuivant *AP*, faſſe équilibre avec la force φ agiſſant ſuivant *AO*, & avec la force *p* qui agit ſuivant *AG*. Donc la force qui réſulte de ces trois forces doit être perpendiculaire à la ſurface du Fluide, c'eſt-à-dire, perpendiculaire à cette partie de la ſurface ſupérieure du Fluide, dont *iAe* doit être cenſée la projection ſur la ſurface du globe ſolide. Donc (*art.* 60 & 61) il faut 1°. que la force réſultante de la force *p*, & de la force φ agiſſant ſuivant *AO*, ſoit perpendiculaire à la ſection de la ſurface du Fluide, dont *AO* eſt la projection, & qu'elle ſoit dans le plan *AeG*. 2°. Que la force qui réſulte de *p*, & de $\frac{3S}{d^3} \times$

(*c*

$\frac{c^{2u\sqrt{-1}} - c^{-2u\sqrt{-1}}}{4\sqrt{-1}} + \pi$ soit perpendiculaire à la section dont PAi est la projection, & soit dans le plan APG: d'où l'on tire les équations suivantes;

$$(G) \ldots\ldots \frac{3S(c^{2u\sqrt{-1}} - c^{-2u\sqrt{-1}})}{4d^3\sqrt{-1}} + \pi = p\varrho$$

&

$$\varphi = \frac{p \cdot \sigma dA}{\frac{dA(c^{u\sqrt{-1}} - c^{-u\sqrt{-1}})}{2\sqrt{-1}}} \text{ ou}$$

$$(H) \ldots\ldots \varphi = \frac{2p\sigma\sqrt{-1}}{c^{u\sqrt{-1}} - c^{-u\sqrt{-1}}}.$$

VIII.

Prenons maintenant quatre points A, B, C, D, (Fig. 22) infiniment proches, l'un de l'autre, qui soient dans les grands cercles PA, PB, & dans les petits cercles BA, DC perpendiculaires aux plans PA, PB; & supposons que lorsque P vient en p, les points A, B, C, D, viennent en a, b, c, d; la quantité dont la hauteur du Fluide décroîtra dans le point qui est verticalement élevé au-dessus de A, sera (*art.* 46) $\varepsilon \times (\frac{Cu - Ai}{AC} + \frac{Bo - Ae}{AB} + \frac{Ai \times d(\text{Sin. } PA) \cdot AC}{AC \cdot \text{Sin. } PA \cdot du})$. Or $\frac{Cu - Ai}{AC} = \frac{d\alpha \cdot r \cdot AC}{AC} = r d\alpha$; & $\frac{Bo - Ae}{AB} = \frac{d\alpha \cdot (\zeta \cdot AB \cdot 2\sqrt{-1})}{AB(c^{u\sqrt{-1}} - c^{-u\sqrt{-1}})}$: on aura donc

$$(I) \ldots\ldots\ldots\ldots \frac{(c^{A\sqrt{-1}} + c^{-A\sqrt{-1}})}{2} \times \frac{g\,du}{s} - \frac{\sigma\,du.(c^{A\sqrt{-1}} - c^{-A\sqrt{-1}}).(c^{u\sqrt{-1}} + c^{-u\sqrt{-1}})}{2s(c^{u\sqrt{-1}} - c^{-u\sqrt{-1}})} = r\,du + \frac{\beta^{n}\,du.2\sqrt{-1}}{c^{u\sqrt{-1}} - c^{-u\sqrt{-1}}} + q\,du \times \frac{d(c^{u\sqrt{-1}} - c^{-u\sqrt{-1}})}{du(c^{u\sqrt{-1}} - c^{-u\sqrt{-1}})}.$$

IX.

De-là on peut tirer les équations néceſſaires pour déterminer le mouvement du Fluide. Car ſi dans les équations *G*, *H*, on met pour φ & π leurs valeurs, données par les équations *E* & *F*, on aura outre l'équation (*I*) deux autres équations, qui ne contiendront que les inconnues q, n, k, avec les indéterminées A & u, & leurs différences.

SCOLIE I.

66. Il paroît difficile de pouvoir déduire de ces équations la détermination du mouvement du Fluide. Cependant elles font connoître, que ſi on n'avoit aucun égard à la tenacité & à l'adhérence mutuelle des parties du Fluide, on ne pourroit pas faire en même tems les deux hypotheſes ſuivantes : ſavoir, que le Fluide ſe meuve toujours dans le plan d'un vertical paſſant par l'Aſtre, & que le ſolide dans lequel la maſſe du Fluide eſt changée par l'action du corps *S*, ſoit un Sphéroide qui ait pour axe la ligne joignant les centres de la Terre & du corps *S*. En effet, pour que le Fluide ait une figure Sphéroidale, il faut que $\sigma dA = o$, parce que tous les plans qui passent par l'axe *PG*, font alors (*hyp.*) des sections semblables & égales sur la surface du solide. Donc $\sigma = o$, &, par l'équation *H*, $\varphi = o$; donc la partie du mouvement du corps *A* qui est perpendiculaire au vertical *AP*, aura tout son effet, puisque la force accélératrice ou rétardatrice qui agit en ce sens, sera nulle; donc le mouvement du corps *A* ne sera pas dans le seul plan vertical *AP*.

SCOLIE II.

67. On peut confirmer la même chose par le raisonnement suivant. Supposons que dans tel instant qu'on voudra la figure du Fluide soit Sphéroidale, & que la direction d'une particule quelconque *A* du Fluide, (Fig. 23) soit dans le vertical correspondant *AP*; la particule *A* décrira donc par ex. la ligne *Aa*, tandis que *P* viendra en *p*; & dans l'instant suivant, elle tendra à décrire la ligne $aa' = Aa$. Or imaginons que dans cet instant elle décrive réellement la ligne $a\alpha$, dans le plan $p\alpha$; donc, puisque la vitesse aa' est composée de $a\alpha$, & de $\alpha a'$, il s'ensuit que la vitesse $\alpha a'$ doit être telle qu'elle soit détruite; donc (*art.* 60 & 61) les forces accélératrices représentées par $o\alpha$, & $a'o$ doivent faire équilibre chacune séparément avec la gravité. Or (*hyp.*) la section faite par le plan $a'o$ est un cercle: donc la force accélératrice $a'o$ ne peut être anéantie; donc elle

produira néceſſairement un certain mouvement ; & ce mouvement ne ſera pas le même pour toutes les parties du Fluide, puiſque dans le plan pPE il ſera nul, & que de l'autre côté de ce plan, il aura une direction contraire. Donc la maſſe du Fluide perdra ſa figure Sphéroidale ; & le mouvement du point A ne pourra être pendant deux inſtans de ſuite dirigé dans les plans verticaux qui paſſent par le corps S. De-là il s'enſuit, que l'on ne peut avoir à la fois $n = 0$, & $\sigma = 0$.

COROLL. I.

68. Si on ſuppoſe (la figure du Fluide n'étant point Sphéroidale) que tous ſes points ſe meuvent dans les verticaux correſpondans, c'eſt-à-dire, ſi on fait $n = 0$, & par conſéquent $\mathfrak{b} = 0$, $\gamma = 0$; on aura $q = \frac{-4a\sqrt{-1}.\sigma}{b^2(c^{A\sqrt{-1}} - c^{-A\sqrt{-1}})}$; donc les quantités r & λ ſe trouveront en différentiant la quantité $\frac{-4a\sigma\sqrt{-1}}{b^2(c^{A\sqrt{-1}} - c^{-A\sqrt{-1}})}$. On ſubſtituera enſuite ces valeurs des quantités r & λ, dans les équations F & I, & on en tirera les valeurs des quantités $\frac{d\sigma}{du}$ & $\frac{d\sigma}{dA}$ (†) en ϱ & en σ. Donc ſi on

(†) Par $\frac{d\sigma}{du}$ & $\frac{d\sigma}{dA}$, j'entends les coefficiens qu'auroient dA & du dans la différentielle de σ. En général, j'entendrai toujours dans la ſuite par $\frac{dL}{dA}$ & $\frac{dL}{du}$, les coefficiens de dA & de du, dans

intégre la seconde de ces équations, en faisant varier u seulement, & ensuite la premiere, en ne faisant varier que A, & en mettant pour $\frac{d\sigma}{du}$ sa valeur $\frac{d\varrho}{dA}$ (†), il faut que la quantité ϱ soit telle, que les deux valeurs de σ tirées de ces équations, soient les mêmes. De plus, comme $\varrho du + \sigma dA$ doit être une différentielle complette; il faut que $\frac{d\varrho}{dA} = \frac{d\sigma}{du}$; donc la quantité ϱ doit aussi satisfaire à cette nouvelle condition : or quelle est cette quantité ϱ ? Est-il même possible de la trouver ? c'est de quoi je n'ai pû m'assurer jusqu'à présent, soit faute de tems, soit faute des méthodes analytiques nécessaires. [Toute la difficulté se réduit à trouver la valeur de ϱ en A & en u. Car comme on peut avoir aisément la valeur de σ en ϱ, on s'assureroit facilement ensuite, si $\frac{d\sigma}{du} = \frac{d\varrho}{dA}$: or pour avoir la valeur de ϱ, il faut d'abord mettre dans l'équation I, au lieu de $\frac{d\sigma}{du}$ sa valeur $\frac{d\varrho}{dA}$, & l'on tirera de cette équation une valeur de σ en A, u, ϱ, & $d\varrho$; on differentiera cette valeur, en ne faisant varier que A, & on égalera cette différentielle à la valeur de $\frac{d\sigma}{dA} \times dA$, qu'on tirera de l'équation F, après y avoir

la differentielle de la variable quelconque L, que je suppose être une fonction de A & de u.

(†) Voyez les Mém. *de l'Acad. de Petersb. p.* 177. *To.* 7.

ſubſtitué la valeur de π tirée de l'équation G, & écrit $\frac{-d\varrho}{dA}$ au lieu de $\frac{d\sigma}{du}$. Cette équation ſera une équation différentielle du ſecond ordre, qui étant intégrée, en ne faiſant varier que A, donneroit la valeur de ϱ. Tout ſe réduit donc à intégrer cette équation; mais c'eſt ce qui me paroît difficile.

Au reſte, on verra dans l'*art.* 74 *n.* 2. que la ſuppoſition de $n = 0$ peut être admiſe dans le Problême dont il s'agit, ſinon Mathematiquement, au moins Phyſiquement.]

COROLL. II.

69. Si on fait maintenant $\sigma = 0$, n n'étant point $= 0$, c'eſt-à-dire, ſi la figure du Fluide eſt ſuppoſée Sphéroidale, ſans que la direction des parties du Fluide ſoit dans les verticaux correſpondans, on trouvera de même les conditions de ce cas, ſoit qu'elles ſoient poſſibles ou non, ce qui ne me ſemble pas aiſé à déterminer.

SCOLIE III.

70. Pour tirer des équations du Problême précédent la viteſſe du vent, autant qu'il eſt poſſible, on cherchera d'abord la viteſſe du vent dans le plan vertical qui paſſe par l'Aſtre, & pour parvenir d'abord à la déterminer à peu près, on commencera par traiter dans toutes les équations précédentes, les quantités $n, \gamma, \epsilon, \lambda, \sigma$, com-

me nulles, parce qu'on ne considére ici que le mouvement du Fluide dans le seul plan vertical : on aura donc

$$(G') \ldots \frac{3S(c^{2uV-1} - c^{-2uV-1})}{4d^3 V-1} + \frac{pb^2 dq.(c^{AV-1} + c^{-AV-1})}{4adu}$$

$$= \frac{pdk}{du} ; \&c.$$

$$(I') \ldots \frac{(c^{AV-1} + c^{-AV-1})}{2s} \times \frac{dk'}{du} = \frac{dq}{du} + q \times$$

$\frac{d(c^{uV-1} - c^{-uV-1})}{du(c^{uV-1} - c^{-uV-1})}$. Donc si on traite A comme constante, & qu'on fasse . . . .

$$\frac{2}{c^{AV-1} + c^{-AV-1}} - \frac{b^2}{2as} \times \frac{(c^{AV-1} + c^{-AV-1})}{2} = \lambda,$$

& $\frac{2}{c^{AV-1} + c^{-AV-1}} = \frac{1}{F}$; on aura (en intégrant comme dans l'*art.* 47) $q = \frac{3S}{sp d^3} \times \frac{zz}{2\lambda + \frac{1}{F}}$; ou $q = \frac{3Szz}{sp d^3} \times$

$$\frac{(c^{AV-1} + c^{-AV-1})}{2[3 - \frac{b^2.(c^{AV-1} + c^{-AV-1})^2}{4as}]}, \ \& \ k = \frac{3Szz}{2pd^3} + \frac{3Szzbb}{2pasd^3} \times$$

$$\frac{(c^{AV-1} + c^{-AV-1})^2}{4[3 - \frac{b^2.(c^{AV-1} + c^{-A-1})^2}{4as}]} = \frac{3Szz}{2pd^3} \times$$

$$\frac{3}{3 - \frac{b^2.(c^{AV-1} + c^{-AV-1})^2}{4as}}.$$

[Supposant que le Soleil décrive l'Equateur, & que y soit le Sinus de la latitude d'un lieu donné, il n'est pas difficile de voir, que les deux limites des valeurs de k, sont les valeurs de cette quantité, lorsque le Soleil est au Méridien, & lorsqu'il est éloigné de 90°. du Zenith du lieu proposé. De plus, il est aisé de se convaincre, que dans le premier cas z sera égal à y, & qu'on aura $\frac{e^{A\sqrt{-1}}+e^{-A\sqrt{-1}}}{2}=0$, & que dans le second cas on aura $z=1$, & $\frac{e^{A\sqrt{-1}}+e^{-A\sqrt{-1}}}{2}=\sqrt{[1-yy]}$, c'est-à-dire au Sinus du complément de la latitude. Les deux valeurs de k seront donc $\frac{3Syy}{2pd^3}$ le premier cas, & $\frac{3S}{2pd^3}\times\frac{3}{3-\frac{b^2}{a^2}(1-yy)}$ dans le second. Si on retranche la premiere de ces quantités de la seconde, en supposant $3>\frac{bb}{a^2}(1-yy)$, on aura pour leur différence $\frac{3S}{2pd^3}\times\frac{(1-yy)\cdot(3+\frac{yy\cdot b^2}{a^2})}{3-\frac{b^2}{a^2}(1-yy)}$, qui est proportionnelle à la variation du Barometre dans les lieux où $3>\frac{b^2}{a^2}(1-yy)$. Si au contraire $3<\frac{b^2}{a^2}(1-yy)$, il faudra ajouter ensemble les deux valeurs de k, après avoir changé les signes

ſignes du dénominateur de la ſeconde, afin de la rendre poſitive, & l'on aura $\frac{(1-yy)\cdot(3+\frac{yyb^2}{a\epsilon})}{-3+\frac{bb}{a\epsilon}(1-yy)}$, quantité proportionnelle à la variation du Barometre. Donc

1°. Si $\epsilon = 850 \times 32$, de maniere que $3a\epsilon < b^2$, il y aura entre l'Equateur & le Pôle un parallèle où les variations du Barometre ſeront fort conſidérables, ſavoir celui où $1 - yy$ ſera égal à $\frac{3a\epsilon}{b^2}$.

2°. Depuis ce parallèle juſqu'à l'Equateur, le Barometre baiſſera à meſure que le Soleil approchera du Méridien; dans les autres parallèles juſqu'au Pôle, il hauſſera à meſure que le Soleil approchera du Méridien.

3°. L'expreſſion que nous avons trouvée, & qui repréſente la variation du Barometre, ſe peut changer en $(1-yy) \times (1 + \frac{b^2}{a\epsilon[3 - \frac{b^2}{a\epsilon}(1-yy)]})$ laquelle eſt d'autant moindre que y eſt plus grande, ſi $3 > \frac{b^2}{a\epsilon}(1-yy)$.

4°. Si on ſuppoſe $\epsilon = 850 \times 32$, comme ci-deſſus, on aura $3a\epsilon = 1224000$, & $b^2 = (1427)^2 = 2036329$, par conſéquent $3a\epsilon < b^2$; & faiſant $y <$ ou $= \frac{1}{2}$, on aura $3a\epsilon > b^2(1-yy)$: ainſi dans nos climats la variation du Barometre diminuera à meſure qu'on approchera du Pôle. On trouvera par le calcul, que vers le milieu de la Zône tempérée que nous occupons, la variation du Barometre doit être à peu près égale à la variation sous l'Equateur. Or comme (*art.* 52) cette derniere ne va guéres qu'à 3 lignes, il s'ensuit que la variation du Barometre doit être assez petite dans nos climats, entant qu'elle est causée par l'action du Soleil & de la Lune.

5°. Il est évident (*art.* 48), que si $s = 850 \times 32$, on aura un vent d'Est perpétuel sous l'Equateur, & que dans les endroits dont la latitude est telle que $3as > b^2(1 - yy)$ ce vent d'Est se changera, pour l'Hémisphere Boreal, en vent d'Ouest & de Sud l'après-midi, & d'Ouest & de Nord le matin, & pour l'Hémisphere Austral, en vent d'Ouest & de Nord l'après-midi, & en vent d'Ouest & de Sud le matin. Nous laissons au Lecteur à pousser plus loin ces détails & à les comparer avec les observations, avec lesquelles il me paroît que nos calculs s'accordent assez bien, autant que le permettent les causes accidentelles, & la chaleur ainsi que le ressort de l'air dont nous faisons abstraction ici.]

SCOLIE IV.

71. De ces valeurs de q & de k, il s'ensuit évidemment, 1°. que si l'angle A est infiniment petit, auquel cas $\frac{c^{A\sqrt{-1}} + c^{-A\sqrt{-1}}}{2} = 1$, on aura $q = \frac{3Szz}{pd^3} \times \frac{1}{3 - \frac{b^2}{as}}$; & $k = \frac{3Szz \times 2as}{2pd^3 \times (3as - bb)}$; ce qui s'accorde avec l'*art.* 47.

2°. Si $A = 90^{degr.}$, c'est-à-dire, si on cherche la vitesse du vent lorsque l'Astre est au Méridien, on aura $\frac{c^{A\sqrt{-1}} + c^{-A\sqrt{-1}}}{2} = 0$: donc $q = 0$, & $k = \frac{3Szz}{2pd^3}$; d'où il s'ensuit, que quand le Soleil, par exemple, est au Méridien, la vitesse du vent dans le sens de ce cercle doit être nulle, & que la hauteur de l'air à un point quelconque du Méridien doit être la même, qu'elle seroit (*art.* 2 & 33) si le Soleil étoit en repos. Ce qui d'ailleurs paroît en effet devoir être ainsi, comme on peut le prouver par le raisonnement suivant : le Soleil ne change point sensiblement de hauteur & de distance, par rapport aux lieux qui sont situés sous un Méridien, pendant un certain intervalle de tems, avant & après son passage par ce Méridien ; donc l'air qui est au-dessus de ce Méridien est alors à peu près dans le même cas, que si le Soleil étoit immobile ; donc il doit prendre & conserver pendant quelque tems la figure qu'il auroit, si le Soleil étoit véritablement en repos.

SCOLIE V.

72. Ayant trouvé les premieres expressions des valeurs de q & de k, on substituera dans ces valeurs $\frac{c^{u\sqrt{-1}} - c^{-u\sqrt{-1}}}{2\sqrt{-1}}$, au lieu de z ; on différentiera ces quantités, en faisant varier u & A ; par la différentiation de k, on aura la quantité σ, & par l'équation H, la quantité ϕ ; ensuite par l'équation (I) on trouvera ε ; & com-

me $\gamma du + \zeta dA$ doit être une différentielle complette, on aura facilement γ; car $\frac{d\gamma}{dA} = \frac{d\zeta}{du}$: donc $\gamma = \int dA \times \frac{d\zeta}{du}$; ainsi on aura $n = \int \gamma du + \zeta dA$, & par conséquent on connoîtra à peu près (†) la vitesse du vent dans un plan perpendiculaire au vertical de l'Astre.

Cette premiere valeur de n servira à déterminer plus exactement les valeurs de q & de k, en prenant toujours A pour constante, comme dans le premier calcul: ensuite on tirera de ces nouvelles valeurs de q & de k une valeur encore plus exacte de n, de même qu'on a tiré la premiere valeur de n, des premieres valeurs de q & de k.

SCOLIE VI.

73. Il suit de ce qui précéde, que la vitesse du vent, (abstraction faite de la tenacité & du frottement des parties du Fluide) est nulle quand l'Astre est au Méridien; qu'elle est la plus grande qu'il est possible à l'Equateur; que de plus, les sections du Fluide dans le plan de l'Equateur & du Méridien ne sont point des Ellipses semblables & égales: donc si on veut supposer (comme dans

(†) On pourroit encore avoir ζ par l'équation E; & comme la valeur qu'on aura par cette équation sera différente de celle que donne l'équation (I), il me semble qu'on pourroit conclure de-là, que le Probléme dont il s'agit a plusieurs solutions. On se confirmera dans cette pensée, si on fait attention à ce que contient le Scolie VII. suivant, *art.* 74.

l'*art.* 47) qu'en vertu de la tenacité des parties, la figure du Fluide eſt Sphéroidale, & que le Fluide ſe meut toujours dans le vertical de l'Aſtre, il paroît que le ſeul parti qu'on puiſſe prendre, c'eſt de faire la viteſſe du vent, & la ſection du Fluide dans un vertical quelconque, égales à la viteſſe & à la ſection du Fluide moyenne entre l'Equateur & le Méridien; c'eſt-à-dire, qui répond à l'angle A de 45°. Donc faiſant $\frac{c^{A\sqrt{-1}} + c^{-A\sqrt{-1}}}{2} = \sqrt{\tfrac{1}{2}}$; on aura $q = \frac{3Szz}{2pd^3} \times \frac{1}{\sqrt{2} \times (3 - \frac{b^2}{2aa})}$; & $k = \frac{3Szz}{2pd^3} \times \frac{3}{3 - \frac{b^2}{2aa}}$.

SCOLIE VII.

74. Si on cherche les valeurs des quantités n, q, k, dans les lieux qui ſont près de l'Equateur, c'eſt-à-dire dans les lieux où A eſt infiniment petit, on remarquera que ces quantités n, q, k ſont des fonctions de u & de A, telles, que quand $A = 0$, n eſt $= 0$, & q & k des fonctions de u. Donc ſi on réduit les valeurs de n, q, k, en ſuites infinies, on aura, lorſque A eſt infiniment petit,

$$n = V . A^n$$
$$q = V'' + V''' A^h$$
$$k = V^{\text{v}} + V^{\text{vi}} A^{\varpi}.$$

$V, V'', V''', V^{\text{v}}, V^{\text{vi}}$, &c. marquant des fonctions de u, & n, h, ϖ, des expoſans poſitifs. On differentiera ces trois quantités pour avoir $r, \gamma, \lambda, \zeta, \varrho, \sigma$, & on ſubſtituera pour $\frac{c^{A\sqrt{-1}}+c^{-A\sqrt{-1}}}{2}$ sa valeur qui est presque 1, & pour $\frac{c^{A\sqrt{-1}}-c^{-A\sqrt{-1}}}{2\sqrt{-1}}$ sa valeur qui est presque A, lorsque A est fort petit : négligeant ensuite tous les termes qui peuvent se négliger, on aura . . . . . .

$$(a) \ldots \frac{3S}{4pd^3\sqrt{-1}} \times (c^{2u\sqrt{-1}}-c^{-2u\sqrt{-1}}) + \frac{b^2}{2a} \times \frac{dV''}{du} = \frac{dV'}{du}.$$

$$(b) \ldots [\frac{b^2 dV}{2a.du} - \frac{nb^2}{2a} \times \frac{V(c^{u\sqrt{-1}}+c^{-u\sqrt{-1}}) \times 2\sqrt{-1}}{c^{u\sqrt{-1}}-c^{-u\sqrt{-1}}}] \times$$

$$A^n - \frac{bbV''A.2\sqrt{-1}}{2a(c^{u\sqrt{-1}}-c^{-u\sqrt{-1}})} = \frac{2\varpi V''A^{\varpi-1}\sqrt{-1}}{c^{u\sqrt{-1}}-c^{-u\sqrt{-1}}}.$$

$$(c) \ldots \frac{dV'}{du} = \frac{dV''}{du} + \frac{nV.A^{n-1}.2\sqrt{-1}}{c^{u\sqrt{-1}}-c^{-u\sqrt{-1}}} + \frac{V''d(c^{u\sqrt{-1}}-c^{-u\sqrt{-1}})}{du.(c^{u\sqrt{-1}}-c^{-u\sqrt{-1}})}.$$

Il faut observer que dans la seconde équation, je n'ai point négligé les termes où sont $A^{\varpi-1}$ & A^n, parce que si on supposoit $\varpi = 2$, & $n = 1$, les termes où sont ces quantités seroient homogenes au terme . . . $\frac{-b^2V''A\sqrt{-1}}{a(c^{u\sqrt{-1}}-c^{-u\sqrt{-1}})}$: c'est pour la même raison, que dans l'équation (c) je n'ai point négligé le terme où est nA^{n-1}.

De plus, si on décomposoit la force accélératrice

par laquelle l'Aſtre agit ſur les parties du Fluide, en deux autres forces, dont l'une fût paralléle à l'Equateur, & l'autre lui fût perpendiculaire ; il eſt évident que cette derniere force ſeroit infiniment petite du premier ordre par rapport à l'autre : donc ſi elle produit un effet, on peut ſuppoſer que cet effet eſt toujours infiniment petit du premier ordre par rapport à l'effet de l'autre force. Pour le bien voir, on remarquera que A étant infiniment petit du premier ordre, on peut ſuppoſer en même tems, ou que n eſt proportionnel à A, & que par conſéquent $V \cdot A^n = V \cdot A$, ou que n eſt abſolument nulle. Car ſi la quantité n eſt, ou abſolument nulle, ou $= V \times A^{1+p}$ (p déſignant un nombre poſitif quelconque) alors les termes dans leſquels V entre, doivent être traités comme nuls : en ce cas, la force qui agit dans le ſens du cercle AO (Fig. 21), ſera telle, qu'elle fera équilibre avec p ; c'eſt ce qui arrivera, ſi dans l'équation (b) on ſuppoſe $\varpi = 2$, $2V^n = -\frac{bbV''}{2a}$; & V, & $\frac{dV}{du} = 0$, ou bien ſi on ſuppoſe ſimplement $A^n > A$. Donc A^n doit être ſuppoſée $= 0$, ou $= A$.

1°. Si on a $\varpi = 2$, $n = 1$; les deux équations (a), (c) donneront une valeur de V en u & en V'', & cette valeur étant ſubſtituée dans l'équation (b) produira une équation différentielle du ſecond ordre, qui contiendra les inconnues V'' & V^n. Ainſi la ſolution du Problême ſera différente, ſelon les différentes valeurs que l'on voudra donner à l'une ou à l'autre de ces quantités.

2°. Si l'on a $\varpi = 2$, & $V = 0$; on aura pour V'' & pour V''' les mêmes valeurs que dans l'*art.* 47, & outre cela on trouvera $V''' = -\frac{b^2 V''}{4a}$.

On déterminera de la même maniere les valeurs de V'' & de V', selon les différentes hypotheses qu'on fera sur les exposans ϖ & n, & sur les quantités V & V'''.

D'où l'on voit que le Problême qui consiste à trouver la vitesse & la direction du vent est en quelque sorte indéterminé : ce qui ne doit pas paroître absolument surprenant, puisque dans les autres hypotheses dont on a déja fait mention dans les *art.* 39 *&* 50, on a trouvé pour l'expression de la vitesse du vent, des quantités qui contenoient des constantes indéterminées, & d'où il résultoit que le Problême pouvoit avoir plusieurs solutions.

[Dans cette incertitude cependant, il me semble que nous pouvons nous déterminer pour l'expression de la vitesse du vent, que nous venons de trouver dans le cas de $V = 0$, & de $\varpi = 2$, parce que cette expression s'accorde d'ailleurs avec celle que nous avons trouvée dans l'*art.* 47, & qui, comme nous l'avons prouvé, doit être assez exacte pour les lieux qui sont proches de l'Equateur : d'ailleurs cette même expression que nous venons de trouver pour la vitesse du vent, dans le cas de $V = 0$, & $\varpi = 2$, a beaucoup de rapport avec celles que nous avons déja trouvées *articles* 39 *&* 50 dans d'autres hypotheses ; desorte qu'il paroît constant que la vitesse du vent doit être à peu près comme le

quarré

quarré du Sinus de la distance au corps *S*, puisque ce rapport résulte de toutes ces différentes formules.

Ainsi nous croyons pouvoir prendre pour l'expression de la vitesse du vent proche l'Equateur, celle qui a été trouvée dans l'*art.* 47, en négligeant entiérement la vitesse du vent dans le sens perpendiculaire aux cercles verticaux; car on peut toujours supposer, soit Physiquement, soit Mathematiquement, que cette vitesse est nulle. D'où il s'ensuit, que comme la vitesse du vent dans le sens du cercle *AO* perpendiculaire au vertical *PA*, est nulle proche de l'Equateur, & qu'elle est aussi nulle proche des Pôles (*art.* 72) le mouvement de l'air dans une direction perpendiculaire aux cercles verticaux, est peu considérable. On peut donc négliger tout-à-fait ce mouvement, & n'avoir égard qu'à la seule vitesse de l'air dans le plan du cercle vertical. Ainsi les formules de l'*art.* 70, qu'on pourra, s'il est nécessaire, rendre plus approchées, exprimeront assez bien la vitesse du vent en un endroit quelconque du globe terrestre.]

Au reste, il est à propos d'observer que dans les lieux même qui sont très-proches de l'Equateur, l'angle *A* ne doit pas être regardé comme fort petit pendant tout le tems d'une révolution. Car lorsque l'Astre est, par exemple, au Méridien d'un lieu situé proche l'Equateur, l'angle *A* qui est alors l'angle du Méridien avec l'Equateur, est de 90 degr.; il n'y a que les seuls points de l'Equateur pour lesquels *A* soit exactement = 0, parce que *A* exprime toujours l'angle du vertical avec l'Equateur. De-là on peut conclure, que dans la valeur de q déterminée *art.* 70, la quantité $\frac{c^{A\sqrt{-1}}+c^{-A\sqrt{-1}}}{2}$ doit toujours être prise positivement; car dans l'Equateur, où $A=0$, on a toujours $\frac{c^{A\sqrt{-1}}+c^{-A\sqrt{-1}}}{2}=1$, & par conséquent positif: or dans les lieux voisins de l'Equateur, le mouvement doit être à peu près le même que dans l'Equateur; d'où il s'ensuit que $\frac{c^{A\sqrt{-1}}+c^{-A\sqrt{-1}}}{2}$ doit être pris positivement.

SCOLIE GENERAL.

75. Si donc on demande la vitesse & la direction du vent, dans l'hypothese que le globe terrestre soit couvert d'un air homogene, rare, & sans ressort; on peut la déterminer de la maniere suivante.

1°. Si on n'a point d'égard à l'adhérence & au frottement des parties du Fluide, on ne sçauroit donner une autre solution que celle qui a été trouvée dans les *art.* 70 & 72, en résolvant par approximation les équations du Problême.

2°. Si on a égard à la tenacité & au frottement, hypothese qui est peut-être plus conforme à la nature, que la précédente; alors pour trouver le mouvement de l'air dans les endroits voisins de l'Equateur, on peut se servir de la méthode qui a été donnée dans l'*art.* 69, & il paroît qu'on peut négliger entiérement, pour les raisons qui ont été déja rapportées dans l'*art.* 74, la viteſſe du vent dans les plans perpendiculaires aux plans verticaux de l'Aſtre. De plus, ſi on ſuppoſe dans ce cas l'adhérence des parties telle, que tous les lieux également diſtans de l'Aſtre, aient la même viteſſe, & que le Fluide ait une forme Sphéroidale, alors il faudra ſe ſervir des expreſſions qui ont été trouvées dans l'*art.* 73. Voilà, ce me ſemble, ce qu'on peut donner de plus approché ſur la viteſſe des vents. C'eſt ainſi qu'on doit réſoudre le Problême pour le cas où le Soleil parcourt l'Equateur. S'il ne décrivoit point ce grand cercle, mais un des paralléles, alors les équations néceſſaires pour trouver le mouvement du Fluide deviendroient plus compoſées, & il faudroit avoir recours à l'*art.* 42, pour trouver l'expreſſion de la véritable action du corps *S* : cependant comme la direction du vent ne doit s'éloigner que peu du plan vertical de l'Aſtre, il ne doit y avoir preſque rien à changer aux ſolutions précédentes, pour les appliquer au cas dont il s'agit, & nous croyons qu'on ne s'écartera pas beaucoup du vrai, en prenant le paralléle décrit par le Soleil pour l'Equateur, & en ſuppoſant que *A* ſoit toujours l'angle du vertical avec le paralléle, & que *b* ſoit proportionnelle à la viteſſe du corps *S* dans le paralléle, viteſſe qui eſt toujours à la viteſſe dans l'Equateur, comme le Coſinus de la déclinaiſon eſt au Sinus total.

Propos. XIV. Lemme.

76. *Soit un globe solide* PCE (Fig. 24) *couvert d'un Fluide* EKkPE, *dont la partie* VSPE *soit d'une densité donnée & uniforme ; & dont la partie* VSkK *soit composée d'une infinité de tranches* Ll, Ii, Kk, *qui différent entr'elles par leur densité. Supposons, de plus, que la hauteur* EK *de ce Fluide mixte, soit fort petite par rapport à* CP, *que tous les points du Fluide tendent vers le centre* C *par une force* $= p$, *& qu'outre cela ils soient sollicités dans une direction perpendiculaire au rayon, par une force qui soit différente selon la différente densité des parties, & selon leurs différentes distances à la surface* PDE *; desorte que tous les points de la colomne homogene* NA *soient animés par une force* $= \varpi$, *tous les points de la ligne infiniment petite* NO *par une force* $= \varpi'$ *&c. & ainsi de suite, jusqu'au point* R *de la surface extérieure* Kk, *dont on suppose que la force sollicitatrice soit* ϖ''' *; on demande quelles sont les conditions nécessaires pour que le Fluide soit en équilibre.*

1°. Il est évident que la force qui résulte de ϖ''' & de p doit être perpendiculaire à la surface Rr en R : donc $(Dr - AR) \times p = AD \times \varpi'''$. 2°. Si on appelle δ la densité du Fluide homogene $NnDA$, δ' la densité du Fluide qui est immédiatement au-dessus de celui-ci, & qu'on suppose être fort différente de la densité δ ; il est facile de voir que la force de la particule Nn suivant Nn, entant qu'elle appartient au Fluide inférieur, sera $[p \times (NA - Dn) - \varpi \,.\, AD] \times \delta$; & on peut prouver avec une égale facilité, que la force de la même particule *Nn* suivant *Nn*, entant qu'elle appartient au Fluide qui est immédiatement au-dessus du Fluide *VSPE*, est $[p \times (NA - Dn) - \varpi' . AD] \times \delta'$. Or ces deux forces doivent être égales l'une à l'autre : car sans cela, les deux Fluides de différentes densités qui se touchent immédiatement par la surface *VNS*, ne pourroient être en équilibre ; on aura donc . . . .

$$(\delta p - \delta' p) \times (NA - Dn) = (\varpi\delta - \varpi'\delta') \times AD.$$

[Il est évident, que plus le Fluide inférieur sera dense par rapport au Fluide supérieur, plus aussi la force ϖ sera petite par rapport aux forces ϖ', ϖ''', &c. Car l'effort de *Nn* suivant *Nn*, doit être dans chaque couche en raison inverse de la densité. Or cet effort est composé de la pesanteur *p*, & de la force ϖ, ou ϖ', ou ϖ''' &c. Donc &c.]

3°. Par les loix connues de l'Hydrostatique, il faut que les parties du Fluide contenues dans l'espace rectangle renfermé entre les colomnes verticales *NQ*, *nq*, & entre les parties de couches, *Nn*, *Qq*, soient en équilibre entr'elles. Donc le poids de *qn*, moins celui de *QN*, doit être égal à la force de la particule *Qq* suivant *Qq*, moins la force de la particule *Nn* suivant *Nn*.

PROPOS. XV. PROBLÊME.

77. *Les mêmes choses étant supposées que dans le Lemme précédent ; trouver le mouvement que doit exciter dans le*

Fluide mixte EKkp, *l'action d'un corps* S, *qui se meut autour du globe dans le plan d'un grand cercle.*

Nous ferons ici la même hypothese, que dans l'*article* 47; c'est-à-dire, nous supposerons que chaque particule se meuve dans le plan d'un grand cercle vertical passant par le Soleil, & que le Fluide a une figure Sphéroidale. [La premiere de ces hypotheses est, comme nous l'avons remarqué dans l'*art.* 74, très-approchante de la vérité; à l'égard de la seconde, nous verrons dans la suite jusqu'à quel point on peut la regarder comme exacte]. Or nous avons prouvé dans l'*art.* 55, que le Fluide *EKkP* étant supposé homogene & très-rare, la surface *Kk* du Fluide est toujours une Ellipse, & que la vitesse de tous les points d'une couche quelconque concentrique à la terre, est comme le quarré du Sinus de la distance de ces points au corps *S*. Nous allons faire voir que ces deux hypotheses peuvent aussi avoir lieu dans le cas dont il s'agit ici, & qu'elles s'accommodent fort bien aux calculs. Ainsi nous supposerons encore ici, que toutes les couches *Kk*, *Ii*, *Ll*, &c. qui joignent les parties d'une même densité, sont des Ellipses différentes entr'elles, & que la vitesse des points de chaque couche est proportionnelle au quarré du Sinus de leur distance au corps *S*.

I.

Soit donc $PS = s$, $PA = u$; $Si = x$; $AN = s - \frac{a(c^{u\sqrt{-1}} - c^{-u\sqrt{-1}})^2}{-4}$; l'espace décrit horizontalement par les points A ou N, (tandis que le corps S décrit $Pp = du$) $= \frac{m\,du(c^{u\sqrt{-1}} - c^{-u\sqrt{-1}})^2}{-4}$; l'espace décrit dans ce même tems par le point N, (entant qu'il appartient au Fluide $LISV$) $= \frac{\mu\,du(c^{u\sqrt{-1}} - c^{-u\sqrt{-1}})^2}{-4}$ (α, m, μ, signifiant des constantes inconnues); l'espace décrit horizontalement par un point quelconque Q durant le même tems, $= \frac{X\,du(c^{u\sqrt{-1}} - c^{-u\sqrt{-1}})^2}{-4}$, X marquant une fonction inconnue de x; $NQ = x - \frac{\xi(c^{u\sqrt{-1}} - c^{-u\sqrt{-1}})^2}{-4}$, ξ marquant aussi une fonction inconnue de x; enfin, soit D la densité d'une couche quelconque iQI, laquelle doit être donnée au moins à peu près par une fonction de x.

II.

Cela posé, comme tous les points de la colomne homogene NA doivent avoir la même vitesse horizontale suivant AD, on aura $\frac{2\alpha\,du}{4\sqrt{-1}} \times (c^{2u\sqrt{-1}} - c^{-2u\sqrt{-1}}) = \frac{2\,m\,du}{4\sqrt{-1}} \times (c^{2u\sqrt{-1}} - c^{-2u\sqrt{-1}}) + \frac{m\,du(c^{2u\sqrt{-1}} - c^{-2u\sqrt{-1}})}{4\sqrt{-1}}$; cette équation répond à l'équation (A) de l'*art.* 47. D'où l'on tire $2\alpha = 3m$ . . . . (M).

De même, comme l'on a $QO = dx - \frac{d\xi(c^{u\sqrt{-1}} - c^{-u\sqrt{-1}})^2}{-4}$, & que tous les points de la colomne infiniment petite QO doivent avoir la même vitesse horizontale, on aura $\frac{2d\xi}{dx} = 3X$ . . . (N).

III.

L'attraction que le Fluide $VEPS$ de la densité δ exerce sur le point N, est $\frac{4n\delta \times 6a}{3 \times 5} \times \frac{(c^{2u\sqrt{-1}} - c^{-2u\sqrt{-1}})}{4\sqrt{-1}}$, entant que cette attraction agit perpendiculairement à CN; nous n'avons ici aucun égard à l'attraction du Fluide supérieur $VKkS$, que nous avons supposé très-rare par rapport au Fluide $VEPS$.

La force qui accélére le point N parallélement à AD, est $\frac{pbb \times 2m(c^{2u\sqrt{-1}} - c^{-2u\sqrt{-1}})}{2a \cdot 4\sqrt{-1}}$, entant qu'elle appartient au Fluide inférieur dont la densité est δ; & elle est $\frac{pbb}{2a} \times \frac{2\mu(c^{2u\sqrt{-1}} - c^{-2u\sqrt{-1}})}{4\sqrt{-1}}$, entant qu'elle appartient au Fluide supérieur dont la densité est δ'. Or le point N est sollicité suivant AP par la force $\frac{3S(c^{2u\sqrt{-1}} - c^{2u\sqrt{-1}})}{4d^3\sqrt{-1}}$; il faut donc (*art.* 12. *not.* (a) §. II.) que le point N demeure en équilibre, étant sollicité par les puissances p, & $(\frac{3S}{d^3} + \frac{4n\delta \cdot 6a}{3 \times 5} + \frac{pbb}{2a} \times 2m) \times \frac{c^{2u\sqrt{-1}} - c^{-2u\sqrt{-1}}}{4\sqrt{-1}}$ perpendiculaires l'une à l'autre, aussi-

bien

bien que par les forces p, & $\left(\frac{3S}{d^3} + \frac{4n\delta \times 6a}{3 \times 5} + \frac{pbb \cdot 2\mu}{2a}\right) \times \frac{(c^{2u\sqrt{-1}} - c^{-2u\sqrt{-1}})}{4\sqrt{-1}}$. Donc (*art.* 76 *n.* 2) on aura

$$\left(\frac{mb^2p}{a} + \frac{4n\delta \cdot 6a}{3 \times 5} + \frac{3S}{d^3}\right) \times \delta - p \cdot 2a\delta = \left(\frac{\mu b^2 p}{a} + \frac{4n\delta \cdot 6a}{3 \cdot 5} + \frac{3S}{d^3}\right) \times \delta' - 2pa\delta' \ldots\ldots (O).$$

IV.

Maintenant, comme l'excès du poids de QN sur qn, est $2pdu \int \frac{Dd\xi(c^{2u\sqrt{-1}} - c^{-2u\sqrt{-1}})}{4\sqrt{-1}}$; & que cet excès doit être égal (*art.* 76 *n.* 3.) à l'excès du poids de Nn sur Qq, c'est-à-dire, à $\left(\frac{\mu b^2 p}{a} + \frac{4n\delta \cdot 6a}{3 \cdot 5} (\dagger) + \frac{3S}{d^3} - 2pa\right) \times \delta' du \frac{c^{2u\sqrt{-1}} - c^{-2u\sqrt{-1}}}{4\sqrt{-1}}$, moins la quantité $du \left[\frac{b^2 pXD}{a} + \frac{4n\delta \cdot 6aD}{3 \cdot 5} + \frac{3S \cdot D}{d^3} - 2pD \cdot (\xi + a)\right] \times \frac{c^{2u\sqrt{-1}} - c^{-2u\sqrt{-1}}}{4\sqrt{-1}}$, il s'ensuit que $2p\int Dd\xi = \frac{\mu\delta' pb^2}{a} + \frac{4n\delta'\delta \cdot 6a}{3 \cdot 5} + \frac{3S\delta'}{d^3} - 2pa\delta' - \frac{b^2pXD}{a} - \frac{4n\delta \cdot D \cdot 6a}{3 \cdot 5} - \frac{3S \cdot D}{d^3} + 2pD \times (\xi + a) \ldots\ldots (P)$.

($\dagger$) RN étant (*hyp.*) très-petite par rapport à CN, on peut supposer que l'attraction en R, Q, O, &c. est la même qu'en N.

V.

Enfin, si on suppose, que faisant $u = Pk$, on ait $D = \vartheta$, $X = A$, $\xi = \chi$; on aura la force accélératrice du point $R = \frac{pb^2 A.(c^{2u\sqrt{-1}} + c^{-2u\sqrt{-1}})}{4a\sqrt{-1}}$: or il est nécessaire (*art.* 76 *n.* 1*e*) que le point R sollicité par les forces p, & $\left(\frac{pb^2 A}{a} + \frac{3S}{d^3} + \frac{4n\delta . 6a}{3.5}\right) \times \frac{c^{2u\sqrt{-1}} - c^{-2u\sqrt{-1}}}{4\sqrt{-1}}$ perpendiculaires l'un à l'autre, tende perpendiculairement à Rr, c'est-à-dire, que le poids de l'élément Rr, animé par ces forces, soit nul. Donc on aura $\frac{b^2 \vartheta p A}{a} + \frac{4n\delta . \vartheta . 6a}{3.5} + \frac{3S\vartheta}{d^3} - 2p\vartheta(\chi + u) = 0 \ldots\ldots (Q)$.

VI.

Des cinq équations M, N, O, P, Q, on peut déduire la solution du Problême, les intégrations & les quadratures étant supposées. Car si dans l'équation (P) on met pour X sa valeur $\frac{2d\xi}{3dx}$, tirée de l'équation (N), qu'ensuite on différentie l'équation (P), & qu'on fasse $\xi + a - \frac{4n\delta . 6a}{3.5.2p} - \frac{3S}{2pd^3} = \varrho$; on aura $3\varrho - \frac{bbd\varrho}{adx} - \frac{Dbbdd\varrho}{adxdD} = 0 \, (R)$.

Cette équation étant intégrée, (& elle le peut être au moins en certains cas), on aura deux constantes indéterminées, par ex. F, G, d'où l'on tirera la valeur de ξ. Or cette valeur de ξ doit être telle, que $\xi = 0$ lorsque

$x = 0$; ainsi on aura une équation pour déterminer une des inconnues F, G, & par conséquent on pourra en faire évanoüir une. De plus, ξ étant connue, on connoîtra aussi 1°. $X = \frac{2 d\xi}{3 dx}$; 2°. on connoîtra μ, puisque μ est la valeur de X, lorsque $x = 0$. 3°. On connoîtra A & χ, puisque ce sont les valeurs de X & de ξ, lorsque $x = Pk = \epsilon$. Donc, si dans les équations M, O, Q, on substitue au lieu de ces quantités leurs valeurs en G ou en F, il ne restera plus à déterminer que trois inconnues a, m, & G ou F, dont les expressions pourront se déduire des trois équations M, O, Q.

SCOLIE I.

78. L'intégration de l'équation (R) dépend beaucoup de la valeur de la quantité D, c'est-à-dire de la loi des densités du Fluide $VKkS$.

Par exemple, si on suppose avec le commun des Physiciens, que $\frac{dD}{D} = \frac{-dx}{g}$; c'est-à-dire que les densités soient en raison des poids comprimans; l'équation R se changera en celle-ci,

$$\frac{3 a\xi dx^2}{bbg} + dd\xi - \frac{d\xi dx}{g} = 0.$$

Pour intégrer cette équation, soit $\frac{d\xi}{\xi} = \frac{pdx}{hh}$ (hh est une constante arbitraire); & on aura

$$dx = \frac{-dp \cdot bb}{pp - \frac{pbb}{g} + \frac{3ab^4}{bbg}} \dots\dots\dots (S)$$

$$\& \frac{d\xi}{\xi} = \frac{-pdp}{pp - \frac{pbb}{g} + \frac{3ab^4}{bbg}} \dots\dots\dots (T)$$

On intégrera chacune de ces deux équations par Logarithmes, ſuivant les méthodes connues des Geométres, & faiſant $M = \frac{bb}{2\sqrt{[\frac{b^4}{4gg} - \frac{3ab^4}{bbg}]}}$; $N = \frac{-bb}{2g} + \sqrt{[\frac{b^4}{4gg} - \frac{3ab^4}{bbg}]}$; $T = \frac{-bb}{2g} - \sqrt{[\frac{b^4}{4gg} - \frac{3ab^4}{bbg}]}$; & R = à la valeur de p quand $x = 0$; on aura . . .

$$(T) \dots\dots\dots x = M \times \log. [\frac{(p+N) \cdot (R+T)}{(p+T) \cdot (R+N)}];$$

$$\& \frac{\xi + a(1 - \frac{4n\delta \cdot 6}{3 \cdot 2 \cdot 5p}) - \frac{3S}{2pd^3}}{a(1 - \frac{4n\delta \cdot 6}{3 \cdot 5 \cdot 2p}) - \frac{3S}{2pd^3}} = \frac{\sqrt{[RR - \frac{Rbb}{g} + \frac{3ab^4}{bbg}]}}{\sqrt{[pp - \frac{pbb}{g} + \frac{3ab^4}{bbg}]}} \times$$

$$[\frac{(p+N) \cdot (R+T)}{(p+T) \cdot (R+N)}]^{\frac{M}{2g}} \dots\dots\dots (V)$$

On ſubſtituera dans cette derniere équation au lieu de p ſa valeur en x, qu'on tirera de l'équation T: enſuite on prendra 1°. la valeur de $X = \frac{2d\xi}{3dx}$; 2°. la valeur de μ, en mettant o pour x dans la valeur de X; 3°. la valeur de A & celle de χ, en mettant dans les valeurs de X & de ξ_2 au lieu de x, la quantité ϵ_2 ou ce qui revient preſque au même, la hauteur s' que devroit avoir le Fluide $VKkS$, s'il n'étoit agité par aucune force extérieure. Enfin, on ſubſtituera dans les équations M, O, Q, les valeurs de μ, A, χ, & il reſtera trois inconnues R, a, m, qui pourront ſe déterminer par le moyen de ces trois équations, & qui étant connues, donneront les valeurs de μ, A, χ.

SCOLIE II.

79. Il peut arriver 1°. que $\frac{1}{4g} = \frac{3a}{b^2}$; en ce cas, l'équation (S) eſt abſolument intégrable, & l'équation (T) eſt en partie intégrable abſolument, & en partie reductible aux Logarithmes. 2°. Que $\frac{1}{4g} < \frac{3a}{bb}$; en ce cas, N & T ſont des grandeurs imaginaires, & l'intégration ſe réduit à des arcs de cercle. Cependant on peut regarder la ſolution précédente comme générale, ſoit que N & T ſoient des quantités réelles ou non; parce qu'on peut toujours faire diſparoître les quantités imaginaires. Car il eſt certain qu'une quantité algébrique quelconque, compoſée de tant d'imaginaires qu'on voudra, peut toujours ſe réduire à $A + B\sqrt{-1}$, A & B étant des quantités réelles; d'où il s'enſuit, que ſi la quantité propoſée doit être réelle, on aura $B = 0$.

(*) Pour démontrer cette verité, il faut remarquer, 1°. Que $\frac{a + b\sqrt{-1}}{g + h\sqrt{-1}} = A + B\sqrt{-1}$; puiſque $a =$

$gA - hB$; $b = Ah + gB$; d'où l'on tire $A = \frac{bh + ag}{hh + gg}$; & $B = \frac{bg - ah}{hh + gg}$.

2°. Que $[a + b\sqrt{-1}]^{g + h\sqrt{-1}} = A + B\sqrt{-1}$. Car faisant varier A & B, aussi-bien que a & b, & prenant les différentielles Logarithmiques, on a $(g + h)\sqrt{-1} \times \frac{da + db\sqrt{-1}}{a + b\sqrt{-1}} = \frac{dA + dB\sqrt{-1}}{A + B\sqrt{-1}}$; c'est-à-dire (*n.* 1. *art. pres.*)

$$\frac{AdA + BdB + (AdB - BdA)\sqrt{-1}}{AA + BB} =$$

$$\frac{gada + gbdb - ahdb + bhda}{aa + bb} +$$

$$\frac{(bada + bbdb + gadb - gbda) \times \sqrt{-1}}{aa + bb};$$

donc $AA + BB = [aa + bb]^{g} \times c^{-h\int \frac{adb - bda}{aa + bb}}$ & $\int \frac{AdB - BdA}{AA + BB} = h \log. \sqrt{[aa + bb]} + g \int \frac{adb - bda}{aa + bb}$.

Or $\int \frac{adb - bda}{aa + bb}$, & $\int \frac{AdB - BdA}{AA + BB}$ sont des expressions des angles dont les tangentes sont $\frac{b}{a}$ & $\frac{B}{A}$: donc B & A sont les Sinus & Cosinus d'un angle dont le rayon est $\sqrt{[\overline{aa + bb}^{g} \times c^{-h\int \frac{adb - bda}{aa + bb}}]}$, & dont la valeur est $h \log. \sqrt{[aa + bb]} + g \int \frac{adb - bda}{aa + bb}$.

3°. Il est évident, que $a+b\sqrt{-1} \pm (g+h\sqrt{-1}) = A+B\sqrt{-1}$; & que $(a+b\sqrt{-1}) \times (g+h\sqrt{-1}) = A+B\sqrt{-1}$.

4°. Par le moyen de ces trois propositions, il sera facile de réduire toujours à la forme $A+B\sqrt{-1}$, une quantité composée de tant & de telles sortes d'imaginaires qu'on voudra. Car en allant de la droite vers la gauche, on fera évanouir l'une après l'autre toutes les quantités imaginaires, excepté une seule : la quantité proposée se réduira donc à $A+B\sqrt{-1}$; & si elle doit être une quantité réelle, B sera nécessairement $=0$.

SCOLIE III.

80. (*) L'équation $\frac{3n\varrho dx^2}{bbg} + dd\varrho - \frac{d\varrho dx}{g} = 0$ auroit pû s'intégrer par une autre méthode, que j'exposerai ici en peu de mots, parce qu'elle peut servir à l'avancement de l'Analyse. Soit en général . . . .

$$\varrho + \frac{e d\varrho}{dx} + \frac{f dd\varrho}{dx^2} = 0 \ldots \ldots \ldots (1)$$

On peut toujours supposer, en introduisant une nouvelle indéterminée t, que cette équation vienne des deux suivantes . . . .

$$d\varrho - t dx = 0 \ldots \ldots \ldots \ldots \ldots (2)$$

$$\varrho + \frac{e d\varrho}{dx} + \frac{f dt}{dx} = 0 \ldots \ldots \ldots (3)$$

Car faisant $d\varrho = t dx$, l'équation (1) se change en l'équation (3).

Maintenant, on multipliera la premiere (2) de ces deux équations par un coefficient indéterminé ν, ensuite on ajoutera ensemble les deux équations (2) & (3); & l'on aura $\nu d\varrho + \epsilon d\varrho + f dt + \varrho dx - \nu t dx = 0$; ou $[\nu + \epsilon] . d\varrho + f dt + [\varrho - \nu t] . dx = 0$ . . (4). On supposera ensuite ν telle, que $\varrho - \nu t$ soit en raison constante quelconque avec $[\nu + \epsilon] . \varrho + ft$, & on aura $\frac{1}{\nu + \epsilon} = \frac{-\nu}{f}$; d'où l'on tirera la valeur de ν, & l'équation (4) se changera en $dx + \frac{(d\varrho - \nu dt) . (\nu + \epsilon)}{\varrho - \nu t} = 0$. Donc on aura $\varrho - \nu t = X$, X marquant une fonction de x; donc $t = \frac{\varrho - X}{\nu}$; & l'équation (2) se changera en $d\varrho - \frac{\varrho dx}{\nu} + \frac{X dx}{\nu} = 0$, dont l'intégration est facile: on connoîtra donc la valeur de ϱ.

Cette méthode que je ne fais qu'exposer ici à la hâte & en passant, est fort utile pour intégrer un nombre quelconque n d'équations différentielles, dont chacune seroit d'un degré quelconque, & qui contiendroient $n + 1$ variables x, y, z, u, &c. dont la premiere eût sa différence dx constante, & dont les autres u, y, z, &c. & leurs différences ne parussent que sous une forme lineaire, c'est-à-dire, ne fussent ni mêlées entr'elles, ou avec x, & y, ni élevées à aucune puissance autre que l'unité, mais seulement multipliées par des puissances convenables de dx. L'intégration n'auroit même aucune difficulté de plus,

plus, si dans chacune de ces équations il y avoit un terme quelconque composé & formé comme on voudroit, de x, de dx & de constantes.

SCOLIE IV.

81. (*) L'équation $\frac{-dx}{g} = \frac{dD}{D}$, que nous avons prise pour exemple, est fondée sur l'hypothese que la densité des couches de l'air soit proportionnelle au poids de l'air supérieur qui les comprime. Car soit y la hauteur de l'air depuis la surface supérieure, jusqu'à un point quelconque, D la densité en ce point; la masse de l'air supérieur sera $\int D\,dy$, & $p\int D\,dy$ sera son poids. Or faisant $D\,dy$ constante, on aura dy comme $\frac{1}{D}$, & comme $\frac{1}{p\int D\,dy}$; donc $\int D\,dy$ est comme D, & $\frac{dD}{D}$ comme dy, c'est-à-dire que $\frac{dD}{D} = \frac{-dx}{g}$; parce que $-dx = dy$. Or cette hypothese renferme quelque espece de contradiction, parce que la hauteur de l'air devroit être $= \infty$, & la densité nulle ou $= 0$, à la surface supérieure.

Mais il faut remarquer, que l'équation $\frac{-dx}{g} = \frac{dD}{D}$, a lieu encore dans un autre cas, dans lequel la hauteur de l'air pourroit être finie, & aussi la densité finie à la surface supérieure; savoir dans le cas où l'on supposeroit que la densité des couches fût proportionnelle au poids

t

comprimant, augmenté d'un poids constant quelconque. Car supposant que ce poids constant $= P$, $\frac{1}{D}$ seroit comme $\frac{1}{p\int D\,dy + P}$; donc $\frac{dD}{D} = \frac{-dx}{g}$: or cette hypothese est beaucoup moins éloignée du vrai que la précédente; en effet, il n'est pas possible qu'une particule de l'air n'ait quelque densité, même lorsqu'elle n'est comprimée par aucun poids. Ainsi la densité ne sauroit être tellement proportionnelle au poids comprimant, qu'elle devienne nulle, lorsque le poids comprimant est nul.

[Il est évident, que dans cette supposition on aura $D = c^{\frac{x}{s}} \times \delta'$, en appellant δ' la densité de l'air à sa partie supérieure; d'où l'on tirera $\int p D\,dx = p\delta'(gc^{\frac{x}{s}} - g)$; on aura aussi $D = \delta c^{\frac{-y}{s}}$, en appellant δ la densité de l'air à sa partie inférieure, & y les distances des différentes couches à la surface de la Terre: d'où l'on voit que $\int p D\,dx + P$ sera proportionnelle à $\delta c^{\frac{-y}{s}}$. Donc si on a trois observations du Barometre, l'une au niveau de la Mer, où $y = 0$, l'autre à la hauteur α au-dessus de la surface de la Terre, l'autre à la hauteur β, & que les hauteurs du Barometre observées, soient h, h', h'', on aura $h - h' . h - h'' :: 1 - c^{\frac{-\alpha}{s}} : 1 - c^{\frac{-\beta}{s}}$; il faut remarquer que $c^{\frac{-\alpha}{s}}$, & $c^{\frac{-\beta}{s}}$, expriment les quantités ou nombres dont les Logarithmes ſont $-\alpha$ & -6, g étant la ſoutangente de la Logarithmique : (& comme la ſoutangente de la Logarithmique des tables eſt de 4342945 parties, il s'enſuit, que ſi g étoit donnée, ces nombres ſeroient ceux qui auroient pour Logarithmes correſpondans $\frac{-\alpha \times 4342945}{g}$ & $\frac{-6 \times 4342945}{g}$). Or ces nombres exprimées en ſuites ſont $1 - \frac{\alpha}{g} + \frac{\alpha^2}{2gg} - \frac{\alpha^3}{2 \cdot 3 \cdot g^3}$ &c. & $1 - \frac{6}{g} + \frac{6^2}{2gg} -$ &c. Mettant donc ces valeurs dans la proportion précédente, on en déduira la valeur approchée de g. Cette valeur étant connue, on trouvera P, c. à d. la hauteur H du Mercure, répondante à P, par cette proportion $h + H : h' + H :: 1 : c^{\frac{-\alpha}{g}}$; de plus, ſi on nomme s' la hauteur de l'air, l'équation $\int p D dx = p\delta g (c^{\frac{x}{g}} - 1)$ donnera $h : h' :: c^{\frac{s'}{g}} - 1 : c^{\frac{s'-\alpha}{g}} - 1$. De-là on pourra tirer la valeur de s'; car écrivant $c^{\frac{s'}{g}} \times c^{\frac{-\alpha}{g}}$ au lieu de $c^{\frac{s'-\alpha}{g}}$, on aura pour lors facilement la valeur de $c^{\frac{s'}{g}}$, & par conſéquent celle de s' : la valeur de s' étant connue, on aura le rapport de δ' à la denſité du Mercure $= \frac{b}{gc^{\frac{s'}{g}} - g}$; & le rapport de δ à $\delta' =$

$c^{\frac{\epsilon}{g}}$. Donc le rapport de δ à la densité du Mercure, est

$$\frac{hc^{\frac{\epsilon}{g}}}{g(c^{\frac{\epsilon}{g}}-1)}$$

Je mets ici ces formules, parce qu'elles sont différentes de celles qu'on a données jusqu'à présent, pour trouver la hauteur & la densité de l'Athmosphere, en supposant la densité de chaque couche proportionnelle au poids comprimant. C'est, au reste, à l'expérience à décider, si on peut regarder ces nouvelles formules comme assez exactes. Pour s'en assurer, il suffira de faire quatre observations du Barometre, au lieu de trois, & on verra si la quatriéme observation combinée avec les deux premieres, donne les mêmes valeurs de g, H, δ, δ', que les trois premieres combinées ensemble. Quoi qu'il en soit, il ne faut pas esperer, que par cette méthode ni par aucune autre on puisse parvenir à connoître bien exactement la hauteur de l'air. Car dans les calculs précédens, nous avons supposé que la hauteur du Barometre étoit toujours proportionnelle à $\int p D dx$, c'est-à-dire au poids de l'air. Or, nous avons déja remarqué dans l'*art.* 77 de notre Traité des Fluides, que la suspension du Mercure est principalement l'effet du ressort de l'air, & qu'ainsi elle n'est pas uniquement dûe au poids de l'air, mais généralement à toutes les causes, constantes ou variables, qui peuvent influer sur son Elasticité.]

SCOLIE V.

82. Soit en général $\frac{dD}{D} = X dx$, X marquant une fonction quelconque de x; l'équation (R) se changera dans la suivante, après avoir fait $\varrho = c^{\int k dx}$, suivant la méthode du célébre M. *Euler*,

$$\frac{3aXdx^2}{bb} - kXdx - dk - kkdx = 0.$$

Il seroit trop long d'examiner ici les cas d'intégrabilité de cette équation : d'ailleurs ces cas sont fort limités, parce qu'ils supposent de certaines équations entre les coefficiens.

SCOLIE VI.

83. Comme l'action du Soleil & de la Lune ne produit qu'un fort petit changement dans la figure de l'Athmosphere, il est évident que les particules de l'air ne changent point sensiblement de densité en vertu de cette action; ainsi quoique leur densité vienne du poids de l'air supérieur, & qu'elle soit par conséquent variable dans chaque particule, cependant on peut regarder comme constante & invariable la densité de chaque couche. Donc si x' est la hauteur d'une des couches intérieures dans le cas de la sphéricité, & qu'on demande quelle doit être la hauteur x de cette même couche dans le cas présent, on mettra x' au lieu de x dans la valeur de ξ; ensuite on fera $\int D dx' \times 2nrr = \int D dx \times$

$2nrr - \int D\,d\xi \times \frac{2np^3}{3}$; donc $\int D\,dx = \int D\,dx' + \int \frac{D\,d\xi}{3}$, & $dx = dx' + \frac{d\xi}{3}$: donc $x = x' + \frac{\xi}{3}$.

SCOLIE VII.

84. Nous n'avons donné jusqu'ici que l'expression de la vitesse du vent, qui doit souffler proche de l'Equateur. Pour trouver sa vitesse dans les lieux éloignés de ce grand cercle, on ne peut supposer $Pp = du$; mais en traitant *A* comme constante, on aura facilement les équations qui conviennent à ce cas, comme dans l'*article* 70 : ce qu'il me paroît inutile d'expliquer ici plus au long, puisque l'introduction de *A*, traitée comme constante, ne fait naître aucune nouvelle variable dans le calcul.

Au reste, il faut remarquer que les valeurs de α, m, μ, ξ & X seront telles, que le Fluide perdra sa forme Sphéroïdale ; cependant il est nécessaire de supposer qu'il ait cette forme, pour pouvoir faire l'attraction $= \frac{4n\delta \times 6\alpha}{5p}$. Ainsi, pour avoir un calcul plus approchant de la vérité, on résoudra d'abord le Problême sans avoir égard à l'attraction, ensuite on mettra dans la quantité $\frac{4n\delta \times 6\alpha}{5p}$, au lieu de α sa valeur moyenne, qui répond à l'angle *A* de 45°, & on recommencera le calcul. C'est, ce me semble, tout ce qu'on peut trouver de plus exact dans un Problême aussi difficile & aussi compliqué.

On peut encore se servir dans cette recherche de la méthode suivante. Nous avons fait voir dans l'art. 28, que si les Astres étoient en repos, la force φ ou $\frac{3Sa\sqrt{[rr-aa]}}{rrd^3}$ devroit être augmentée en raison de 1 à $1-\frac{3\delta}{5\Delta}$, dans le cas où on auroit égard à l'attraction des parties. Ainsi dans la supposition que les Astres soient en mouvement, il est à croire qu'on ne s'écartera pas beaucoup de la vérité, en cherchant le mouvement du Fluide, abstraction faite de l'attraction de ses parties, & mettant ensuite dans l'expression de ce mouvement, $\frac{3S}{d^3\left(1-\frac{3\delta}{5\Delta}\right)}$ au lieu de $\frac{3S}{d^3}$.

[Mais de toutes les méthodes qu'on peut employer pour résoudre le Problême dont il s'agit, la meilleure seroit sans doute celle où on calculeroit l'attraction du Fluide, en le regardant, non comme un solide de révolution, mais seulement comme un solide dont toutes les coupes fussent des Ellipses, sans que ces Ellipses fussent semblables ni égales. Nous croyons donc qu'on ne sera pas fâché de voir ici ce que l'Analyse peut nous apprendre sur ce sujet.

Soit OCK (Fig. 28) un quart d'Ellipse, dont OC, CK soient les deux demi-axes, KCY un autre quart d'Ellipse, dont CK, CY soient les deux demi-axes : imaginons un solide renfermé entre ces deux quarts d'Ellipse, & tel que les coupes OMT faites par OC, soient des Ellipses qui aient pour demi-axes OC, CT; joignant à ce solide sept autres solides semblables, de maniere que quatre de ces solides soient au-dessous du plan CKY, & quatre au-dessus de ce plan, on formera un espece de Sphéroide connu par les Geométres sous le nom d'*Ellipsoide*, & qui ne sera point, à la vérité, un solide de révolution, mais dont toutes les coupes par l'axe OC seront des Ellipses. Or si on nomme δ la densité de ce Sphéroide, OC, r, CK, $r-a$, CY, $= r-a-6$; a, 6, étant supposées très-petites par rapport à r; on trouvera facilement.

1°. Que l'attraction en O est $\frac{4nr\delta}{3} - \frac{16na\delta}{15} - \frac{8n6\delta}{15}$.

2°. Que l'attraction en K est $\frac{4nr\delta}{3} - \frac{12na\delta}{15} - \frac{8n6\delta}{15}$.

3°. Que l'attraction en Y est $\frac{4nr\delta}{3} - \frac{12na\delta}{15} - \frac{4n6\delta}{15}$.

4°. L'attraction en un point quelconque M, peut toujours être regardée comme composée de trois forces, dont l'une agisse suivant Mo paralléle à OC, une autre parallélement à CK ou oS, une autre enfin parallélement à CY: ainsi pour trouver l'attraction en M, la difficulté se réduit à trouver chacune de ces forces.

5°. Si on fait passer par le point o un solide Ellipsoide semblable au grand, & que par ce point o on mene oR paralléle à CY, aussi-bien que oS paralléle à CK, on verra facilement par les Principes de M. *Mac-Laurin*, dans

dans sa Dissertation sur le Flux & Reflux de la Mer, que l'attraction du point M parallélement à KC, est égale à l'attraction d'un Ellipsoïde, qui passant par R seroit semblable à l'Ellipsoïde donné, & qu'ainsi cette attraction est $\frac{CR}{CK} \times [\frac{4nr\delta}{3} - \frac{12n\alpha\delta}{15} - \frac{8n\epsilon\delta}{15}] =$ à peu près $\frac{CR}{r} \times \frac{4nr\delta}{3} + \frac{4nr\delta}{3} \times \frac{\alpha . CR}{r^2} - \frac{12n\alpha\delta . CR}{15r} - \frac{8n\epsilon\delta . CR}{15r} = \frac{4n\delta . CR}{3} + \frac{8n\alpha\delta . CR}{15r} - \frac{8n\epsilon\delta . CR}{15r}$.

6°. L'attraction du point M parallélement à CY, est égale à l'attraction d'un Ellipsoïde, qui passant par S seroit semblable à l'Ellipsoïde donné, & ainsi cette attraction est $(\frac{4nr\delta}{3} - \frac{12n\alpha\delta}{15} - \frac{4n\epsilon\delta}{15}) \times \frac{CS}{CY} =$ à peu près $\frac{CS}{r} \times \frac{4nr\delta}{3} + \frac{8n\alpha\delta . CS}{15r} + \frac{16n\epsilon\delta . CS}{15r}$.

7°. On peut changer ces deux forces en deux autres; l'une suivant MV parallèle à Co, l'autre suivant une ligne parallèle à la droite CZ, qui est supposée perpendiculaire à CT dans le plan CKY. On trouvera donc que la premiere de ces forces est $\frac{4n\delta . Co}{3} + \frac{8n\alpha\delta . Co}{15r} - \frac{8n\epsilon\delta . Co}{15r} + \frac{24n\epsilon\delta . CS}{15r} \times$ Sin. KCT, & que la seconde est $\frac{24n\epsilon\delta . CS}{15r} \times$ Cos. KCT.

8°. A l'égard de la force suivant Mo, on trouvera

qu'elle eſt égale à l'attraction d'un Ellipſoide, qui paſſant par V, ſeroit ſemblable au propoſé. Donc la force ſuivant $Mo = (\frac{4n\delta r}{3} - \frac{16n\alpha\delta}{15} - \frac{8n\beta\delta}{15}) \times \frac{CV}{r}$.

9°. En combinant enſemble les forces ſuivant MV & Mo, & faiſant le Sinus de l'angle $oCM = z$, pour le rayon r, & le Sinus de l'angle $KCT = A'$, on trouvera que la force perpendiculaire au rayon CM dans le plan $OMTC$, eſt $\frac{z\sqrt{[rr - zz]}}{rr} \times [\frac{4n\delta r}{3}] \times [\frac{6\alpha}{5r} + \frac{6\beta}{5r} \times \frac{A'^2}{rr}]$; & que la force parallèle à CZ, eſt $\frac{4n\delta r}{3} \times \frac{A'\sqrt{[rr - A'A']}}{rr} \times \frac{6\beta}{5} \times \frac{\sqrt{[rr - zz]}}{r}$.

10°. De-là il s'enſuit, pour le dire en paſſant, que la force qui réſulte des forces ſuivant MV & Mo, & de la force qui agit ſur le point M parallélement à CZ, n'eſt point perpendiculaire à la ſurface de l'Ellipſoide en M. Car, en premier lieu, il faudroit pour cela, (*art.* 61) que la force perpendiculaire au rayon CM dans le plan $OMTC$, combinée avec la force $\frac{4n\delta r}{3}$ qui agit vers C, fût perpendiculaire à la courbe OMT au point M; c'eſt-à-dire, que $\frac{z\sqrt{[rr - zz]}}{rr} \times [\frac{6\alpha}{5r} + \frac{6\beta . A'^2}{5r^3}]$ fut $= k$, en prenant pour k le rapport de la différence de deux rayons de l'Ellipſe OMT infiniment proches, à l'arc que ces rayons comprennent. Or (*art.* 1) cette différence de deux rayons infiniment proches $= (OC - CT) \times \frac{2zdz}{rr} = (OC - CK + CK - CT) \times \frac{2zdz}{rr} = (a + \frac{\varsigma . A'^2}{rr}) \times \frac{2zdz}{rr}$; & l'angle compris $= \frac{rdz}{\sqrt{[rr - zz]}}$. Donc $k = \frac{5z\sqrt{[rr - zz]}}{3rr} \times (\frac{6a}{5r} + \frac{6\varsigma A'^2}{5r^3})$; donc k n'eſt pas égale à $\frac{z\sqrt{[rr - zz]}}{rr} \times [\frac{6a}{5r} + \frac{6\varsigma A'^2}{5r^3}]$. En ſecond lieu, il faudroit encore (*art.* 61) que la force parallele à CZ étant combinée avec la force $\frac{4n\delta r}{5}$ qui agit vers C, fût perpendiculaire à l'Ellipſe qui paſſeroit par M, & par le plan MCZ; & qu'ainſi $\frac{A'\sqrt{[rr - A'A']}}{rr} \times \frac{6\varsigma}{5r} \times \frac{\sqrt{[rr - zz]}}{r}$ fût $= k'$, en prenant k' pour le rapport entre la différence de deux rayons infiniment proches dans cette Ellipſe, avec l'angle qu'ils comprennent. Or il n'eſt pas difficile de voir que la différence de CM & de CT, eſt $(a + \frac{6A'^2}{rr}) \times \frac{zz}{rr}$; & que ſi on fait tourner le plan Elliptique OMT ſur OC, le plan MCZ demeurant immobile, CT deviendra $\frac{\varsigma(A'^2 - 2A'dA')}{rr}$, que z ne changera que d'un infiniment petit du ſecond ordre, & qu'enfin l'angle entre la ligne CM dans ſa premiere poſition, & la ligne CM dans ſa poſition nouvelle, ſera à l'angle $\frac{r\,dA'}{\sqrt{[rr - A'A']}} :: \sqrt{[rr - zz]} : r$; de-là il s'enſuit que $k' = \frac{2\epsilon A'dA'.zz}{r^4}$ diviſé par $\frac{dA'.\sqrt{[rr - zz]}}{\sqrt{[rr - A'A']}} = \frac{2\epsilon A'\sqrt{[rr - A'A']}}{r^3} \times \frac{zz}{r\sqrt{[rr - zz]}}$: donc k' n'eſt pas égal à $\frac{6\epsilon A'\sqrt{[rr - A'A']}}{5rr} \times \frac{\sqrt{[rr - zz]}}{r^2}$. Donc &c.

11°. Si le ſolide propoſé n'eſt pas par-tout de la même denſité, mais qu'il renferme un noyau dont C ſoit le centre, & dont les rayons r', $r' - \alpha'$, $r' - \alpha' - \epsilon'$ ſoient peu différens des rayons correſpondans CO, CK, CY ; alors nommant p la force ou la peſanteur en M ſuivant MC, & Δ la denſité du noyau intérieur, on aura $p = \frac{4n\delta r}{3} + \frac{4n\Delta r'}{3} - \frac{4n\delta r'}{3} =$ à peu près $\frac{4n\Delta r}{3}$; & on trouvera que la force perpendiculaire au rayon CM dans le plan $OMT\epsilon$, eſt $(\frac{4n\delta r}{3} \times [\frac{6\alpha}{5r} + \frac{6\epsilon.A'^2}{5r^3}] + [\frac{4n\Delta r}{3} - \frac{4n\delta r}{3}] \times [\frac{6\alpha'}{5r} + \frac{6\epsilon'.A'^2}{5r^3}]) \times \frac{z\sqrt{[rr - zz]}}{rr}$; & le rapport de cette force à la force p ſera égal à k, ſi $\delta(\frac{\alpha}{r} + \frac{\epsilon A'^2}{r^3}) + (\Delta - \delta) \times (\frac{\alpha'}{r} + \frac{\epsilon' A'^2}{r^3}) = \frac{5\Delta}{3}(\frac{\alpha}{r} + \frac{\epsilon A'^2}{r^3})$. A l'égard de la force perpendiculaire à CM dans le plan MCZ, elle ſera $\frac{6.A'\sqrt{[rr - A'A']}.\sqrt{[rr - zz]}}{5r^3} \times [\frac{4n\delta r}{3} \times \epsilon + (\frac{4n\Delta r - 4n\delta r}{3}) \times \epsilon']$; & le rapport de cette force à p, ne sera égal à k', que quand $\frac{\sqrt{[rr-zz]}}{5r} \times \left[\frac{\delta\beta + (\Delta-\delta)\beta'}{\Delta}\right]$ sera égal à $\frac{\beta zz}{3r\sqrt{[rr-zz]}}$. D'où il est facile de conclure, que pour que la surface du solide proposé soit en équilibre en vertu de la seule attraction de ses parties, lorsque $\alpha' = 0$, il faut que $3\delta = 5\Delta$, & que $\beta = 0$, & $\beta' = 0$, c'est-à-dire, que la densité du noyau, qui pour lors est sphérique, soit à celle de la partie Fluide, comme 3 à 5, & que le noyau & le Fluide forment l'un & l'autre des solides de révolution autour de OC. Dans ce cas, la différence de OC & de CK, pourra être tout ce qu'on voudra, pourvû qu'on la suppose très-petite. C'est ce que nous avons déja remarqué *art.* 31.

12°. Si on fait attention à la formule du *n.* 9. précédent, qui exprime la force perpendiculaire à CM dans le plan OMT, on verra qu'en faisant $A' = 0$, elle deviendra la même que celle de l'*art.* 24: d'où il s'ensuit que l'attraction perpendiculaire à un rayon quelconque de l'Ellipse OK est la même, que si le solide proposé étoit un solide formé par la révolution de l'Ellipse OK autour de OC.

14°. De-là il s'ensuit, que la solution du Problême précédent, *art.* 77, est exacte pour les lieux qui sont près de l'Equateur, pourvû qu'on suppose que les particules de l'Air & de l'Ocean se meuvent toujours dans les plans des verticaux correspondans, & qu'on néglige les forces qui agissent perpendiculairement à ces plans verticaux, & qui sont insensibles proche de l'Equateur.

15°. On voit aussi (*nomb.* 11), que l'attraction perpendiculaire aux rayons de la courbe OK, c'est-à-dire l'attraction perpendiculaire à CM, lorsque $A' = 0$, est la même que dans le cas du solide de révolution, pourvû que $\alpha' = 0$, c'est-à-dire, pourvû que la coupe du noyau intérieur dans le plan OCK soit un cercle. Or comme l'Equateur terrestre est un cercle, il est évident que la remarque faite dans le nombre précédent, s'applique aussi au cas où le globe terrestre est supposé un Sphéroide, & qu'ainsi la solution du Problême de l'*art.* 77, peut passer pour exacte à l'égard des lieux qui sont proches de l'Equateur. Au reste, il est certain (*art.* 30) que la vitesse & la direction de l'air sera toujours à peu près la même, quelque figure qu'on suppose au globe terrestre, pourvû que cette figure différe peu de la sphérique.

16°. Si donc on veut que toutes les coupes du solide Fluide, faites par un plan qui passe par le centre de la Terre & par le corps S (Fig. 17), ne soient point des Ellipses semblables & égales, mais seulement qu'elles soient des Ellipses, il faudra mettre dans les calculs des *art.* 65, 70, 72 &c, au lieu de $\frac{3S}{d^3}$ la quantité $\frac{3S}{d^3} + \frac{4n}{3} \left[\frac{6\alpha}{5r} + \frac{6\zeta}{r^2} \frac{(c^{A\sqrt{-1}} - c^{-A\sqrt{-1}})^2}{-4}\right]$, parce que l'$A'$ des nombres précédens est ici le Sinus de l'angle A

que chaque coupe fait avec l'Equateur ; on aura ainsi dans les *art.* 70, 72, les valeurs au moins approchées, de k & de q, en α, β, & en constantes, & on déterminera ensuite α & β, en faisant attention que α est ce que devient k, lorsque $A = 0$, & $z = 1$, & β, ce que devient k lorsque $A = 90°$ & $z = 1$. Par ce moyen, on aura des formules très-approchées pour le Flux & Reflux de la Mer.

17. On trouvera par une méthode semblable dans le cas de l'*art.* 77, la vitesse du vent dans les lieux éloignés de l'Equateur, en se conformant d'ailleurs à ce qui a déja été remarqué au commencement du présent *art.* 84; c'est-à-dire, en ne supposant point $Pp = du$, mais en traitant A comme une constante; par-là on aura le mouvement de la Mer & de l'Air qui lui est contigu.

J'avoue que toutes ces estimations peuvent encore s'éloigner un peu de l'exactitude, non-seulement à cause du petit mouvement que les Fluides peuvent avoir perpendiculairement aux cercles verticaux ; mais encore, parce que la coupe du solide Fluide, faite perpendiculairement à ces verticaux, par le centre C, & éloignée de 90°. de l'endroit où est le corps S, n'est pas rigoureusement une Ellipse, comme il seroit nécessaire qu'elle le fût pour l'entiere & parfaite exactitude. Quoiqu'il en soit, voilà, ce me semble, tout ce que le secours de l'Analyse peut nous donner sur cette matiére de plus approché.]

SCOLIE VIII.

85. Le Problême précédent renferme tous les cas possibles. Car si, par exemple, on suppose que le Fluide inférieur soit nul, & que par conséquent il n'ait aucune attraction ; les équations M, O, doivent être entiérement supprimées, & il faut effacer dans les autres équations les termes où se trouvent α, m, n ; & on aura le mouvement d'un Fluide rare & de densité variable, qui seroit immédiatement contigu au globe terrestre.

Par-là il sera facile de connoître quelle doit être la différence entre le mouvement de l'air, lorsqu'il est séparé du globe terrestre par un Fluide dense & homogene, & le mouvement qu'il doit avoir, lorsqu'il est immédiatement contigu au globe terrestre.

Pour donner là-dessus un leger essai de calcul, nous supposerons que le globe terrestre soit couvert de deux Fluides homogenes placés l'un au-dessus de l'autre immédiatement, & qui soient assez peu denses, pour qu'on en puisse négliger l'attraction. Soient δ' & δ les densités du Fluide supérieur & inférieur : soit aussi nommée ϵ la hauteur du Fluide inférieur en P, & ϵ' celle du Fluide supérieur ; on aura $2\alpha = 3m\epsilon$; $2\chi = 3\mu\epsilon'$; & il faut remarquer que χ est ici une constante qui répond à la quantité ξ de l'*article* 77. Outre cela, on aura . . .

$$\left(\frac{mbbp}{a} + \frac{3S}{d3} - 2p\alpha\right) \times \delta = \left(\frac{mbbp}{a} + \frac{3S}{d3} - 2p\alpha\right) \times \delta'$$

& $\frac{bb\delta' p\mu}{a} + \frac{3S\delta'}{d3} - 2p\chi\delta' - 2p\alpha\delta' = 0$. D'où l'on l'on tire . . . .

$$m = \frac{\frac{3S}{pd^3} \times \left(3\varepsilon' - \frac{3\varepsilon\delta'}{\delta} - \frac{bb}{a}\right)}{\frac{bb}{a}\left[\frac{bb}{a} - 3(\varepsilon + \varepsilon')\right] + 9\varepsilon\varepsilon'\left(\frac{\delta - \delta'}{\delta}\right)}$$

& $\mu = \dfrac{3m\varepsilon - \frac{3S}{pd^3}}{\frac{b^2}{a} - 3\varepsilon'}$.

Si $\delta = \delta'$, c'est-à-dire, s'il n'y a qu'un seul Fluide dont la hauteur soit $\varepsilon + \varepsilon'$; on aura $m = \mu = \frac{3S}{pd^3} \times \dfrac{1}{3(\varepsilon + \varepsilon') - \frac{bb}{a}}$; ce qui s'accorde avec l'*art.* 47, parce que $\varepsilon + \varepsilon'$ est ici la hauteur du Fluide.

[Si δ' est fort petite par rapport à δ, c'est-à-dire, si la densité du Fluide inférieur est fort grande par rapport à celle du Fluide supérieur, comme la densité de l'eau de la Mer par rapport à celle de l'Air, on aura à très-peu près $m = \dfrac{3S}{pd^3\left(3\varepsilon - \frac{bb}{a}\right)}$, précisément comme s'il n'y avoit point de Fluide au-dessus; & . . . . .

$\mu = \dfrac{3Sbb}{pd^3 a\left(3\varepsilon - \frac{bb}{a}\right) \cdot \left(\frac{bb}{a} - 3\varepsilon'\right)}$; d'où l'on voit 1°. que le mouvement des eaux de la Mer ne doit être que très-peu altéré par l'air qui les couvre. 2°. Que la vitesse de l'air sur la surface de l'Ocean, doit être à la viteſſe ſur la Terre ferme, comme $-\frac{bb}{a}$ eſt à $3\epsilon-\frac{bb}{a}$, ϵ exprimant la hauteur des eaux. 3°. Que $\mu-m$ qui repréſente la viteſſe reſpective des deux Fluides, eſt $\frac{3S}{pd\epsilon}\times\frac{3\epsilon'}{(3\epsilon-\frac{bb}{a}).(\frac{bb}{a}-3\epsilon')}$, & que cette viteſſe reſpective eſt à la viteſſe abſolue de l'air ſur la Terre ferme, comme $-3\epsilon'$ à $3\epsilon-\frac{bb}{a}$. On voit donc que le *vent de Mer* doit être fort différent du *vent de Terre*, toutes choſes d'ailleurs égales. C'eſt ce que nous avons déja fait voir (*art.* 45) dans d'autres hypotheſes.]

SCOLIE IX.

86. (*) Nous ne devons point omettre ici une remarque très-importante & très-utile dans l'Hydroſtatique.

Dans l'*article* 76, ſur lequel toute la Théorie précédente eſt fondée, nous avons dit que le Fluide ſupérieur ne pouvoit être en équilibre avec l'inférieur, à moins que le poids d'une particule quelconque *Nn* ne fût le même, ſoit entant qu'elle appartenoit au Fluide ſupérieur, ſoit entant qu'elle appartenoit au Fluide inférieur. D'où nous avons tiré l'équation . . . . $(p[NA-Dn]-\varpi.AD)\times\delta=(p[NA-Dn]-\varpi.AD)\times\delta'$.

Ne faudroit-il pas de plus, pourra-t-on nous objecter,

que le poids de la particule *Nn* suivant *Nn* soit nul? c'est-à-dire, que la force qui résulte de ϖ' & de p soit perpendiculaire à la surface *Nn*, aussi-bien que la force qui résulte de ϖ & de p? Ce qui paroît confirmé par l'expérience; puisque l'on voit tous les jours que des Fluides d'inégale densité, mêlés ensemble, se séparent & se disposent de maniere, que leurs surfaces soient de niveau.

Je réponds 1°. que dans toutes les expériences que nous pouvons faire, les surfaces de différens Fluides se mettent de niveau, parce que les forces ϖ & ϖ' sont toujours égales dans ces Fluides, souvent même $= 0$. Or comme δ & δ' sont différentes, l'équation précédente ne peut avoir lieu, lorsque $\varpi = \varpi'$, à moins que chaque membre ne soit $= 0$.

2°. Pour démontrer invinciblement, qu'il n'est pas nécessaire que chaque membre de l'équation soit toujours $= 0$, supposons que le Fluide *VKkS* soit homogene, & que le poids de l'élément *Nn* soit nul: comme le poids de *Rr* doit être nécessairement nul, il est clair que les colonnes *RN*, *rn*, se feront mutuellement équilibre, & par conséquent seront égales entr'elles; & comme cela se doit dire de tous les autres points, il s'ensuit, que si les deux Fluides sont mûs par l'action du corps *S*, le Fluide supérieur ne doit avoir d'autre mouvement, que de se hausser & de se baisser alternativement & verticalement au-dessus du Fluide inférieur. Or cela est impossible: il est donc incontestable, que non-ſeulement on ne doit pas, mais qu'on ne peut pas même ſuppoſer les deux membres de l'équation précédente, égaux à zero, dans le Problême de l'*art.* 76.

[En général, il eſt évident que ſi deux Fluides pour être en équilibre, devoient néceſſairement & dans toutes ſortes d'hypotheſes, être chacun de niveau, dans tous les points de la ſurface commune qui les ſépare; en ce cas, les deux Fluides étant ſuppoſés en mouvement, le Fluide ſupérieur, quelle que fût la force qui agît ſur lui, ne devroit faire autre choſe que de s'élever & s'abbaiſſer alternativement au-deſſus du Fluide inférieur, ſans que ſes particules euſſent d'ailleurs aucun mouvement dans aucune autre direction; ce qui eſt abſurde. Donc &c.]

PROPOS. XVI. PROBLÊME.

87. *Soient données deux quantités*

$$\alpha ds + 6du$$

$$\& \ \rho\alpha du + \nu 6 ds + du \, \Delta \, u, s + ds \, \Gamma \, u, s$$

dans leſquelles ρ *&* ν *déſignent des conſtantes données*, Δ u, s, *&* Γ u, s, *des fonctions quelconques données de* u, *&* *de* s; *ſuppoſons, outre cela, que ces deux quantités ſoient l'une & l'autre des différentielles exactes & complettes de quelque fonction de* u *&* *de* s; *on demande une méthode pour déterminer* α *&* 6, *&* *par conſéquent l'intégration des deux différentielles propoſées.*

On diviſera d'abord par la conſtante ρ, tous les termes de la ſeconde différentielle; & le Problême ſe réduira à faire enforte, que les deux quantités . .

$$\alpha ds + \beta du$$

$$\& \ \alpha du + \frac{\nu \beta ds}{\varrho} + \frac{du \Delta u, s}{\varrho} + \frac{ds \Gamma u, s}{\varrho}$$

foient l'une & l'autre une différentielle complette.

Soit $\frac{\nu}{\varrho} = n$; ayant divisé la seconde différentielle par $\sqrt{n}$, on écrira les deux différentielles, comme il fuit:

$$\beta \sqrt{n} \cdot \frac{du}{\sqrt{n}} + \alpha ds$$

$$\frac{\alpha du}{\sqrt{n}} + \beta \sqrt{n} \cdot ds + \frac{du \Delta u, s}{\varrho \sqrt{n}} + \frac{ds \Gamma u, s}{\varrho \sqrt{n}};$$

Maintenant, chacune des deux différentielles devant être complette, il faut que leur fomme & leur différence foit auffi une différentielle complette. Donc

1°. Si on les ajoute enfemble, & qu'on faffe $\alpha + \beta \sqrt{n} = m$; & $\frac{u}{\sqrt{n}} + s = t$; on aura la transformée

(*A*) . . . . . . $m dt + dt \Psi t, s + ds \Pi t, s$ qui doit être une différentielle complette. (J'appelle $\Psi t, s$, & $\Pi t, s$, les fonctions de t & de s, qui viennent de la fubftitution de $(t - s) \sqrt{n}$ au lieu de u, dans $\Delta u, s$, & $\Gamma u, s$. Or par le Theorême de M. *Euler* (*tom.* 7. *des Mém. de Peterfb. p.* 177) on a $\frac{dm}{ds} + \frac{d \Psi t, s}{ds} = \frac{d \Pi t, s}{dt}$

(j'entends en général par $\frac{dA}{ds}$ le coefficient de ds dans la différentielle de A). Donc prenant s pour variable

& t, pour constante, on aura $m = -\Psi t, s + \varphi t$ (†) + $\int ds \times \frac{d\Pi t, s}{ds}$.

2°. Si de la premiere des quantités proposées, on ôte la seconde, & qu'on fasse $\frac{u}{\sqrt{n}} - s = y$ & $\beta\sqrt{n} - \alpha = \mu$; ou, ce qui revient au même, si on multiplie la seconde des deux quantités par -1, & qu'on les ajoute ensuite ensemble, on aura la transformée . . . .

(A'') . . . . $\mu dy + dy \Gamma y, s + ds \Xi y, s$ qui doit être une différentielle complette. D'où l'on tire $\frac{d\mu}{ds} + \frac{d\Gamma y, s}{ds} = \frac{d\Xi y, s}{dy}$; & $\mu = -\Gamma y, s + \Sigma y + \int ds \times \frac{d\Xi y, s}{dy}$. De ces deux valeurs des quantités μ & m, on tirera la valeur des quantités α & β; car $\alpha + \beta\sqrt{n} = m$; & $\beta\sqrt{n} - \alpha = \mu$: donc $\alpha = \frac{m-\mu}{2}$ & $\beta = \frac{m+\mu}{2\sqrt{n}}$.

SCOLIE.

88. Quand même la quantité $\sqrt{n}$ seroit imaginaire, cela ne nuiroit point à l'intégration; car (*art.* 79) on pourra toujours faire évanouir les imaginaires de α & β, si ces quantités doivent être réelles.

(†) φt désigne une fonction de t.

PROPOS. XVII. PROBLÈME.

89. *Soient données les quantités* . . . . ,

$$\alpha ds + \beta du$$

&

$$\varrho\alpha du + p\beta du + \gamma\beta ds + m\alpha ds + du\Delta u, s + ds\Gamma u, s$$

qui doivent être l'une & l'autre une différentielle exacte. On demande les quantités α *&* β.

Solution. On fera $ku + rs = gy$, $fu + \delta s = ht$, (k, r, f, δ, g, h, sont des constantes indéterminées); & on aura $u = \frac{g\delta y - hrt}{k\delta - rf}$; $s = \frac{gfy - hkt}{rf - \delta k}$. On substituera ces valeurs, en faisant auparavant $\mu = \frac{g\delta}{k\delta - rf}$; $\nu = \frac{-hr}{k\delta - rf}$; $\lambda = \frac{gf}{rf - \delta k}$; $\varphi = \frac{-hk}{rf - \delta k}$; & on aura . . . . ,

La premiere différ. $= \alpha\lambda dy + \alpha\varphi dt + \beta\mu dy + \beta\nu dt$

Et la seconde différentielle multipliée par un coefficient indéterminé n deviendra

$$\left.\begin{matrix} \varrho\alpha\mu \\ +p\beta\mu \\ +\gamma\beta\lambda \\ +m\alpha\lambda \end{matrix}\right\} ndy \quad \left.\begin{matrix} +\varrho\alpha\nu \\ +p\beta\nu \\ +\gamma\beta\varphi \\ +m\alpha\varphi \end{matrix}\right\} ndt$$

$$+ ndy\Delta y, t + ndt\Psi y, t$$

Or dans la solution du Problême précédent, nous sommes arrivés à la détermination des quantités α & β, parce que, faisant $\frac{u}{\sqrt{n}} + s = t$, & $\frac{u}{\sqrt{n}} - s = y$, & ajoutant ensemble après cette transformation les quantités différentielles données, dont l'une étoit multipliée successivement par $\frac{1}{\sqrt{n}}$ & $-\frac{1}{\sqrt{n}}$, nous avons eu par ce moyen deux transformées, dans lesquelles les différentielles *dy* & *dt* se sont trouvées délivrées l'une après l'autre des inconnues α & β. Ainsi en suivant la même méthode, il est facile de voir que dans le cas présent, on pourra avoir les valeurs de α & de β, si ajoutant ensemble les deux transformées que l'on vient de trouver, on a $\alpha\lambda + \beta\mu + \varrho\alpha\mu n + p\beta\mu n + \gamma\beta\lambda n + m\alpha\lambda n = 0$, & (prenant une autre valeur de n) $\alpha\varphi + \beta\nu + \varrho\alpha\nu n + p\beta\nu n + \gamma\beta\varphi n + m\alpha\varphi n = 0$. Or, pour que la premiere de ces équations ait lieu, quelles que soient les valeurs de α & de β, il faut que $\lambda + \varrho\mu n + m\lambda n = 0$, & $\mu + p\mu n + \gamma\lambda n = 0$: donc $\frac{\lambda}{\mu} = \frac{-\varrho n}{1+mn} = \frac{1+pn}{-\gamma n}$. D'où l'on tirera une valeur de n telle, que $\alpha\lambda + \beta\mu + \varrho\alpha\mu n + p\beta\mu n + \gamma\beta\lambda n + m\alpha\gamma n = 0$. De même, pour que $\alpha\varphi + \beta\nu + \varrho\alpha\nu n + p\beta\nu n + \gamma\beta\varphi n + m\alpha\varphi n$, soit $= 0$; il faut que $\varphi + \varrho\nu n + m\varphi n = 0$ & $\nu + p\nu n + \gamma\varphi n = 0$: donc $\frac{\varphi}{\nu} = \frac{-\varrho n}{mn+1} = \frac{1+pn}{-\gamma n}$; ainsi on aura la même équation pour trouver n qu'on avoit auparavant. On résoudra donc l'équation $\frac{-\varrho n}{1+mn} = \frac{1+pn}{-\gamma n}$, qui donnera deux valeurs de n; on multipliera la seconde différentielle transformée, premierement

mierement par une des deux valeurs de n, ensuite par l'autre; puis on ajoutera successivement la seconde différentielle à la premiere, en faisant $\frac{\lambda}{\mu} = \frac{-\varrho n}{1+mn}$ & $\frac{\varphi}{\nu} = \frac{-\varrho n}{1+mn}$; & on aura deux différentielles qui seront faciles à intégrer.

Il faut remarquer que dans la détermination des valeurs de $\frac{\lambda}{\mu}$ & de $\frac{\varphi}{\nu}$, on ne doit pas prendre la même valeur de n, mais deux valeurs différentes: autrement il arriveroit que $\frac{\lambda}{\mu}$ seroit $= \frac{\varphi}{\nu}$; & qu'ainsi u seroit en raison constante avec s, ce qui limiteroit trop la solution du Problême.

(*) Il ne peut y avoir de difficulté, que dans le seul cas où l'équation $\frac{-\varrho n}{1+mn} = \frac{1+pn}{-\gamma n}$ qui se change en

$$\left.\begin{matrix}\varrho\gamma\\ -mp\end{matrix}\right\} n^2 \left.\begin{matrix}-mn\\ -pn\end{matrix}\right\} - 1 = 0$$

ne montera point au second degré, ou bien sera impossible à résoudre. Le premier de ces deux cas arrivera, si $\varrho\gamma = mp$, car alors n n'aura qu'une seule valeur; le second, si $\varrho\gamma - mp = 0$, & $m = -p$, car alors on aura $-1 = 0$, ce qui est impossible.

Or 1°. si $\varrho\gamma - mp = 0$, soit $p = \varrho K$, on aura $\gamma = Km$; ainsi les deux différentielles proposées se changeront, la premiere en $\alpha ds + \beta du$, & la seconde en $(\varrho du + mds) \times (\alpha + K\beta) + du\Delta u, s + ds\Gamma u, s$. Or si on fait $\varrho u + ms = t$, & $\alpha + K\beta = \mu$, la seconde de ces différentielles deviendra $\mu dt + ds\Psi u, s + ds\Xi u, s$; d'où l'on tirera par la méthode du Problême précédent la valeur de μ, c'est-à-dire, la valeur de $\alpha + K\beta$ en u & en s; & au lieu de $\alpha ds + \beta du$, on aura

$$\alpha ds + \frac{\mu - \alpha}{K} \times \left(\frac{dt - mds}{\varrho}\right) \text{ ou}$$

$$\alpha\left(\frac{+ds + mds}{K\varrho} - \frac{dt}{K\varrho}\right) + \frac{\mu dt}{K\varrho} - \frac{m\mu ds}{K\varrho}.$$

Si donc on fait $s\left(1 + \frac{m}{K\varrho}\right) - \frac{t}{K\varrho} = y$, & qu'on transforme cette différentielle, on déterminera α par μ, de la même maniere qu'on a déja déterminé la quantité μ.

2°. Si on a $p = -m$, & $\varrho\gamma - mp = 0$, rien n'empêchera qu'on ne puisse faire usage alors de la méthode que nous venons de donner pour le cas où l'on a seulement $\varrho\gamma - mp = 0$: ainsi il n'y aura à cela aucune difficulté nouvelle.

[On pourra encore être embarrassé, lorsque l'équation en n aura deux racines égales, ce qui arrivera, si -1 est égal à $\frac{(m+p)^2}{4(\varrho\gamma - mp)}$; c'est-à-dire, si $-4\varrho\gamma = (m-p)^2$. Quoique l'examen de ce cas ne soit pas absolument nécessaire pour ce que nous avons à dire dans la suite, il ne sera pas inutile de nous arrêter ici à le discuter.

Je dis donc, que dans ce cas il faudra se contenter de faire $\alpha\lambda + \beta\mu + \varrho\alpha\mu n + p\beta\mu n + \gamma\beta\lambda n + m\alpha\lambda n$

$= 0$: d'où l'on tirera la valeur de $\frac{\lambda}{\mu}$, & l'équation qui doit servir à trouver la valeur de n. On substituera ensuite cette valeur de n dans le coefficient de dt, c'est-à-dire dans $\alpha\varphi + 6\nu +$ &c. en prenant pour φ & pour ν tout ce qu'on voudra, & la transformée deviendra de cette forme $(M\alpha + N6)\,dt + n\,dy\,\Delta y, t + n\,dt\,\Psi y, t$, dans laquelle M & N sont des constantes données. Ensuite supposant cette transformée une différentielle exacte, on trouvera facilement la valeur de $M\alpha + N6$ en y, & en t, ou, ce qui revient au même, en s & en u. On pourra donc supposer $\alpha = \Xi s, u, + K6$, K étant une constante connue ; & substituant cette valeur dans $\alpha ds + 6du$, qui doit être une différentielle complette, on aura la transformée $(Kds + du)\,6 + ds\,\Xi s, u$; en supposant $Ks + u = r$, on la changera en $6dr + ds\,\Xi s, r$, qui doit être une différentielle complette. Delà on tirera facilement par les méthodes précédentes, la valeur de 6, en s, & en r, ou, ce qui est la même chose, en s, & en u.

Il faut remarquer que cette méthode que nous venons de donner pour un cas particulier & unique, est cependant générale, & peut s'appliquer à quelque cas que ce soit : mais la premiere méthode que nous avons donnée, & qui consiste à faire les deux coefficiens de dy & de dt égaux à zero, a l'avantage d'être plus simple, quoiqu'il y ait quelques cas où elle ne puisse s'appliquer, comme ceux dont nous venons de faire mention. Il y a encore un cas où cette derniere méthode ne réussit point, c'est celui de $\varrho = 0$. Mais alors il faudra écrire la seconde différentielle de cette maniere $m\alpha ds + m\beta du + (p\beta - m\beta) du + \gamma\beta ds +$ &c. & il est évident, que comme $\alpha ds + \beta du$ doit être une différentielle complette (*hyp.*) la partie restante $(p\beta - m\beta) du + \gamma\beta ds +$ &c. doit être une différentielle complette. Or en faisant $(p - m) u + \gamma s = t$; cette partie restante se change en $\beta dt + dt\Psi, t, s, + ds\Delta t, s$, dans laquelle on peut aisément déterminer β.

Si γ étoit $= 0$, alors on auroit pour seconde différentielle $p\alpha ds + p\beta du + (m\alpha - p\alpha) ds + \varrho\alpha du +$ &c. de laquelle retranchant $p\alpha ds + p\beta du$, on trouveroit facilement α par la même voie, par laquelle nous venons d'enseigner à trouver β.

Au reste, la méthode dont nous venons de nous servir pour résoudre le présent Problême, peut aussi être employée avec succès dans plusieurs autres cas. Mais ce n'est pas ici le lieu de nous étendre là-dessus.]

Du mouvement de l'Air renfermé entre des montagnes.

I.

90. Soit en premier lieu une chaîne de montagnes paralléles, sous l'Equateur ; imaginons que ces montagnes soient plus hautes que l'Athmosphere, & qu'elles environnent le globe terrestre de maniere qu'il n'y ait entr'elles qu'une Zône assez étroite, & supposons que

l'Athmosphere soit un Fluide homogene ; il est évident, que l'air renfermé entre ces montagnes doit se mouvoir à peu près comme il feroit dans un plan circulaire : ainsi, conservant les mêmes noms que dans les *art.* 47 *&* 50, on aura $q = \frac{3S}{\lambda 1 p \times 2 d^3} \times (z^2 \pm mm)$; cette quantité exprime la vitesse & la direction du Fluide. On peut donc appliquer ici ce qui a été déja remarqué dans les *art.* 50 *&* 51.

II.

Si l'Astre se meut dans un paralléle quelconque SG, (Fig. 25) & que pendant ce tems l'air, supposé homogene & rare, se meuve dans une chaîne de montagnes paralléles situées sous un paralléle quelconque, & qui environnent la Terre de tous côtés, on pourra résoudre le Problême par la même méthode, que dans le *n. I. du présent article.* Car soient KAk, KSk, deux Méridiens, RE l'Equateur, & la constante $GE = B$; l'action du corps S en A suivant AP, sera exprimée par une fonction de $AP = u$, & des constantes $AG\,(A)$ & $EG\,(B)$. Donc si on fait $q = \frac{3S}{d^3} \times [(\text{Sin. } SA)^2 \pm mm] \times M$; & $k = \frac{3S}{d^3} [(\text{Sin. } SA)^2 - (\text{Sin. } SP)^2] \times N$ (M & N sont des constantes indéterminées) on aura . . .

$$\frac{dk}{\epsilon} = \frac{dq}{d(SA)} \times nd(SA)\ ;\ (\dagger)\ \&$$

$$\frac{pdk}{d(SA)} \times n \times \frac{d(SA)}{d(SG)} = \frac{3S}{d^3} \frac{\left(c^{2SA\sqrt{-1}} - c^{-2SA\sqrt{-1}}\right)}{4\sqrt{-1}} \times$$

$$\frac{d(SA)}{d(SG)} \times n + \frac{2pb^2M}{2a} \times \frac{3S}{d^3} \times \frac{d(SA)}{d(SG)} \cdot \frac{c^{2SA\sqrt{-1}} - c^{-2SA\sqrt{-1}}}{4\sqrt{-1}}\ ;$$

donc $\frac{N}{\epsilon} = nM$, & $2pnN = n + \frac{2pbbM}{2a}$; donc $M =$

$$\frac{n}{\left(2n^2\epsilon - \frac{bb}{a}\right) \times p}.$$

[Si l'Athmoſphere qui eſt ſuppoſée couvrir l'Equateur où un des paralléles, n'étoit pas homogene, mais qu'elle fut composée de couches de différentes denſités, on réſoudroit alors le Problême dont il s'agit ici, en ſe ſervant de celui de l'*article* 77, comme on s'eſt ſervi de l'*art.* 47 pour réſoudre le Problême de l'*art.* 50, qui eſt le même que celui des *n. I. & II. du préſent article.*

Il eſt facile de comparer par le moyen des *art.* 47 & 50, la viteſſe du vent dans l'air libre, à ſa viteſſe entre une chaîne de montagnes paralléles. Par exemple, ſi dans l'*art.* 50 on ſuppoſe $m = 0$, & $3a\epsilon < b^2$, on trouvera que la viteſſe du vent en plein air, eſt à ſa viteſſe entre des montagnes :: $b^2 - 2a\epsilon : b^2 - 3a\epsilon$, c'eſt-à-dire, qu'elle eſt plus grande dans l'air libre qu'entre

---

($\dagger$) n eſt le rapport du rayon du cercle SG au rayon du cercle AP.

des montagnes ; ce feroit le contraire, fi $2a\epsilon$ étoit $> b^2$. Mais fi $3a\epsilon > b^2$ & $2a\epsilon < b^2$; alors la viteffe du vent en plein air, fera à fa viteffe entre des montagnes, comme $b^2 - 2a\epsilon : 3a\epsilon - b^2$, & par conféquent la premiere de ces viteffes fera plus grande, ou plus petite, ou égale à la feconde, felon que b^2 fera plus grand, ou plus petit, ou égal à $\frac{5a\epsilon}{2}$.]

III.

Si la ligne PA tomboit fur le Méridien KAG, il faudroit alors faire $SG = u$; & on auroit . . . . . .

$$\frac{dk}{\epsilon du}\, du = \frac{dq}{dA}\, du, \&$$

$$\frac{p\,dk}{dA}\, du = \frac{3S}{d^3}\, \varphi u \times A \times du + \frac{dq}{du}\, du \times \frac{pbb}{2a};$$

donc fi on fuppofe $dk = \alpha du + 6 dA$, on aura $dq = \frac{\alpha dA}{\epsilon} + \frac{2a\alpha du}{bb}\left(6 - \frac{3S}{pd^3}\, du\varphi u, A\right)$: ainfi on trouvera α & 6 par la méthode expliquée dans l'*art.* 89.

IV.

Les folutions précédentes devroient être à peu près les mêmes, quand la hauteur des montagnes feroit moindre que celle de l'Athmofphere : car la viteffe des parties fupérieures de l'air qui feroient libres, devroit en ce cas être la même que celle de la portion inférieure, renfermée entre les montagnes, ou du moins ne devroit en différer que d'une quantité constante. En effet, les parties inférieures de la portion de l'air qui est libre, étant homogenes (*hyp.*) aux parties supérieures de la portion d'air renfermée entre des montagnes, elles doivent nécessairement être animées de la même force pour être en équilibre. Donc elles doivent avoir (*art.* 12 *not.* (*a*) §. I.) la même force accélératrice. Donc la solution doit être à peu près la même, soit que les montagnes aient plus de hauteur que l'Athmosphere, ou non : seulement la vitesse de l'air supérieur pourra différer d'une quantité constante de la vitesse de l'air inférieur.

V.

Maintenant, si la chaîne de montagnes paralléles que nous avons supposée sous l'Equateur, étoit fermée en deux endroits par deux montagnes éloignées l'une de l'autre d'une certaine distance, de maniere qu'on eût une chaîne de montagnes dont la base (Fig. 26) fût $RSTQ$ (RS, TQ, étant des arcs du cercle) & qui s'étendît jusqu'au haut de l'Athmosphere ; en ce cas, la vitesse du point A ne pourroit être qu'une fonction de AT & de PA. Soit donc $PA = u$; $AT = s$; on auroit alors

$$\frac{dk}{s\,du} = \frac{dq}{ds} + \frac{dq}{du}, \&$$

$$p\left(\frac{dk}{ds} + \frac{dk}{du}\right) = \frac{3S}{d^3} \times \frac{(c^{2u\sqrt{-1}} - c^{-2u\sqrt{-1}})}{4\sqrt{-1}} + \frac{pbb}{2a} \times \frac{dq}{du}.$$

Donc si on fait

dk

$$dk = \beta du + \alpha ds$$

on aura . . $dq = (\beta + \alpha)\, du \,.\, \frac{2\alpha}{bb} - \frac{2\alpha du}{bb} \times \frac{3S}{pd^3} \times$
$\frac{(c^{2u\sqrt{-1}} - c^{-2u\sqrt{-1}})}{4\sqrt{-1}} + \frac{\beta ds}{s} - [\beta + \alpha - \frac{3S}{pd^3}\varphi u]\frac{2\alpha ds}{bb}$:
D'où l'on tirera la valeur de α & de β, par la méthode de l'*art.* 89. Or la valeur de q doit être telle, qu'elle soit = o, quand $s = o$, & quand $s = TQ$, quelle que soit la valeur de u. Si on ne peut satisfaire à cette condition, en prenant l'expression la plus générale de q, c'est une marque que q ne sauroit être exprimée par une fonction des quantités u & s, & qu'ainsi le Problême, pris dans ce sens, est impossible.

V I.

Les Problêmes précédens deviennent beaucoup plus difficiles, au moins quant à l'intégration des équations, si les montagnes ne sont point parallèles entr'elles.

Cherchons d'abord quelle devroit être la vitesse du vent dans un canal qui n'auroit pas par-tout la même largeur, en supposant que cette vitesse fût uniforme, si les montagnes étoient parallèles.

Le Problême se réduit donc à déterminer la vitesse d'un Fluide, qui coule dans un canal dont la largeur n'est pas par-tout la même. Pour résoudre cette question, soit $CA = x$ (Fig. 27); $AB = y = \varphi x$; la hauteur du Fluide en $A = z$; $q\,dt$ l'espace que le point A

parcourt dans le tems dt ; on aura $\frac{dz}{zdx} \cdot qdt + \frac{dq}{dx} dt + \frac{d\varphi x}{dx} \times \frac{qdt}{dx} = 0$, & $-pdz = \frac{p\theta\theta}{2adt^2} \times \frac{dqdt}{dx} \times dx \times qdt$.

Imaginons que le canal varie peu dans sa largeur ; nous aurons $z = \epsilon + \alpha$; $\varphi x = \epsilon' + X$; $q = \beta + \delta$; (ϵ, ϵ', β, étant des constantes, & α, X, δ, des quantités variables, mais fort petites par rapport à ϵ, ϵ', β). Par conséquent . . . .
$\frac{-d\alpha}{\epsilon dx} \times \beta dt = \frac{dX}{\epsilon dx} \times \beta dt + \frac{d\delta}{dx} dt$; & $-pd\alpha = \frac{p\theta\theta}{2adt^2} \times \frac{d\delta}{dx} \cdot dx \cdot \beta dt^2$. D'où l'on tire $\frac{\epsilon dX}{\epsilon'} + \frac{\epsilon d\delta}{\beta} = \frac{\theta\theta\beta d\delta}{2a}$; & $d\delta = \frac{\epsilon dX}{\epsilon'\left(\frac{\theta\theta\beta}{2a} - \frac{\epsilon}{\beta}\right)}$. De-là il est aisé de conclure, que X croissant, δ peut croître aussi, si $\theta^2 \beta^2 > 2a\epsilon$, & que X décroissant, δ peut décroître, si $\theta^2 \beta^2 > 2a\epsilon$. Soit g la vitesse presque uniforme du Fluide, & M l'espace qu'il parcourt dans le tems θ, on aura $\frac{Mdt}{\theta} = \beta dt$; donc $\theta^2 \beta^2 > 2a\epsilon$ deviendra $M^2 > 2a\epsilon$. [Donc si la vitesse du Fluide est telle que l'espace qu'il parcourt en une seconde, soit $> \sqrt{[2 \cdot 15 \cdot \epsilon]}$ pieds, ϵ étant la hauteur du Fluide en pieds, son mouvement s'accélérera dans les endroits où le lit s'élargira, & se ralentira dans les endroits où le lit se resserrera.]

On aura auſſi $da = -\frac{\theta^2 \epsilon}{2a} \times \frac{\epsilon dX}{\epsilon' (\frac{\theta\theta\epsilon}{2a} - \frac{\epsilon}{\epsilon})}$. D'où il s'enſuit 1°. que la viteſſe du Fluide croiſſant, la hauteur décroît ; & au contraire. 2°. Qu'il n'eſt pas toujours néceſſaire que le Fluide s'éléve dans les endroits où le lit eſt reſſerré, & qu'il doit même s'abbaiſſer, ſi $M^2 < 2a\epsilon$. [3°. On voit auſſi que dans le cas de $\theta^2 \epsilon^2 > 2a\epsilon$, $\frac{da}{\epsilon}$ pris poſitivement, eſt plus grand que $\frac{dX}{\epsilon'}$; c'eſt-à-dire, que le Fluide perd plus en hauteur qu'il ne gagne en largeur, ou gagne plus en hauteur qu'il ne perd en largeur. Il n'eſt donc pas ſurprenant qu'il s'accélére alors dans les endroits où ſon lit a plus de largeur, & qu'au contraire il ralentiſſe ſon mouvement dans les endroits où ſon lit a moins de largeur. Car dans le premier cas, l'eſpace par lequel il doit paſſer eſt plus étroit ; & dans le ſecond cas, cet eſpace eſt plus large.]

Maintenant, ſi on cherche la viteſſe de l'air, mis en mouvement par l'action du Soleil, dans un canal inégalement large ; il eſt évident qu'en faiſant la diſtance de l'Aſtre à un point quelconque $= u$, & le chemin du vent dans l'inſtant $dt = q\,du$, on aura les quantités q & z exprimées par des fonctions de u & de x, & que ces fonctions devront être déterminées au moyen de deux équations qu'on trouvera facilement par l'application des Principes précédens. Cependant je crois qu'on peut avoir aſſez bien la viteſſe du vent, ſi on cherche d'abord la viteſſe que le vent auroit à l'endroit propoſé dans le cas du parallèliſme des montagnes, & qu'enſuite, prenant cette viteſſe pour conſtante, on détermine l'augmentation ou la diminution qu'elle doit avoir dans la partie reſſerrée du canal, qui répond à l'endroit propoſé.

VII.

Les mêmes choſes étant ſuppoſées, que dans l'*art. préſ. n. I*, imaginons que toutes les parties de chaque colomne de l'air, tendent à ſe mouvoir horizontalement avec une viteſſe donnée; ſuppoſons, outre cela, que la figure de l'air ſoit telle qu'on voudra, pourvû qu'elle diffère peu d'un cercle, & qu'enfin le corps *S* parte d'un point donné *D* (Fig. 5); & cherchons quelle doit être la viteſſe & la hauteur de l'air en un lieu quelconque *M* après un tems quelconque t, écoulé depuis le moment où le corps *S* a commencé à ſe mouvoir.

Soit $MP = s$, le complément de la diſtance du lieu *M* à l'Aſtre, dans le moment que l'Aſtre part; q l'eſpace que le point *M* décrit dans ſes oſcillations pendant le tems t; α la hauteur dont la colomne d'air qui eſt au-deſſus du point *M*, décroît ou croît dans le tems t; on voit que les quantités α & q ne peuvent être que des fonctions de s & de t.

Soit donc $dq = kdt + rds$
$$d\alpha = vdt + gds$$
&, prenant ϵ pour la hauteur de la colomne *NM* au pre-

mier instant, il est clair par ce qui précéde, qu'on aura $\frac{v\,dt}{\epsilon} = \frac{dk}{ds} \times dt$ ou $v = \frac{\epsilon\,dk}{ds}$ ou $\frac{\epsilon\,dr}{dt}$. Donc $\frac{da}{dt} = \frac{\epsilon\,dr}{dt}$; donc $a = \epsilon r + S'$, (S' étant une fonction indéterminée de s).

De plus, l'Astre décrivant l'arc $\frac{bt}{\theta}$ suivant GN pendant le tems t, on aura $s - \frac{bt}{\theta}$ pour le complément de la distance du lieu M à l'Astre, & l'action de l'Astre sur le point $M = \frac{3S}{d^3} \times \left(\frac{c^{(2s - \frac{2b}{\theta})\sqrt{-1}} - c^{-(2s - \frac{2b}{\theta})\sqrt{-1}}}{4\sqrt{-1}}\right)$. Si on retranche de cette force, la force accélératrice $\frac{p\theta^2}{2a} \times \frac{dk}{dt}$, il faut que la force restante soit telle, qu'elle ne produise aucun mouvement dans le Fluide (*art.* 12. *not.* (*a*) §. I.) c'est-à-dire, qu'elle soit proportionnelle au Sinus du complément de l'angle que fait la colomne NM avec la surface extérieure du Fluide. Or si Σ est le Sinus du complément de cet angle au premier instant, on aura $\Sigma - \frac{da}{ds}$ pour le Sinus du complément après le tems t;

donc . . . . $\Sigma - \frac{da}{ds} = \frac{3S}{4pd^3\sqrt{-1}} \times$

$$\left[c^{2\sqrt{-1}(s - \frac{bt}{\theta})} - c^{-2\sqrt{-1}(s - \frac{bt}{\theta})}\right] - \frac{\theta\theta}{2a} \times \frac{dk}{dt}.$$

Donc, si on fait $dk = \nu dt + \beta ds$;

on aura $dr = \beta dt + \frac{\nu\theta\theta}{2as} ds - \frac{dS}{s} + \frac{\Sigma ds}{s} - \frac{ds}{s} \times \frac{3S}{4pd^3\sqrt{-1}} \times$

$(e^{2(s-\frac{bt}{\theta})\sqrt{-1}} - e^{-2(s-\frac{bt}{\theta})\sqrt{-1}})$. Il faut donc que ces deux différentielles soient l'une & l'autre des différentielles complettes, & on peut les trouver par l'*article* 87. Pour rendre le calcul plus facile, on supposera que $\theta^2 = 2as$, ce qui est permis ici, & on aura $\frac{\theta\theta}{2as} = 1$; ensuite on fera $\nu + \beta = m$; $\nu - \beta = \mu$; $t + s = u$; $t - s = y$, $1 + \frac{b}{\theta} = k$, $1 - \frac{b}{\theta} = h$; & il viendra

$k = \varphi u + \Delta y + \frac{3S}{pd^3 s} \times [e^{2(s-\frac{bt}{\theta})\sqrt{-1}} + e^{-2(s-\frac{bt}{\theta})\sqrt{-1}}] \times$

$(\frac{1}{2.8k} - \frac{1}{2.8h})$; & . . . .

$a = s\varphi u - s\Delta y + \frac{3S}{pd^3} \times [e^{2(s-\frac{bt}{\theta})\sqrt{-1}} + e^{-2(s-\frac{bt}{\theta})\sqrt{-1}}] \times$

$(\frac{1}{2.8k} + \frac{-1}{2.8h}) + \int \Sigma ds$.

Soit $k = G$, lorsque $t = 0$, c'est-à-dire, soit G l'expression de la vitesse avec laquelle le Fluide tend à se mouvoir dans le premier instant, laquelle expression est différente pour les différens points du Fluide ; il faut donc que $t = 0$, donne $G = \varphi s + \Delta - s +$

$\frac{3S}{pd^3\epsilon} \times (c^{2s\sqrt{-1}} + c^{-2s\sqrt{-1}}) \times (\frac{1}{2.8k} - \frac{1}{2.8b})$. Outre cela, il faut que $\alpha = 0$, quand $t = 0$; d'où l'on tire $\varphi s - \Delta - s + \frac{3S}{pd^3\epsilon} \times (\frac{1}{2.8k} + \frac{1}{2.8b}) \times (c^{2s\sqrt{-1}} + c^{-2s\sqrt{-1}})$ $+ \int \frac{\Sigma ds}{\epsilon} = 0$.

Ajoutant ensemble ces deux équations, on aura $G = 2\varphi s + \frac{3S}{pd^3\epsilon} \times \frac{1}{8k} (c^{2s\sqrt{-1}} + c^{-2s\sqrt{-1}}) + \int \frac{\Sigma ds}{\epsilon}$; & $\varphi s = \frac{G}{2} - \frac{3S}{pd^3\epsilon} \times \frac{1}{16k} \times (c^{2s\sqrt{-1}} + c^{-2s\sqrt{-1}}) - \int \frac{\Sigma ds}{2\epsilon}$. Ainsi, comme G doit être donné en s, si dans le second membre de l'équation on écrit $t + s$ au lieu de s, on aura la valeur de $\varphi (t + s)$.

De même, si l'on soustrait l'une de l'autre les deux équations précédentes, on aura $G = 2\Delta - s - \frac{3S}{pd^3\epsilon} \times \frac{1}{8b} \times (c^{2s\sqrt{-1}} + c^{-2s\sqrt{-1}}) - \int \frac{\Sigma ds}{\epsilon}$, donc on a $\Delta - s = \frac{G}{2} + \frac{3S}{pd^3\epsilon} \times \frac{1}{16b} \times (c^{2s\sqrt{-1}} + c^{-2s\sqrt{-1}}) - \int \frac{\Sigma ds}{2\epsilon}$. Le second membre de cette équation est une fonction de s, & cette fonction, quelle qu'elle soit, peut toujours se changer en une fonction de $- s$; car une fonction de s ne peut être composée que de termes qui renferment des puissances de s: or $a \times s^n = - s^n \times a$, quand n est un nombre pair, & $= - s^n \times - a$, quand n est un nombre impair. On traitera donc le second membre de l'équation précédente, comme une fonction de $-s$; ensuite on y substituera $t-s$ au lieu de $-s$; & on aura la valeur de $\Delta(t-s)$.

VIII.

Si le mouvement de l'air étoit arrêté par des montagnes élevées perpendiculairement à l'horizon, & dont les distances au point P, fussent a, a', a''; &c. il est évident que la valeur de k devroit alors être telle, qu'elle fût nulle lorsque s feroit $=a$, ou $=a'$, ou $=a''$, &c. t ayant une valeur quelconque. Or cela ne peut arriver que dans les cas où G aura certaines valeurs : dans tous les autres cas le Problême sera impossible. Ainsi il n'est pas surprenant qu'il y en ait plusieurs où l'on ne puisse déterminer le mouvement oscillatoire de l'air entre des montagnes.

IX.

Par l'expression de la valeur de k, qui donne la vitesse du vent pour un instant quelconque dt; il est évident que cette vitesse sera non-seulement une fonction de $s-\frac{bt}{\theta}$, complément de la distance à l'Astre, mais aussi de $t+s$ & de $t-s$; ou, ce qui revient au même, il est clair que cette quantité* k sera une fonction de s & de $s-\frac{bt}{\theta}$; puisque $t+s=-\frac{\theta}{b}\times(s-\frac{bt}{\theta})+s(1+\frac{\theta}{b})$,

&

& $t - s = -\frac{\theta}{b} \times (s - \frac{bt}{\theta}) + s(\frac{\theta}{b} - 1)$. Donc la viteſſe du vent dans un tems quelconque, ſera une fonction de la diſtance où l'Aſtre eſt alors du Zenith, & de celle où il étoit lorſqu'il a commencé à ſe mouvoir.

D'où il s'enſuit, que dans l'hypotheſe préſente, la viteſſe du vent ne dépend preſque jamais de la ſeule diſtance de l'Aſtre au Zenith, comme nous l'avons ſuppoſé dans tout le cours de cette Diſſertation. Il faut cependant obſerver que nous avons eu raiſon de le ſuppoſer ainſi ; 1°. parce qu'il n'y a point de raiſon pour imaginer que l'Aſtre ſoit parti d'un point plutôt que d'un autre. 2°. Parce qu'il y a un cas, (ſavoir celui où $\varphi s = 0$, & $\Delta - s = 0$) dans lequel la viteſſe eſt donnée par une fonction ſeulement de la diſtance à l'Aſtre. C'eſt ce qui doit arriver, lorſque . . . .

$$\int \Sigma ds = -\frac{3S}{pd^3} \times \left(\frac{1}{2.8k} + \frac{1}{2.8h}\right) \times$$

$$\left(e^{2s\sqrt{-1}} + e^{-2s\sqrt{-1}}\right); \ \& \ G = \frac{3S}{pd^3} \times \left(\frac{1}{2.8k} - \frac{1}{2.8h}\right) \times$$

$$\left(e^{2s\sqrt{-1}} + e^{-2s\sqrt{-1}}\right).$$

[Au reſte, la ſolution générale que nous venons de donner, ne doit être regardée comme exacte, que dans les cas où le Fluide fait des oſcillations alternatives ſans ſe mouvoir d'un ſeul & même côté ; car ſuppoſant, comme nous l'avons fait, que s ſoit le complément de la diſtance d'un point quelconque à l'Aſtre au commencement du mouvement, & que durant le tems t l'Aſtre parcourre un eſpace $= \frac{bt}{\theta}$, on ne peut prendre $s - \frac{bt}{\theta}$ pour le complément de la diſtance après le tems t, que dans le cas où les particules du Fluide s'écartent peu de leurs places, & ne font que de petites oſcillations. Cependant il faut obſerver, que ſi z eſt le Sinus de la diſtance à l'Aſtre, la valeur générale de k dans le cas de $\varphi s = 0$, & $\Delta - s = 0$ ſe changera en $\frac{3\delta b}{2pd^3\theta} \times \frac{1}{1 - \frac{b^2}{2a\theta}} \times (zz - \frac{1}{2})$; & qu'en général, ſi φs & $\Delta - s$ ſont ſuppoſés des conſtantes, le rapport de la viteſſe du Fluide à celle de l'Aſtre, ſera $\frac{3\delta}{2pd^3} \times \frac{zz}{1 - \frac{b^2}{2a\epsilon}} \pm K$, comme le donne la formule de l'*art.* 50, quoique ſuivant cette formule il y ait une infinité de cas, où le Fluide va toujours du même côté ſans faire d'oſcillations.

X.

Si au lieu d'un ſeul Fluide, il y en avoit deux contigus l'un à l'autre, dont les denſités fuſſent δ, δ', les hauteurs ϵ, ϵ', & que q, q' fuſſent les eſpaces parcourus par chacun de ces Fluides pendant le tems t, & α, α' les quantités dont décroiſſent ou croiſſent leurs hauteurs pendant le même tems t; faiſant $dq = kdt + rds$, &

$dq' = k'dt + r'ds$, on auroit comme ci-dessus $\alpha = \varepsilon r + S$ & $\alpha' = \varepsilon' r' + \sigma$. Suppoſant, de plus, pour abréger le calcul, que les deux Fluides euſſent au commencement de leur mouvement une figure circulaire, on auroit (*art.* 76. *n.* 2 & 3) les deux équations ſuivantes . . .

$$(3 S\Delta(t, s) - \frac{p\theta\theta}{2a} \times \frac{dk}{dt}) \times \delta + \delta p \frac{d\alpha}{ds} = (3 S\Delta(t, s) - \frac{p\theta\theta}{2a} \times \frac{dk'}{ds}) \times \delta' + \delta' p \frac{d\alpha}{ds};$$

$$\& - \frac{d\alpha'}{ds} + \frac{d\alpha}{ds} = \frac{3 S\Delta(t-s)}{p} - \frac{\theta\theta}{2a} \times \frac{dk'}{dt}.$$

Donc ſi on fait $dk = ydt + \beta ds$ . . . . . (*A*)

& $dk' = y'dt + \beta' ds$ . . . . . (*B*)

on aura $dr = \beta dt - \frac{dS}{\varepsilon} - \frac{3 S[\Delta(t, s)] ds}{p\varepsilon} + \frac{\theta\theta}{2a\varepsilon} \times \frac{\delta y ds}{\delta - \delta'} - \frac{\theta\theta\delta' y' ds}{2a\varepsilon(\delta - \delta')}$ . . . . (*C*)

& $dr' = \beta' dt - \frac{3 S\Delta(t, s) ds}{p\varepsilon'} - \frac{d\sigma}{\varepsilon'} + \frac{\theta\theta y' ds}{2a\varepsilon'} + \frac{dS}{\varepsilon'} + \frac{3 S\Delta(t, s) ds}{p\varepsilon'} - \frac{\theta\theta\delta y ds}{2a\varepsilon'(\delta - \delta')} + \frac{\theta\theta\delta' y' ds}{2a\varepsilon'(\delta - \delta')}$ . . . (*D*)

XI.

Si dans l'*art.* *VIII* l'Aſtre étoit ſuppoſé en repos, c'eſt-à-dire, ſi b étoit $= 0$, alors le Problême ſeroit beaucoup plus ſimple. Car il ſe réduiroit à rendre $m du - ds \Gamma s$, & $\mu dy + ds \Gamma s$, des différentielles complettes; on auroit donc $m = \varphi u$, ou $\varphi(t + s)$, & $\mu = \Delta y$ ou

$\Delta(t - s)$. Ainsi on trouveroit le mouvement que produiroit dans l'Athmosphere l'action du Soleil ou de la Lune, supposés en repos, ou la force centrifuge résultante de la rotation de la Terre, pourvû que dans l'un & l'autre cas l'Athmosphere fût réduite au plan de l'Equateur.

XII.

Si on vouloit savoir le mouvement que la force centrifuge donneroit à l'Athmosphere, dans l'hypothese qu'elle fût homogene & d'une figure quelconque au commencement de son mouvement, & qu'elle couvrît un globe solide, on trouveroit, conservant les mêmes noms que ci-dessus, que . . . .

$$\frac{v\,dt}{s} = \frac{dk\,dt}{ds} + \frac{k\,dt\,(c^{s\sqrt{-1}} + c^{-s\sqrt{-1}})\sqrt{-1}}{c^{s\sqrt{-1}} - c^{-s\sqrt{-1}}},$$

& $\Sigma - \frac{d\alpha}{ds} = \frac{F(c^{2s\sqrt{-1}} - c^{-2s\sqrt{-1}})}{4\sqrt{-1}\,.\,p} = \frac{\theta^2}{2a} \times \frac{dk}{dt}$; F étant la force centrifuge en E. Si donc on fait $dk = v\,dt + \beta\,ds$, on aura $d\alpha = s\beta\,dt + s\,k\,dt\,\Delta s + \frac{p\theta^2 v\,ds}{2a} + \Sigma\,ds + \Psi s\,.\,ds$; d'où il est évident que le Problême se réduit, à trouver k, telle que $dk = v\,dt + \beta\,ds$, & que $\beta\,dt + v\,ds + k\,dt\,\Delta s$ soit aussi une différentielle exacte. Or nous avons donné (*article* 12. & 16.) la méthode pour trouver la vitesse du Fluide, lorsqu'au commencement de son mouvement il a une figure, ou

Sphérique, ou d'une certaine Ellipticité. Ainſi il y a du moins quelques cas où l'on peut trouver dans l'hypotheſe préſente, les intégrales qui donnent les valeurs de k & de α. A l'égard de la ſolution générale, je la laiſſe à chercher à ceux qui aiment ces ſortes de calculs.]

PROBLEME GENERAL.

91. *Déterminer la viteſſe & la direction du vent dans un endroit quelconque, en ſuppoſant que la Terre ſoit environnée de tous côtés d'un profond Ocean.*

Imaginons d'abord, qu'il n'y ait qu'un ſeul Aſtre qui agiſſe ſur l'air; on peut réſoudre le Problême, dans l'hypotheſe que les parties de l'air ne ſe nuiſent point, ou ne ſe nuiſent que très-peu dans leurs mouvemens : en ce cas, on trouvera par les *art.* 39 & 45 la viteſſe & la direction du vent.

Ou bien, ſi on ſuppoſe que les parties de l'air ſe nuiſent les unes aux autres, & que la direction du vent ſoit toujours dans le plan vertical qui paſſe par l'Aſtre, on aura la ſolution par l'*art.* 77, ou en général par les *art.* 47, 70, 72, en regardant l'air comme homogene.

Enfin, on peut conſidérer ſéparément le mouvement de l'air dans chaque paralléle à l'Equateur, & dans le Méridien correſpondant; & ſi on cherche ſéparément chacun de ces mouvemens par l'*art.* 90. *n. II & III*, & qu'enſuite on trouve le mouvement compoſé qui en réſulte, on aura aſſez exactement la viteſſe & la direction du vent dans un inſtant quelconque.

[Si on demande à laquelle de toutes ces formules je crois devoir donner la préférence, je répondrai

1°. Que dans le cas où l'air eſt ſuppoſé homogene, & contigu à la ſurface ſolide du globe terreſtre; les formules de l'*art.* 70, me paroiſſent celles dont on doit ſe ſervir.

2°. Qu'elles paroiſſent même pouvoir être d'uſage dans le cas où l'air ſeroit imaginé formé de couches différemment denſes. Car ſuppoſons, pour un moment, que l'air en cet état ſe meuve de maniere, que tous les points d'une même colomne verticale ayent le même mouvement horizontal; il eſt certain que l'air ayant peu de denſité, la force qui pourroit déranger ce mouvement ſeroit fort petite. De plus, il eſt facile de voir que cette force donneroit aux parties ſupérieures un autre viteſſe qu'aux parties inférieures, c'eſt-à-dire que les couches inférieures devroient ſe mouvoir en vertu de cette force, avec une viteſſe angulaire différente de celle des couches ſupérieures: or il faudroit pour cela que les couches ſurmontaſſent leur adhérence mutuelle, qui eſt très-grande. On pourroit donc ſuppoſer que la force dont nous parlons n'ait aucun effet, & que l'air ſe meuve comme s'il étoit homogene. Sinon on aura recours à l'*art.* 85.

3°. Si on imagine que l'air couvre la ſurface de la Mer, alors, ſoit qu'on le prenne pour homogene, ou non, on trouvera ſon mouvement par les *articles* 77 *&* 84.

Au reſte, c'eſt à l'expérience à décider, laquelle de toutes ces formules mérite le plus d'être ſuivie dans la pratique. Il me ſuffit ici de les préſenter toutes enſemble au Lecteur.]

Après avoir trouvé la viteſſe du vent en vertu de l'action d'un ſeul Aſtre, on trouvera de même ſa viteſſe en vertu de l'action de l'autre Aſtre, & combinant enſemble ces deux viteſſes, on aura le mouvement & la direction abſolue que l'on cherche.

SCOLIE I.

92. Il eſt preſque inutile d'avertir que les quantités *b* & *d*, qui ſont proportionnelles à la viteſſe & à la diſtance de l'Aſtre, ne ſont point abſolument conſtantes, quoique nous les ayons ſuppoſées telles dans tout le cours de cet Ouvrage. Mais on ne s'écartera pas beaucoup du vrai, ſi on prend pour les quantités *b* & *d*, leurs valeurs moyennes & conſtantes, ou bien les valeurs qu'elles ont à chaque inſtant, & qui ſe trouveront facilement par les Tables, ſoit du Soleil, ſoit de la Lune.

SCOLIE II.

93. Nous n'avons fait juſqu'à préſent aucune mention du mouvement que la chaleur peut produire dans l'air:

parce que l'action & la cause de la chaleur étant inconnue, ses effets ne sauroient être soumis au calcul. Cependant, pour ne pas entiérement passer cet article sous silence, nous remarquerons que deux endroits quelconques de la Terre, également éloignés du Soleil, l'un vers l'Orient, l'autre vers l'Occident, doivent éprouver une chaleur semblable, laquelle doit seulement être un peu plus grande dans celui des deux qui est vers l'Orient, parce que le Soleil l'échauffe depuis plus long-tems. Ainsi il faut ajouter à la force $\frac{3S(c^{2u\sqrt{-1}}-c^{-2u\sqrt{-1}})}{4d^3\sqrt{-1}}$ une autre force qui soit comme une fonction de u, (†) & exprime une chaleur égale dans ces endroits. On peut supposer, de plus, à cause de la différente chaleur des deux Hémispheres, que l'air se meut au moins pendant quelque tems vers l'Ouest avec une vitesse constante, mais qui est tout-à-fait indéterminable. Toutes ces hypotheses ne rendront pas plus difficile la solution analytique du Problême de l'*art.* 47, (*a*) comme il est facile de

(†) Par exemple, on peut supposer cette force proportionnelle à $\frac{(c^{u\sqrt{-1}}-c^{-u\sqrt{-1}})^2}{-4}$, c'est-à-dire au quarré du Sinus de l'arc u; ce qui s'accorde assez avec les principes de la Physique, suivant lesquels la chaleur Solaire peut être supposée en raison des quarrés des Sinus des distances de cet Astre au Zenith.

(*a*) Je dis la *solution analytique*, & non pas la *solution* absolue; car il y a sur ce Problême une remarque importante à faire.

le

le conclure des *art.* 47 & 58. Ce seroit, à mon avis, entreprendre un travail inutile, que de tenter sur ce sujet des calculs plus exacts. [Ce qu'on auroit de mieux à faire, seroit de chercher le mouvement que le Soleil donneroit à la masse de l'air, dans les hypotheses les plus générales qu'il seroit possible de faire sur la chaleur & l'élasticité, & de s'appliquer ensuite à déter-

---

Si l'expression de la vitesse du Fluide déduite de la force accélératrice de ses parties, & représentée par une fonction de la distance de l'Astre au Zenith, est telle, qu'en augmentant cette distance, ou de la circonférence entiere, ou du double de la circonférence, ou du triple &c. l'expression de la vitesse ne soit pas la même dans tous ces cas, il n'est pas permis alors de supposer que la vitesse soit donnée par une fonction de la distance de l'Astre au Zenith, & le Problême est impossible, au moins pris en ce sens. Ainsi supposons pour nous faire entendre dans un cas simple, que dans l'hypothese de l'*art.* 39 la force accélératrice soit proportionnelle à zz, la vitesse sera proportionnelle à $\int \frac{zzdz}{\sqrt{[1 - zz]}}$, dont l'intégrale est $Az\sqrt{[1 - zz]} + B\int \frac{dz}{\sqrt{[1 - zz]}}$, B & A marquant des constantes faciles à trouver. Or si on augmente d'un multiple nc de la circonférence, l'arc dont le Sinus est z, cette intégrale augmentera de la quantité Bnc.

De-là il s'ensuit en général, que la force accélératrice & la vitesse qu'elle produit, doivent toujours être exprimées par des fonctions du Sinus z; supposant donc, par exemple, la chaleur proportionnelle à zz, on voit qu'outre la difficulté Physique, il se rencontreroit encore dans le Problême une difficulté analytique, peut-être insurmontable.

miner par les observations, quelles feroient celles d'entre ces hypothefes auxquelles on devroit s'arrêter par préférence. Mais cette difcuffion demanderoit une Differtation beaucoup plus longue que ne l'eft celle-ci; je pourrai en faire un jour l'objet de mes recherches, quand les travaux dont je fuis occupé maintenant, m'en auront laiffé le loifir.]

MEDITATIONES
DE GENERALI
VENTORUM CAUSA,

In quibus tentatur ſolutio Problematis ab Illuſtriſſimâ Academiâ Berolinenſi propoſiti.

Hæc ego de ventis : dùm ventorum ocyor alis
Palantes pellit Populos FREDERICUS, *&* orbi,
Insignis lauro, ramum prætendit olivæ.

MEDITATIONES
DE GENERALI
VENTORUM CAUSA,

In quibus tentatur solutio Problematis ab Illustrissimâ Academiâ Berolinensi propositi.

ANALYSIS OPERIS.

QUÆSTIO ab Illustrissimâ Academiâ proposita hæc est : *Invenire ordinem & legem venti, si Terra undique profundo Oceano circumdetur : adeò ut pro quovis tempore & loco, definiri possit venti directio & velocitas.* Huic quæstioni ut responderem, saltem quantùm rei natura ferre visa fuit, Dissertationem sequentem composui, quæ in tres partes dividi potest.

ANALYSIS PARTIS PRIMÆ.

Ab art. 1 ad art. 39.

In hâc primâ parte supponitur Terram esse globum solidum ; nullis impeditum inæqualitatibus ; coopertumque aëre admodùm raro, homogeneo & non elastico, qui primo in ſtatu figuram ſphæricam habeat. Supponuntur omnes hujuſce Fluidi partes urgeri à viribus quæ ad axem perpendiculares ſint, & diſtantiis ab axe proportionales ; & non ſolùm determinatur figura Fluidi hinc oriunda ; ſed etiam (*art.* 12) inveniuntur oſcillationes partium Fluidi, dùm ex figurâ ſphæricâ quam antè habebat, ad novam figuram ſphæroïdicam tranſit ; cujus modi oſcillationes nemo adhuc videtur calculo ſubjeciſſe. Idem deinde ſolvitur Problema (*art.* 28) ſupponendo Fluidum quod globo incumbit, eſſe homogeneum, ſed non rarum, & attractionis materiæ rationem haberi. His inventis, facilè determinantur (*art.* 33) oſcillationes quas iniret aër ex rotatione Terræ circà ſuum axem, ſi primùm aëris figura ſphærica fuiſſet ; inveniuntur pariter ejus oſcillationes ex actione Solis ac Lunæ oriundæ, ſi Sol & Luna quieſcerent. Fatendum reverâ eſt, ſi Sol & Luna quieſcant, & rotetur Terra circa ſuum axem, partes aëris, figuram, quam ex hâc triplâ actione habere debent, brevi induturas, ſi eam ab initio non habuiſſent : proinde oſcillationes aut nullas fore, aut ſaltem parùm diuturnas. Tamen de iis hîc diſſerere non inconſultum duxi, tum quòd inde Theoria nova & curioſa naſcatur, tum quòd principia quibus hæc Theoria ſuperſtruitur, hîc applicatu facillima, maximæ utilitatis ad ſequentia eſſe debeant.

ANALYSIS PARTIS SECUNDÆ.

Ab art. 39 *ad* 90.

In hâc secundâ parte inquiritur motus aëris ex actione Luminarium motorum ortus. Ad hunc determinandum ut perveniam, suppono primùm (*art.* 39) Terram esse globum solidum circumdatum lamellâ aëris sive homogenei, sive heterogenei, cujus partes sibi mutuò in motibus suis nocere non possint, adeòque ab actione astri omnem accipiant motum, quem possunt accipere; undè pro quovis loco definitur venti directio ac velocitas, explicaturque inter alia, quomodò fieri possit, ut ventus sub Æquatore perpetuus flet ab Ortu in Occasum. Deinde, cœteris ut anteà manentibus, globus solidus (*art.* 45) in globum fluidum mutatur, aut saltem in globum solidum fluido denso & attractivo coopertum, ut aquâ maris; determinaturque in hâc hypothesi velocitas venti, & demonstratur hanc multùm diversam esse debere ab eâ, quæ vento super globum solidum flanti competit.

Inquiritur deinde (*art.* 47) velocitas venti, supponendo, ut reverâ est, partes aëris sibi mutuò in motibus suis nocere; & determinatur primùm velocitas aëris rari & homogenei globo solido incumbentis. Probatur directionem venti non multùm distare debere à plano verticali per astrum transeunte; & per calculum hæc velocitas determinatur, quæ quidem sub Æquatore invenitur dirigi semper ab Ortu in Occasum; ostenditur, (*art.* 49) quod valdè paradoxum est, plurimos esse casus in quibus fluidum, vi attractionis motum, ſub aſtro debeat ſubſidere; cùm contrà extolli debere videretur.

Quæſtio deinde generaliſſimè ſolvitur, & determinantur (*art.* 65) æquationes pro inveniendâ venti velocitate, non ſupponendo directionem venti eſſe in plano aſtri verticali; quæ quidem æquationes tam valdè ſunt intricatæ atque compoſitæ, licet in caſu omnium ſimpliciſſimo, ut ex iis per approximationes ſolùm erui poſſe videantur, quæ ad ventorum Theoriam pertinent.

Poſteà, (*art.* 77) aſſumitur rursùs hypotheſis, de directione venti in plano aſtri verticali, & determinatur venti velocitas, conſiderando Terram ut globum ſolidum, coopertum, 1°. Fluido attractivo homogeneo, aquâ nempè maris. 2°. Fluido raro cujus partes denſitate inter ſe differant.

Analysis Partis tertiæ.

Ab art. 90 ad 93.

In hâc parte nonnulla delibantur circà velocitatem venti, montibus, aut aliis obſtaculis impediti. Dantur (*art.* 90) regulæ pro determinando venti motu, ſub Æquatore, aut ſub parallelo quolibet, aut etiam ſub Meridiano quovis, intrà montium parallelorum ſeriem flantis; ſive montes illi uſque ad ſuperficiem Athmoſphæræ ultimam extendantur, ſive non. Poſteà exhibentur æquationes quarum ope poſſit haberi motus venti oſcillantis in ſpatio montibus undique interclusô.

Tandem tentantur nonnulla circa velocitatem venti, intra seriem montium non parallelorum flantis; terminaturque hæc pars per solutionem Problematis haud ineleganti, quo inquiritur quænam esse debeat velocitas venti, posito 1°. Terram ad planum Æquatoris reductam esse, aut, quod idem est, Æquatorem montibus altissimis & parallelis esse coopertum. 2°. Athmosphæram primo motus instanti figuram quamlibet habere, modo à circulari parùm differat. 3°. Unicuique Athmosphæræ parti velocitatem quamlibet imprimi primo motus instanti. 4°. Dari locum ex quo astrum moveri incepit, & tempus ex quo movetur.

Monitum.

In totius operis cursu semper suppofui, fluidum, aut fluida, sive homogenea, sive heterogenea, Terræ incumbentia, altitudinis esse satis parvæ respectu radii terrestris: quod nec experientiæ adversatur (siquidem aër non ultrà leucas paucissimas sese extendit, altitudo vero Oceani media $\frac{1}{4}$ mill. circiter habetur) nec contradicit quæstioni propositæ ab Illustrissimâ Academiâ, quâ assumitur terra profundo Oceano cooperta; siquidem positâ altitudine Oceani, v. g. unius leucæ, Oceanus licet profundissimus, parvæ tamen altitudinis foret respectu radii terrestris.

Parum rationis habui motûs aëris, oriundi ex calore quem Sol in variis hujus partibus producit: cùm enim caloris causâ, & vis Solis aërem calefaciens, tùm in principio, tùm in actionis ordine & effectu prorsùs ignotæ sint, inde nihil deduci posse mihi visum est, unde venti directio & velocitas pro quovis loco determinaretur, ut Academia postulat. Contemplatus igitur sum solam velocitatem aëris, ex eâ Solis & Lunæ actione natam, quam definire Newtonus docuit; quam prætereà Illustrissimæ Academiæ Programma, ut præcipuam ventorum causam videtur indicare, his verbis: *Le mouvement des vents ne seroit peut-être déterminé que par ces trois causes; savoir, le mouvement de la Terre, la force de la Lune, & l'activité du Soleil. Comme ces trois choses suivent un ordre certain, les effets qu'elles produisent, doivent aussi subir des changemens dans un ordre semblable.* Quibus verbis, ni fallor, Luna, quæ non potest aërem calefacere, tamen ut motûs aëris causa, saltem æqualis Soli, videtur assignari. Præterea postulatur velocitas & directio venti oriunda ex causis quæ ordinem sequantur certum: quas inter causas vis Solis aërem calefaciens videtur non posse recenseri, quippe quæ, ordinem, si non certum, saltem ignotum sequatur. Fateor plurimos hactenùs fuisse authores, qui præcipuam ventorum causam à calefaciente Solis actione oriri contenderunt: sed, præterquàm quòd actio hæc sensibilem non producit effectum, nisi in aërem terræ vicinissimum, ut constat experimentis suprà altissimos montes factis; ideò tantùm ab hâc præcipuè causâ ventum nasci crediderunt, quod aliter explicari non posse visus est ventus Orientalis perpetuus flans sub Æquatore inter Tropicos; nos vero ex unicâ Solis & Lunæ attractione ne deduci posse ventum illum ostendemus.

Ne tamen circà Problema propositum desiderari aliquid posse videretur, nonnulla in finem Dissertationis subjunxi de aëris motu, quatenùs à diversarum hujus partium calore oriri potest.

Elasticitatis autem aëris, saltem quatenùs à Solis & Lunæ attractivâ actione intendi aut remitti potest, nullam, in ventis determinandis, rationem habendam esse demonstravi. (*art.* 37. *n.* 2.)

Quod attinet ad ventos irregulares, ex vaporibus, aut ex nubibus, aut ex terrarum situ, aut ex aliis causis prorsùs incognitis oriundos, de iis nullam omninò mentionem feci, utpote quorum causa & calculus, fatente Illustrissimâ Academiâ, jure exigi non potest.

Antequam autem huic Præfatiunculæ finis sit, inconsultum non duco admonere, nonnulla huc & illuc passim esse inserta, quæ, licet ad quæstionem propositam directè ac strictè non pertineant, tamen ex quæstionis solutione nata, conducere posse visa sunt, sive ad Mechanicæ, sive ad Hydrodynamicæ, sive ad Analyseos incrementum ac perfectionem. Hujus modi sunt inter alia 1°. quæ in *art.* 31 de figurâ terræ exhibui, in quo articulo nonnulla circà hanc materiam paradoxa demonstrantur. 2°. Examen causæ ob quam actio Solis & Lunæ nullum in Barometro sensibilem producant effectum, (*art.* 35) simulque rationum, quibus Clarissimus *Daniel Bernoulli*, idem Phœnomenon explicare conatus est. 3°. Principium generale (*art.* 12) ad omnia, sive Dynamicæ, ſive Hydrodynamicæ Problemata ſolvenda, maximi futurum emolumenti. 4°. Annotationes in articulo 79 inſertæ, circà quantitates imaginarias, & methodus ſingularis *art.* 80 expoſita, pro integrandis quibuſdam æquationibus, ut & ſolutio Problematum analyticorum (*art.* 87 & 89); hæc autem omnia, ne judicibus moram nimiam legendo injicerent, ab articulis abſolutè neceſſariis, ſtellulâ (*) diſtinguere libuit.

Id unum jam reſtat, ut cogitata hæc Illuſtriſſimæ Academiæ judicio ſubmittam, quæ quidem abſolutè perficere, & in debitum ordinem accuratè redigere, mihi non licuit, tùm temporis anguſtiis devinсto, tùm laboribus aliis impedito atque diſtracto.

Propos. I. Lemma.

1. *Sit Ellipſeos quadrans* gnd (Fig. 1) *qui à circulo quam parùm differat: dicatur ſemi axis minimus* Cg, r, *differentia ſemi axium a, & ſinus anguli* gCn, z, *pro ſinu toto* 1: *dico fore* $Cn - Cg = \frac{azz}{rr}$ *quàm proximè.*

Deſcripto enim circulo $gO\omega$, & ductâ ordinatâ nKS, erit, ob triangula ſimilia nKO, SnC; nO ſeu $Cn - Cg = \frac{nK \times nS}{nC} = \frac{a \cdot nS^2}{rr}$. Ergo &c.

Propos. II. Problema.

2. *Detur globus ſolidus* PEpV, (Fig. 2) *conflatus ex variis ſuperficiebus circularibus* PEp, KeT, OFσ, *ſoli-*

dis, & diversæ, si libuerit, densitatis: coopertus sit globus iste fluido homogeneo & non elastico, DEPGIVpHD; *hujus fluidi particulæ omnes* N, *sollicitentur à viribus quæ agant secundùm* NA *parallelam ad* DC, *quæque sint sinubus respondentibus* NS *proportionales: prætereà urgeantur partes fluidi versùs centrum* C, *vi, quæ sit ut functio quæcumque distantiæ, & longè major quàm est vis secundùm* NA; *quæritur curvatura* gnd, (Fig. 3) *quam fluidi superficies induere debet, ut sit in æquilibrio.*

Patet, 1°. curvam gnd esse quàm proximè circularem; 2°. gravitatem secundùm nC in quovis puncto n posse assumi pro constante, & supponi $= p$; 3°. vim ortam ex gravitate p secundùm nC & vi datâ secundùm nA, perpendicularem esse debere ad curvam gnd in n; 4°. si appelletur φ vis in d, parallela, & respondens ipsi vi secundùm nA, erit vis secundùm nA (*hyp.*) $= \frac{\varphi z}{r}$. Unde vis secundùm nv, quàm proximè $= \frac{\varphi z \sqrt{[rr - zz]}}{rr}$: quare, descripto circulo $gO\omega$, erit, ob æquilibrium, $p : \frac{\varphi z \sqrt{[rr - zz]}}{rr} :: \frac{rdz}{\sqrt{[rr - zz]}} : d(nO)$ quàm proximè: proinde $nO = \frac{\varphi zz}{2pr}$. Ergo $Cn - Cg = \frac{\varphi zz}{2pr}$; quamobrem (*art.* 1) curva gnd est Ellipsis, cujus axium differentia $= \frac{\varphi r}{2p}$.

COROLLARIUM I.

3. Ut habeatur linea Gg, seu distantia inter punctum G circuli GND, & superficiem gnd, advertendum est, solidum per $GND\omega g$ (*a*) æquale esse debere solido per $gd\omega g$. Porro si appelletur $2n$ ratio circumferentiæ ad radium, & Gg, k; solidum prius est $k . 2nrr$ quàm proximè : posterius verò est æquale valori ipsius $\int \frac{\varphi zz}{2pr} \times 2nz \times \frac{rdz}{\sqrt{[rr-zz]}}$, cum $z = r$, hoc est $\frac{\varphi}{p} \times \frac{2nr^3}{3}$. Erit ergo $k = \frac{\varphi r}{3p}$.

SCOLIUM I.

4. Patet hanc quantitatem k non debere esse majorem ipsâ GP, sive, factâ $GP = \epsilon$, non debere esse $\epsilon < \frac{\varphi r}{3p}$: secùs eveniret, ut, fluido ad æquilibrium composito, aliqua superficiei PE pars nuda remaneret, nec eadem esse deberet solutio præcedens.

SCOLIUM II.

(*) 5. Si quæratur quænam esse debeat solutio Problematis in casu quo k invenitur major quam GP, (Fig. 4)

(*a*) Per hæc verba, *solidum per* $GND\omega g$, & similia, deinceps intelligam solidum revolutione figuræ $GND\omega g$ circa CP generatum.

fiat $GP = \varepsilon$; aſſumaturque ob calculi facilitatem, ε quantitas parva, reſpectu ipſius r: deinde fluidum, in ſtatu æquilibrii, ſupponatur pervenire ad ſitum $g\delta E$, adeò ut pars Pg ſuperficiei globi ſolidi, fluido nudetur; eritque (factâ $E\delta = n$, & $gV = z'$) $n = \frac{\varphi r}{2p} \times \frac{rr - z'z'}{rr} = \frac{\varphi r}{2p} \times \frac{CV^2}{CP^2}$.

Pariter invenietur $NO = \frac{\varphi}{p} \times \frac{OL^2 - gV^2}{2r} = \frac{\varphi}{p} \times \frac{zz - z'z'}{2r}$. Unde ſolidum per $gN\delta E$ invenietur (aſſumptâ z' conſtante) = ſolido per $gECV$ multiplicato per $\frac{\varphi}{p}$, detractâ quantitate $\frac{\varphi . nCV . gV^2}{p}$. Porrò ſolidum per $gN\delta E$ æquale eſſe debet ſolido per $GNDEP$ ſeu $\varepsilon . 2nrr$: erit ergo $\varepsilon . 2nr = \frac{\varphi}{p} \times [\frac{r}{3} . 2nr \sqrt{[rr - z'z']} + \frac{nz'z' \sqrt{[rr - z'z']}}{3} - nz'z' \sqrt{[rr - z'z']}]$. Unde habebitur $2\varepsilon rr = \frac{2\varphi}{3p} \times (rr - z'z')^{\frac{3}{2}}$; ſeu $\frac{3p\varepsilon rr}{\varphi} = CV^3$. Innoteſcet igitur pars Pg ſuperficiei globi, quæ fluido nudari debet. Cùm autem CV non poſſit eſſe major ipsâ r, ſequitur Problema ſolvi non poſſe niſi in caſu quo $\frac{3p\varepsilon}{\varphi}$ non eſt major ipſa r, hoc eſt in caſu quo ε non eſt major ipſa $\frac{\varphi r}{3p}$: quæ propoſitio inverſa eſt articuli 4.

COROLLARIUM II.

6. Iisdem jam positis ac in *art.* 3, erit Nn (Fig. 3.) seu $Gg - nO = \frac{\varphi}{p}\left(\frac{r}{3} - \frac{zz}{2r}\right)$; & solidum per $GNng =$

$$\int \frac{\varphi}{p}\left(\frac{r}{3} - \frac{zz}{2r}\right) \times 2nz \times \frac{rdz}{\sqrt{[rr - zz]}} = \frac{\varphi nzz\sqrt{[rr - zz]}}{3p}.$$

COROLL. III.

7. Quapropter si quæratur punctum ν tale, ut sit solidum per $n\nu mM =$ solido per $GNng$, capienda est $n\nu$ talis, ut sit $2nz \,.\, n\nu \times \frac{r}{3} \times \left(1 - \frac{CP^3}{CG^3}\right) = \frac{\varphi nzz\sqrt{[rr - zz]}}{3p}$: unde si fiat $CP = \varrho$; erit $n\nu = \frac{\varphi r^3 z\sqrt{[rr - zz]}}{p \,.\, 2r\,(r^3 - \varrho^3)}$.

SCOLIUM III.

8. Si altitudo GP fluidi, respectu radii CP parva sit, aliâ Methodo perfacili obtineri potest superficiei gnd natura, nempè supponendo columnas duas Mn, $m\nu$, esse sibi invicem infinitè propinquas; & advertendo, excessum ponderis columnæ $m\nu$ suprà nM æquari vi particulæ Mm secundùm Mm; unde erit quàm proximè,

$$p \times d\,(nO) = \frac{rdz}{\sqrt{[rr - zz]}} \times \frac{\varphi z\sqrt{[rr - zz]}}{rr} = \frac{\varphi z dz}{r},$$ ut in *art.* 2.

Si non sit PG parva respectu ipsius CP, tunc in æstimandâ ponderis columnarum $m\nu$, nM, differentiâ, negligi non poteſt vis ſecundùm nN agens, orta ex vi $\frac{\varphi z}{r}$ ſecundùm nA, proinde vis particulæ Mm ſecundùm Mm, tunc non eſt æqualis ipſi $pd(nO)$; ſiquidem $pd(nO)$ tunc haberi non poteſt pro exceſſu ponderis columnæ $m\nu$ ſuprà columnam nM.

SCOLIUM IV.

9. Ex hypotheſi quòd ſit GP parva reſpectu CP, patet fore exceſſum ponderis columnæ Ed ſupra Pg, quàm proximè æqualem $\frac{\varphi r}{2}$.

SCOLIUM V.

10. Iiſdem poſitis, ſi fiat $r - \varrho = \iota$, erit in *art.* 7, $n\nu = \frac{z\sqrt{[rr - zz]}}{6\iota} \times \frac{\varphi}{p}$. unde liquet lineam $n\nu$ non poſſe eſſe reſpectu ipſius r parvam, ut in *art.* 7 ſuppoſuimus, niſi ſit $\frac{\varphi r}{6\iota p}$ quantitas parva; quare poſitâ ι admodùm parvâ reſpectu ipſius r, debet eſſe φ multò minor reſpectu ipſius $6p$, quàm ι reſpectu ipſius r.

COROLL. IV.

11. Si per punctum quodvis γ lineolæ Gg, (Fig. 5) deſcribatur curva $\gamma Ii\delta$, quæ lineas Gg, Nn, in datâ ratione ſecet, h. e. ita ut ſit ubique NI ad Nn ut $G\gamma$ ad G; g evidens eſt,

1°. Si $n\nu$ ſit parva reſpectu r, rectam $N\nu$ in eâdem ferè ratione ſecari in i, quâ Nn in I: quapropter fore, $Mm : M\mu :: Nn : NI :: Gg : G\gamma$.

2°. Solidum per $G\gamma IN$ fore quoque ad ſolidum per $GgnN$, ut $G\gamma$ ad Gg; unde ſolidum per $G\gamma IN$ erit $=$ ſolido per $Ii\mu M$, ſiquidem ſolidum per $Ii\mu M$, eſt ad ſolidum per $n\nu mM$, (æquale ſolido per $GgnN$) ut $M\mu$ ad Mm ſive ut $G\gamma$ ad Gg.

3°. Sinum complementi anguli ferè recti gnC, eſſe ad ſinum complementi anguli ferè recti γIC, ut Gg ad $G\gamma$, ſive ut Mm ad $M\mu$; proinde, ſi conſiderentur anguli in I & i ut æquales, fore ſinum complementi anguli in i ad ſinum complementi anguli in n, ut $M\mu$ ad Mm, quàm proximè.

Propos. III. Problema.

12. *Iiſdem poſitis ac in propoſitione præcedente, quæritur quomodò & quibus gradibus, fluidi* GDEP *ſuperficies Sphærica* GND, *perveniat in ſitum* gnd; *ſeu, quod idem eſt, quæritur lex motûs maſſæ* GDEP *dùm pervenit in ſitum* gdEP.

Quò facilior fiat calculus, aſſumemus ut in art. 7, 8, 9, ε valde parvam reſpectu ipſius r; & φ adhuc multò minorem reſpectu $6p$; his conceſſis, dico ſupponi poſſe ſine errore ſenſibili. 1°. Fluidi columnam NM pervenire in νm, deſcribente puncto N lineam $N\nu$, & puncto M lineam Mm: 2°. Vim acceleratricem quæ agit, tùm in punctum M, tùm in punctum N, perpendiculariter

lariter ad NM, esse, in quovis puncto μ lineæ Mm; ad vim $\frac{\varphi z \surd [rr - zz]}{rr}$, ut $m\mu$ ad Mm. 3°. Eodem tempore, quo punctum N pervenit in i, aut in v, pervenire punctum G in γ aut in g, & punctum D, in δ aut in d, superficiemque GND mutari in $\gamma i \delta$ aut gnd.

Harum suppositionum primam admitti posse inde patet, quòd, cùm puncta N & M, sint (*hyp.*) sibi invicem admodùm propinqua, eorum velocitas perpendicularis ad NM eadem ferè esse debet: & præthereà ob rationes alias dilucidiùs infrà patebit.

Jam verò ut secunda & tertia suppositio legitimæ demonstrentur, supponamus eas reverâ esse legitimas, & videamus quid inde sequatur. Advertendum ergò, cùm pervenit punctum N in i, & punctum M in μ, fore (descriptâ ut in *art.* 11 curvâ $\gamma I \delta$) solidum per $G\gamma IN =$ solido per $Ii\mu M$. Prætereà vis totalis quæ punctum N aut i perpendiculariter ad radium sollicitat, est $\frac{\varphi z \surd [rr - zz]}{rr}$: quare si vis acceleratrix supponatur $\frac{\varphi z \surd [rr - zz]}{rr} \cdot \frac{m\mu}{Mm}$; evidens est vim residuam fore $\frac{\varphi z \surd [rr - zz]}{rr} \times \frac{M\mu}{Mm}$. Atqui si legitimæ sint suppositiones ambæ, quas nunc ad examen revocamus, 1°. hæc vis residua talis esse debet, ut nullum in punctis μ & i motum producat (*a*), siquidem

---

(*a*) §. II. Generalis hæc est Mechanicæ regula: si corpus velocitate *a* moveri tendat, velocitate verò *b* reverâ moveatur, propter ob-

(*hyp.*) ex vi totali $\frac{\varphi z\sqrt{[rr-zz]}}{rr}$, pars sola $\frac{\varphi z\sqrt{[rr-zz]}}{rr}\times\frac{m\mu}{Mm}$ ad movenda puncta *i* & μ impenditur : 2°. tempus ad percurrendam $M\mu$ aut *Mm* insumptum, pendere non debet à situ puncti *M* in circulo *PME* : nam siquidem, ex hypothesi, omnia ipsius *GN* puncta, eodem momento transeunt in $\gamma i\delta$, nempè eo tempore quo punctum *N* transit in *i*; tempus illud debet idem esse pro punctis omnibus *N*; hoc est, tempus quo *Mm* percurritur, pendere non debet à situ puncti *M*.

Videamus ergò, utrùm ex vi $\frac{\varphi z\sqrt{[rr-zz]}\cdot\times\mu M}{rr.Mm}$, perpendiculariter ad $i\mu$ agente, nullus reverâ oriatur mo-

staculum, aut aliam causam quamlibet, potest supponi velocitas *a* composita ex velocitate *b*, & aliâ velocitate *c*, eaque velocitas *c* talis esse debet, ut si sola corpori impressa fuisset, manentibus iisdem circumstantiis, corpus quietum permansisset. Hoc principio nituntur leges motûs corporis obliquè in planum incurrentis : velocitas enim *a* quâ corpus moveri tendit dum planum percutit, componitur ex velocitate *b* plano parallelâ, quâ corpus reverâ movetur post ictum, & velocitate *c* ad planum perpendiculari, quæ annihilatur, quæque, si sola egisset, nullum in corpore produxisset motum. Proinde, si velocitas *b* sit ejusdem directionis cum velocitate *a*, velocitas *a* poterit considerari ut composita ex *b* & *a* — *b*, propter $a=b+a-b$. Ergo si solam velocitatem virtualem $a-b$ habuisset corpus, debuisset quietum permanere. Jam verò si corpus *A* secundùm *AG* (Fig. 6) moveatur in linea *PAD* vi acceleratrice reali $=\varpi$, simulque secundùm *AP* sollicitetur vi $=F$, dico corpus illud *A*, si secundùm *AP* urgeretur vi $=F-\varpi$, in quiete permansurum. Sit enim *u* velocitas corporis *A* secundùm *AG* in instanti quovis; instanti sequenti *dt*,

ctus; & prætereà utrùm tempus per $M\mu$ & Mm, idem sit in omnibus punctis M.

Est (*art.* 2) sinus complementi anguli gnC ad sinum totalem ut $\frac{\varphi z \sqrt{[rr - zz]}}{rr}$ ad p; & (*art.* 11) sinus complementi anguli γiC est ad sinum complementi anguli gnC, ut $M\mu$ ad Mm. Ergo sinus complementi anguli γiC erit ad sinum totalem, ut $\frac{\varphi z \sqrt{[rr - zz]}}{rr} \times \frac{M\mu}{Mm}$ ad p;

---

si nihil obstaret, velocitas foret $u + Fdt$; sed velocitas illa (*hyp.*) est revera $u + \pi dt$; porrò velocitas $u + Fdt = u + \pi dt + Fdt - \pi dt$ h. e. componitur ex velocitate $u + \pi dt$ & velocitate $Fdt - \pi dt$ secundùm AG: Quare ex principio generali velocitas $Fdt - \pi dt$ talis esse debet, ut, si sola corpori A imprimeretur, corpus illud nullum haberet motum; seu, quod eòdem recidit, corpus A, secundum AG sollicitatum vi $= F - \pi$, deberet esse in æquilibrio. Igitur in præsente hypothesi punctum i aut π sollicitatum vi $= \frac{\varphi z \sqrt{[rr - zz]}}{rr} \times \frac{M\mu}{Mm}$ debet in æquilibrio permanere, siquidem vis F hîc $= \frac{\varphi z \sqrt{[rr - zz]}}{rr}$; vis $\pi = \frac{\varphi z \sqrt{[rr - zz]} \cdot m\mu}{rr \cdot Mm}$; proinde vis $F - \pi = \frac{\varphi z \sqrt{[rr - zz]} \times M\mu}{rr \cdot Mm}$.

§. II. Hinc (quod ad sequentium intelligentiam maximè advertendum) si corpus A, non secundùm AP, sed secundùm AD motum supponeretur, & vis ejus acceleratrix π foret secundùm AD, agente semper vi F secundùm AP, foret $u + \pi dt$ ejus velocitas realis in instanti dt, & $u - Fdt$ velocitas quam habere debuisset, si nullum impedimentum obstitisset. Porrò est $u - Fdt = u + \pi dt - Fdt - \pi dt$. Unde si imprimeretur corpori A sola velocitas $-Fdt - \pi dt$, secundùm AD, seu quod idem est, si ageret in corpus A vis sola $F + \pi$ secundùm AP, corpus illud in æquilibrio stare deberet.

proinde vis in puncto i, orta ex gravitate p versus C, & ex vi $\frac{\varphi z \sqrt{[rr - zz]}}{rr} \times \frac{M\mu}{Mm}$ perpendiculari ad $i\mu$, erit ad curvam $\gamma i \delta$ in i perpendicularis. Ergo nullus ex vi $\frac{\varphi z \sqrt{[rr - zz]}}{rr} \times \frac{M\mu}{Mm}$ orietur motus.

Jam verò siquidem est $Mm = \frac{\varphi z \sqrt{[rr - zz]}}{6 i p}$, & vis acceleratrix in $M = \frac{\varphi z \sqrt{[rr - zz]}}{rr}$, patet vim in M fore ubique proportionalem distantiæ à puncto m; quare tempus per Mm erit idem pro omnibus punctis M, ut & tempus per $M\mu$, siquidem $M\mu$ est ubique ad Mm in ratione constanti $G\gamma$ ad Gg.

Ergo legitimæ sunt secunda & tertia suppositio. *Quod erat demonstrandum.*

COROLLARIUM I.

13. Si corpus vel punctum M urgeatur versùs punctum m vi acceleratrici quæ in diversis punctis μ, sit $\frac{F \cdot m\mu}{Mm}$; Geometris notum est, fore (appellatâ Mm, 6, $m\mu$, x; factoque tempore in percurrendâ $M\mu$ insumpto $= t$) $dt = -\frac{dx \sqrt{6}}{\sqrt{F} \cdot \sqrt{[6^2 - x^2]}}$. Quare tempus totum in percurrendâ Mm insumptum, erit ad tempus θ, quod corpus gravitate p animatum, in percurrendâ lineâ datâ a insumeret, ut $\frac{n\sqrt{6}}{2\sqrt{F}}$ ad $\frac{\sqrt{2a}}{\sqrt{p}}$; significante semper $2n$ ratio-

nem circumferentiæ ad radium : ergò ſi ſubſtituatur pro *Mm* (6), hujus valor $\frac{\varphi z \sqrt{[rr - zz]}}{6 \epsilon p}$ & pro *F* hujus valor $\frac{\varphi z \sqrt{[rr - zz]}}{rr}$, invenietur tempus in percurrendâ *Mm* inſumptum $= \frac{\theta n r}{4 \sqrt{[3 a \epsilon]}}$.

Res eſt admodùm notatu digna, quòd tempus in percurrendâ *Mm* inſumptum, à vi φ nullo modo pendeat, ſed tantùm ab r & ab ϵ. At ſi propiùs ad rem attendamus, mirum illud videri non debet, quandoquidem linea *Mm* ($\frac{\varphi z \sqrt{[rr - zz]}}{6 \epsilon p}$) eſt proportionalis ipſi vi $\frac{\varphi z \sqrt{[rr - zz]}}{rr}$ ſecundùm *Mm*.

COROLL. II.

14. Patet, punctum *M*, cùm in *m* pervenit, non quieturum, ſed ultrà verſus *m'* pergere debere, deſcribendo lineam *mm'* = *Mm*; tum ex *m'* in *m*, deinde in *M* perventurum; & ſic, eundo & redeundo, oſcillationes initurum, quæ quidem perpetuò forent duraturæ, niſi ob tenacitatem & frictionem partium fluidi paulatim langueſceret motus, tandemque extingueretur, quieſcente puncto *M* in *m*, & fluido in ſtatu *g d E P* ſtante. Erit ergò tempus unius oſcillationis de *M* in *m'*, $= \frac{\theta n r}{2 \sqrt{[3 a \epsilon]}}$, & tempus duarum oſcillationum $= \frac{\theta n r}{\sqrt{[3 a \epsilon]}}$.

Coroll. III.

15. Generatim erit dt ad θ, ut $-\frac{dx\sqrt{b}}{\sqrt{F}.\sqrt{[bb-xx]}}$ ad $\frac{\sqrt{2a}}{\sqrt{p}}$; hoc est $\frac{2dt\sqrt{[3at]}}{br}=\frac{-dx}{\sqrt{[bb-xx]}}$: proinde, assumpto c pro numero cujus Logarithmus est unitas, erit $c^{\frac{2t\sqrt{[3at]}.\sqrt{-1}}{br}}=\frac{x+\sqrt{[xx-bb]}}{b}$. Ergo $\frac{x}{b}=$ $\frac{c^{\frac{4t\sqrt{[3at]}.\sqrt{-1}}{br}}+c^{\frac{-4t\sqrt{[3at]}.\sqrt{-1}}{br}}}{2}$. Quare $Mm=$ $\frac{\varphi z\sqrt{[rr-zz]}}{6pt}\times\left[2-\frac{\left(c^{\frac{4t\sqrt{[3at]}.\sqrt{-1}}{br}}-c^{\frac{-4t\sqrt{[3at]}.\sqrt{-1}}{br}}\right)}{2}\right]$

& $NI=\frac{\varphi}{p}\left(\frac{r}{3}-\frac{zz}{2r}\right)\times\left[2-\frac{\left(c^{\frac{4t\sqrt{[3at]}.\sqrt{-1}}{br}}-c^{\frac{-4t\sqrt{[3at]}.\sqrt{-1}}{br}}\right)}{2}\right]$

quandoquidem est NI ad $M\mu$, ut Nn seu $\frac{\varphi}{p}\times\left(\frac{r}{3}-\frac{zz}{2r}\right)$ est ad Mm seu $\frac{\varphi z\sqrt{[rr-zz]}}{6tp}$.

Scolium I.

16. Jam probavimus lineam $N\nu$ esse directionem Fluidi particulæ N; angulum autem $IN\nu$ determinare facile est, siquidem sunt Nn, & $n\nu$ cognitæ (*art. 6 & 7*): proinde in puncto quovis i facilè habebitur velocitas Fluidi absoluta secundùm $i\nu$.

SCOLIUM II.

17. Quod attinet ad directionem & velocitatem absolutam punctorum inter N & M (Fig. 7) jacentium, hæc modo sequenti determinabitur. Descripto per punctum quodvis L lineæ GP circulo LRV, assumatur $L\lambda = \frac{Gg \times LP}{GP}$, & describatur curva $\lambda q u$ talis, ut sit ubique Rq : Nn :: $L\lambda$: Gg ; rursùs, factâ $Ll = G\gamma \times \frac{LP}{GP}$, per punctum l describatur curva $lrov$, in quâ sit ubique Rr : NI :: Ll : $G\gamma$. Jam verò erit solidum per $G\gamma IN$ ad solidum per $LlrR$, ut $G\gamma$ ad Ll (propter GP respectu r parvam) hoc est ut GP ad LP ; est autem solidum per $Ni\mu M$ ad solidum per $Ro\mu M$, ut NM ad RM sive ut GP ad LP ; quare, cùm sit solidum per $Ni\mu M$ = solido per $G\gamma IN$, erit solidum per $LlrR$ = solido per $Ro\mu M$. Ergò, veniente puncto N in i, veniet punctum R in o, & ejus velocitas secundùm Rr, erit ad velocitatem puncti N secundùm NI, ut $L\lambda$ ad Gg, sive ut LP ad GP ; proinde cùm eadem sit velocitas punctorum R & N, in sensu parallelo ad Mm, facilè habebitur motus absolutus puncti R secundùm Ro.

SCOLIUM III.

18. In solutione Problematis præcedentis demonstravimus vim $\frac{\phi z \sqrt{[rr - zz]} \cdot M\mu}{rr \cdot Mm}$ talem esse, ut in puncto i

cùm gravitate p versùs C æquilibrium faciat. Demonſtrare etiam potuiſſemus, particulam Fluidi Mm, hâc ſolâ vi $\frac{\varphi z \surd [rr - zz] . M\mu}{Mm . rr}$ animatam in æquilibrio futuram fuiſſe cum columnis IM, μi, ſeu potius cum differentiâ ponderis iſtarum columnarum. Si hanc viam iniiſſemus, inveniſſemus $\frac{\varphi z \surd [rr - zz] . m\mu}{rr . Mm}$ (qui exceſſus eſt vis ſollicitatricis $\frac{\varphi z \surd [rr - zz]}{rr}$, ſuprà $\frac{\varphi z \surd [rr - zz] . M\mu}{rr . Mm}$) pro valore vis acceleratricis puncti M; qui valor præcisè æqualis eſt valori jam definito vis acceleratricis, in punctum N parallelè ad Mm agentis. Unde denuò confirmatur prima ſuppoſitio in Propoſ. 3. ſolutione factâ, quòd eadem ſit velocitas punctorum M & N parallela ad Mm, (quam deinceps *velocitatem horizontalem* vocabo.)

Id unum contrà hanc hypotheſim objici poſſe ſuſpicor, quòd, cùm ſit linea $\nu m < MN$, difficulter concipi queat, quomodò lineæ NM puncta omnia in νm perveniant. At 1°. cùm lineæ NM & νm quàm parùm inter ſe differant, error ex illarum diſcrimine exurgens in determinando motu punctorum lineæ NM, quàm minimus eſſe debet. 2°. Hypotheſis noſtra planè ſimilis & analoga eſt illi, quam huc uſque aſſumpſerunt ſcriptores omnes Hydraulici, nempè, Fluidi ex vaſe verticali figuræ cujuſlibet effluentis, particulas omnes in eâdem horizontali rectâ poſitas, eundem habere motum verticalem;

cialem; quæ hypothesis experientiâ abundè confirmatur; & eidem tamen difficultati obnoxia est, quam nunc perpendimus. 3°. Adjici-ne liceret (sed hæc leviter conjector) Fluidi partes in lineâ *NM* sitas, considerari forsan posse ut globulos elasticos, qui suam tantillùm immutent figuram, ut spatium *vm* occupent. Sint nempè *NM*, *GT*, (Fig. 8) columnæ duæ infinitè propinquæ; perveniat *NM* in *vm*, & *GT* in *St*; patet esse debere solidum per *NMTG* = solido per *vStm*. Unde, cùm sit *vm* minor quàm *NM*, basis posterioris solidi debet esse major basi prioris in eâdem ratione; supponi ergò forsan potest globulos elasticos prius solidum occupantes, fieri tantillùm Sphæroidales, ut posterius solidum occupent, diminutâ paululùm diametro secundùm *NM*, extensâ verò secundùm *Mm*.

Cæterum ista de particularum Fluidi figurâ & Elasticitate hypothesis (quam rursùs ut levem conjecturam haberi precor) nihil contrarium habet experimento, quo aqua incompressibilis evincitur. Nam v. g. globulus elasticus eburneus, ictu vel minimo figuram immutans, pressione immensâ comprimi non potest.

SCOLIUM IV.

19. Si altitudo *NM* (Fig. 3) parva non sit respectu radii *CM*, tunc supponere non licet eandem esse punctorum *N* & *M* velocitatem horizontalem. In solo enim casu quo arculus *Mm* sensibiliter non differt ab arculo concentrico, radio *Cn* descripto, admitti potest vim,

D

quæ in M æquilibrium facit cum columnis nM, vm, æqualem esse vi quæ in n cum gravitate æquiponderat. In aliis casibus eadem non est punctorum M & N vis acceleratrix, siquidem vires acceleratrices punctorum N & M, sunt excessus quovis $\frac{\varphi z \sqrt{[rr - zz]}}{rr}$ superat vires cum gravitate æquiponderantes. Proinde eadem esse non debet punctorum istorum velocitas horizontalis.

SCOLIUM V.

20. (*) Suspicabitur forsan aliquis velocitates horizontales punctorum M & N, (Fig. 5) posse saltem esse inter se ut radios CM, CN, eo in casu quo GP non est parva respectu ipsius CP. Quod si reverâ esset, puncta N & M eandem horizontaliter velocitatem angularem haberent, motusque eorum determinari haud difficulter posset; ut autem suspicio hæc omninò tollatur, demonstrabimus velocitates horizontales punctorum N & M, non esse accuratè ad invicem ut radios CN, CM, in eo casu quo GP est maximè parva respectu ipsius CP. Unde facilè concludetur eas velocitates in aliis casibus non esse ut radios.

Cùm vis NA, quatenus secundùm CN agit, sit $\frac{\varphi zz}{rr}$; partes columnæ MN singulæ sollicitantur vi $= p - \frac{\varphi zz}{rr}$, & prætereà punctum O secundùm OM movetur (*art.* 17.)

vi $= \frac{\phi(\frac{r}{3} - \frac{zz}{2r})6\epsilon}{rr} \times \frac{m\mu}{Mm} \times \frac{MO}{MN}$. Manifeſtum eſt ergo, factâ $MO = x$, pondus puncti O versùs M fore (not. (*a*) in *art.* 12.) $p - \frac{\phi zz}{rr} - \frac{\phi(6\epsilon)(\frac{r}{3} - \frac{zz}{2r})}{rr} \times \frac{x}{\epsilon} \times \frac{m\mu}{Mm}$. Unde pondus columnæ $OM = px - \frac{\phi zzx}{rr} - \frac{3\phi(\frac{r}{3} - \frac{zz}{2r})xx \cdot m\mu}{rr \cdot Mm}$; & pondus totum columnæ $IM = p \cdot IM - \frac{\phi zz\epsilon}{r} - \frac{3\phi\epsilon\epsilon \cdot m\mu(\frac{r}{3} - \frac{zz}{2r})}{Mm \cdot rr}$. Unde differentia inter pondus columnarum duarum vicinarum eſt $pd(NM) - \frac{2\phi z dz \cdot \epsilon}{rr} + \frac{3\phi\epsilon\epsilon \cdot m\mu \cdot z dz}{Mm \cdot r^3}$. Porrò ſi puncta N & M eandem haberent velocitatem angularem, foret vis acceleratrix ipſius $M = \frac{\phi z \sqrt{[rr - zz]}}{rr} \times \frac{CM}{CN} \times \frac{m\mu}{Mm}$; & vis quæ cùm gravitate p æquilibrium facere debet $= \frac{\phi z \sqrt{[rr - zz]}}{rr} \times \frac{r-\epsilon}{r} \times \frac{M\mu}{Mm}$, quæ multiplicata per $Mm = \frac{rdz - \epsilon dz}{\sqrt{[rr - zz]}}$, debet eſſe = differentiæ ponderis duarum columnarum vicinarum IM, $i\mu$; porrò eſt $pd(NM) = \frac{\phi z dz \cdot M\mu}{r \cdot Mm}$. Quare deberet eſſe $\frac{M\mu}{Mm} \times - \frac{2\phi\epsilon z dz}{rr} = \frac{3\phi\epsilon\epsilon \cdot m\mu r z dz}{Mm \cdot r^3} - \frac{2\phi\epsilon z dz}{rr}$. Quod eſt impoſſibile.

Si præter vim secundùm NA, ageret etiam alia vis secundùm NC, proportionalis distantiæ puncti N à C; quod quidem locum habet, (*Princ. Math. l.* 1. *Prop.* 66.) ubi vis NA oritur ex actione corporis cujusvis è longinquo distantis, & in massam DCG agentis : eo in casu facilè etiam demonstrabitur eandem non fore velocitatem angularem punctorum M & N. Nam cùm expressio vis illius quæ agit secundùm NC, nec contineat z, nec Mm, nec $M\mu$, nec $m\mu$, facilè intelligitur æquationem quæ in casu præcedente locum habere non potuit, quæquæ (in præsente casu) conservat quantitates $\frac{M\mu}{Mm} \times \frac{-2\varphi\iota z dz}{rr}$ & $\frac{3\varphi\iota\iota . m\mu . z dz}{Mm . rr} - \frac{2\varphi\iota z dz}{rr}$, locum etiam habere non posse, in hypothesi de quâ nunc agitur.

SCOLIUM VI.

21. Si vis quam in puncto n secundùm nA (Fig. 3) agere supposuimus, ageret secundùm nB ipsi GC parallelam, & proportionalis foret sinui anguli NCE, seu Cosinui anguli NCG; tunc, id tantùm in calculis omnibus præcedentibus mutandum foret, ut substitueretur $-\varphi$ pro φ, designante φ vim secundùm CG in G; siquidem vis quæ puncta N & M, in directione horizontali, ad motum sollicitat, tunc erit $-\frac{\varphi z \sqrt{[rr - zz]}}{rr}$.

In hoc casu, Ellipseos gnd major axis erit Cg, minor verò Cd; negativæque fient lineæ Gg, Dd, Mm, Nn, NI, &c. reliquis, ut anteà, permanentibus.

PROPOS. IV. LEMMA.

22. *Sit Sphærois Elliptica revolutione semi Ellipseos* gdK (Fig. 9) *circà minorem suum axem* gK *generata : dico*, 1°. *attractionem quam Sphæroidis massa exercet in punctum quodvis* n *secundùm* nR, *fore æqualem attractioni quam in punctum* S *exerceret Sphærois*, *Sphæroidi* gdK *similis & ejusdem densitatis*, *cujus axis minor foret* 2CS, *& centrum* C ; 2°. *attractionem quæ idem punctum* n *secundùm* nS *urgeret*, *fore æqualem attractioni quam in punctum* R *exerceret Sphærois*, *Sphæroidi* gdK *similis*, *& ejusdem densitatis*, *cujus centrum* C, *& axis major* 2CR.

Hæc propositio à Clarissimo *Mac-Laurin* demonstrata est in præclarâ Dissertatione de Fluxu & Refluxu maris.

COROLL. I.

23. Habebitur ergò attractio in *n*, si determinetur quantitas attractionis in *R* & *S* à supradictis Sphæroidibus productæ. At harum attractionum prior, (*Cor.* 3. *Prop.* 91. *l.* 3. *Princ. Math.*) est ad attractionem in *d*, ut *CR* ad *Cd*, posterior verò est ad attractionem in *g*, ut *CS* ad *Cg*. Ergò huc redit quæstio ut determinentur attractiones in *g* & in *d*.

COROLL. II.

24. Quo simplicior fiat calculus, assumemus Ellipsim *gdK* à circulo $g\delta K$ quam parum differentem. Hoc posito, ut determinetur quantitas attractionis in *g*, sit *Cg* vel $C\delta = R$, $\frac{\delta d}{Cg} = \frac{\alpha}{R}$; $gS = x$; $2n$ ratio circumferentiæ

ad radium, δ densitas Sphæroidis, seu ratio massæ ad volumen: notum est attractionem Sphæræ in g esse $\frac{4nR^3\delta}{3} \times \frac{1}{R^2} = \frac{4nR\delta}{3}$; cui quantitati (ut definiatur attractio Sphæroideos, addendus est valor ipsius quantitatis $\int \frac{2ndx \,.\, \delta \,.\, x \,.\, (2Rx - xx) \,.\, a}{(2Rx)^{\frac{3}{2}} \,.\, R}$, quando $x = 2R$, hoc est $\frac{16na\delta}{15}$. Ergo attractio in S secundùm SC, seu in n secundùm $nR = \frac{CS}{Cg} \times (\frac{4nR\delta}{3} + \frac{16na\delta}{15})$.

Quod attinet ad attractionem in d; ut hæc inveniatur, observabimus cum Clarissimo *Daniele Bernoulli* sectiones Sphæroidis ad Cd perpendiculares esse Ellipses generatrici similes, quarum ratio ad circumscriptos circulos sit $\frac{1}{1 + \frac{a}{R}} = 1 - \frac{a}{r}$ quàm proximè. Quamobrem si fiat $dR = x$, attractio in d erit æqualis attractioni globi Sphæroidi circumscripti, nempè $\frac{4n\delta}{3}(R + a)$ detracto valore ipsius $\int \frac{ndx \,.\, a\delta x \,.\, (2Rx - xx)}{(2Rx)^{\frac{3}{2}} \,.\, R}$, quando $x = 2R$, hoc est $\frac{8na\delta}{15}$. Ergo attractio in n secundùm $nS = \frac{CR}{Cd} \times (\frac{4n\delta R}{3} + \frac{12na\delta}{15}) =$ quàm proximè $\frac{CR}{Cg} \times \frac{4n\delta R}{3} - \frac{a}{R} \,.\, \frac{CR}{Cg} \times \frac{4n\delta R}{3} + \frac{CR}{Cg} \times \frac{12na\delta}{15}$. Quare, existente z sinu anguli gCn,

& sinu toto r, erit attractio in punctum n agens perpendiculariter ad $Cn = \frac{CR \cdot CS \cdot \alpha}{Cg^2 \cdot R} \times \frac{4n\delta R}{3} + \frac{4n\alpha\delta}{15} \times \frac{CS \cdot CR}{Cg^2} = \frac{z\sqrt{[rr - zz]}}{rr} \times \frac{4n\delta R}{3} \times \frac{6\alpha}{5R}$.

Coroll. III.

25. Attractio igitur Sphoeroidis, quæ in punctum n agit perpendiculariter ad Cn, est, cœteris paribus, ut differentia α axium.

Scolium.

26. Si oblongata esset Sphœrois, tunc esset α negativa quantitas, & attractio in n agens perpendiculariter ad Cn, versùs partes g esset directa.

Propos. V. Lemma.

27. *Si per punctum quodvis* γ *lineolæ* Gg (Fig. 5) *describatur curva* $\gamma I \delta$, *talis, ut sit ubique* Nn : NI :: Gg : Gγ, *dico hanc novam curvam* $\gamma I \delta$ *fore Ellipsim, cujus axium differentia erit ad* α, *ut* Gγ *ad* Gg.

Nam siquidem $Cn = Cg + \frac{\alpha zz}{rr}$, & $nI = \frac{Nn \times g\gamma}{Gg} = \frac{(Cg + gG - Cn) \times g\gamma}{Gg} = (gG - \frac{\alpha zz}{rr}) \times \frac{g\gamma}{Gg} = g\gamma - \frac{\alpha zz \cdot g\gamma}{rr \cdot Gg}$; erit $CI - C\gamma = Cg + \frac{\alpha zz}{rr} + g\gamma - \frac{\alpha zz}{rr} \times \frac{g\gamma}{Gg} - Cg - g\gamma = \frac{\alpha zz}{rr} \times \frac{G\gamma}{Gg}$. Ergo $C\delta - C\gamma = \frac{\alpha \cdot G\gamma}{Gg}$. *Q. E. D.*

PROPOS. VI. PROBLEMA.

28. *Iisdem positis ac in Prop. 3. quæratur motus Fluidi* GDEP, (Fig. 5) *supponendo attractionem mutuam, tum in Fluidi, tum in Globi solidi particulis.*

1°. Attractio quam globus simul cum Fluido exercet in punctum n perpendiculariter ad Cn, eadem est quæ foret, si globus solidus esset homogeneus, & ejusdem cum Fluido densitatis δ, quia nempè attractio globi perpendicularis ad Cn nulla est.

2°. Ut inveniatur superficies Fluidi gnd in æquilibrio stantis, scribenda est in calculis *art.* 2. & sequentium usque ad 11, pro φ, quantitas $\varphi + \frac{4n\delta . 6\alpha}{3 . 5}$; & si fiat $CP = \varrho$; ponaturque $\frac{4n\Delta\varrho}{3}$ = attractioni globi solidi secundùm nC, erit $\varphi + \frac{4n\delta . 6\alpha}{3 . 5} = \varphi + \frac{6\alpha}{5r} \times p \times \frac{4n\delta r}{4n\delta r - 4n\delta\varrho + 4n\Delta\varrho}$. Ergo (Fig. 3.) linea $d\omega$ seu $\alpha =$

$$\frac{r}{2} \times \left(\frac{\varphi}{p} + \frac{4n\delta . 6\alpha}{5(4n\delta r - 4n\delta\varrho + 4n\Delta\varrho)}\right) =$$

$$\frac{\varphi r}{2p} : \left(1 - \frac{3n\delta r}{5(n\delta r - n\delta\varrho + n\Delta\varrho)}\right).$$

3°. Habebitur proinde motus Fluidi, si in calculis *articulorum* 12, 13 &c. ponatur pro φ quantitas $\varphi : \left(1 - \frac{3n\delta r}{5(n\delta r - n\delta\varrho + n\Delta\varrho)}\right)$ quæ, quoniam est r ferè $= \varrho$, reducetur ad $\frac{\varphi}{1 - \frac{3\delta}{5\Delta}}$.

Nam

Nàm cùm ſit complementum anguli in I ſeu i, ad complementum anguli in n, ut $G\gamma$ ad Gg, ſeu ut $M\mu$ ad Mm; & vis quæ in n cum gravitate p æquilibrium facit, ſit $\frac{\varphi z \surd [rr - zz]}{rr\,(1 - \frac{3\delta}{5\Delta})}$; oportet ut vis quæ in i cum gravitate æquilibrium facit, ſit æqualis ipſi $\frac{\varphi z \surd [rr - zz]}{rr\,(1 - \frac{3\delta}{5\Delta})} \times \frac{G\gamma}{Gg}$. Atqui reipsâ hæc vis hunc habet valorem. Etenim vis quæ agit in punctum n perpendiculariter ad Cn, compoſita eſt ex attractione perpendiculari ad Cn, & vi $\frac{\varphi z \surd [rr - zz]}{rr}$, harumque virium ſumma eſt $\frac{\varphi z \surd [rr - zz]}{rr\,(1 - \frac{3\delta}{5\Delta})}$; porrò attractio in n eſt ad attractionem in I ſeu i (*art.* 25) ut $Cd - Cg$ ad $C\delta - Cg$, ſeu (*art.* 27) ut Gg ad $G\gamma$; vis verò $\frac{\varphi z \surd [rr - zz]}{rr}$ in n eſt ad vim reſpondentem in I ſeu i, ut Gg ad $G\gamma$. Ergo attractionis in I, & vis illius quæ vi $\frac{\varphi z \surd [rr - zz]}{rr}$ reſpondet, ſumma eſt $\frac{\varphi z \surd [rr - zz]}{rr\,(1 - \frac{3\delta}{5\Delta})} \times \frac{G\gamma}{Gg}$. *Q. E. D.*

COROLL. I.

29. Hinc, quæcumque in *art.* 2, 3 &c. uſque ad 22 demonſtrata ſunt, huic caſui poſſunt applicari, in quo

Fluidi partes se invicem attrahere ponuntur, scriptâ tantùm $\frac{\varphi}{1-\frac{3\delta}{5\Delta}}$ prò φ.

SCOLIUM GENERALE.

30. Si superficies *PME*, *GND*, circulares non sint, sed tantùm proximæ circulo; iidem pro inveniendo Fluidi motu fieri debent calculi ac anteà, modo superficies *GND* talis sit, ut, abstrahendo ab actione vis φ, sit in æquilibrio; lineæ nempè *NI*, *Nn*, *Gg*, $G\gamma$, *Mm*, $M\mu$, eædem semper remanebunt; sola angulorum in *n* & *i* complementa minuentur aut augebuntur complemento anguli *GNC*; at simul vires quæ in *i* & *n* cum gravitate æquiponderare debent, in quâlibet hypothesi, minuentur aut augebuntur vi quæ in *N* agit normaliter ad *CN*, quæque, posito superficiei *GND* æquilibrio, anguli *GNC* complemento proportionalis esse debet. Quæ quidem observatio locum habet, tum in systemate gravitatis versùs unum centrum, tum in systemate Attractionis partium materiæ. Etsi hæc demonstratione indigere non videantur, tamen ex principiis infrà ponendis dilucidissimè probari poterunt (*Vid. art.* 62).

COROLL. II.

31. (*) Siquidem differentia axium, in Attractionis hypothesi, est $\frac{\varphi r}{2p\left(1-\frac{3\delta}{5\Delta}\right)}$; evidens est differentiam il-

lam posse respectu ipsius r esse satis magnam, nempè si non sit $\frac{\varphi}{2p\left(1-\frac{3\delta}{5\Delta}\right)}$ admodùm parva quantitas; imò differentiam illam fieri infinitam eo in casu in quo est $3\delta = 5\Delta$; sed notandum, iis in casibus in quibus α respectu r non est parva, non valere calculos *art.* 24 & sequentium, in quibus α supponitur admodùm parva respectu ipsius r.

Prætereà, si sit $1-\frac{3\delta}{5\Delta}$ negativa quantitas, tunc differentia axium negativa evadit, hoc est, Sphærois fit oblongata circà axem CP, & valent laudatorum articulorum calculi, modò parùm oblongata sit Sphærois.

Atque hinc (quod obiter tantùm monebo) facilè intelligitur quomodò fieri potuisset, ut terra fuisset oblonga ex rotatione circa suum axem, si primùm Sphærica fuisset, & compositá ex duabus partibus Sphæricis, una solidâ & alterâ Fluidâ, quarum densitates Δ & δ fuissent inter se in minori ratione quàm 3 ad 5.

Id quidem satis paradoxum videri potest, quod talis esse queat densitas Fluidi $GPED$, ut à viribus secundùm NA agentibus Fluidum in D subsidere cogatur, in G verò extollatur. Sed meditanti facilè apparebit multos esse casus in quibus Sphæroidis axis major non possit esse Cd. Nam cùm sit necessariò $\alpha = \frac{r}{2} \times \left(\frac{\varphi}{p} + \frac{4n\delta \cdot 6\alpha}{5(4n\delta r - 4n\delta\varrho + 4n\Delta\varrho)}\right)$ seu $\alpha = \frac{\varphi r}{2p} + \frac{3\alpha\delta}{5\Delta}$, manifeſtum eſt quantitatem α poſitivam eſſe non poſſe, ſi habeatur $\frac{3\alpha\delta}{5\Delta} > \alpha$, ſeu $3\delta > 5\Delta$.

Quare talis eſſe poteſt ratio denſitatum δ & Δ, 1°. ut Fluidum, etiam vi quàm minimâ ſecundùm *NA* agente, extollatur quàm plurimùm in *D*; 2°. ut in eodem puncto *D* quàm plurimùm deprimatur.

Si nucleus interior, quem huc uſque Sphæricum poſuimus, eſſet Sphærois Elliptica cujus ſemiaxium differentia $= \alpha'$, poſitâ ſemper altitudine Fluidi maximè parvâ reſpectu radii r, eſſet attractio horizontalis puncti cujuſvis n Fluidi $= \frac{z\sqrt{[rr - zz]}}{rr} \times [\frac{4n\delta}{3} . \frac{6\alpha}{5} + \frac{4n\Delta - 4n\delta}{3} \times \frac{6\alpha'}{5}]$.

Unde invenietur

$$\alpha = \frac{r}{2} \times [\frac{\varphi}{p} + \frac{4n\delta . 6\alpha + (4n\Delta - 4n\delta) . 6\alpha'}{5 . 4n\Delta r}] = \frac{\frac{\varphi r}{2p} + \frac{3\alpha'}{5}(\frac{\Delta - \delta}{\Delta})}{1 - \frac{3\delta}{5\Delta}};$$

quare etiamſi compreſſus ſit nucleus interior, poterit eſſe Sphærois oblonga, ſi $1 < \frac{3\delta}{5\Delta}$, & $\varphi + \frac{6p\alpha' . (\Delta - \delta)}{5\Delta r}$ poſitiva ſit quantitas: generatim ſive nucleus interior ſit compreſſus, ſive oblongatus, hoc eſt, ſive ſit α' poſitiva quantitas, ſive negativa, erit Sphærois Fluida interior compreſſa aut oblongata, prout fractionis præcedentis termini ambo erunt ejuſdem ſigni aut diverſorum ſignorum.

Ergò ſi terra eſſet Sphærois oblonga, neceſſarium non foret recurrere cum nonnullis Authoribus ad nucleum interiorem oblongatum; posset enim esse nucleus iste interior compressus, & nihilominùs terra esse versùs polos oblongata.

COROLL. III.

32. (*) Ex præcedenti articulo sequitur, datâ, v. g. elevatione aquarum maris ex vi unicâ Solis aut Lunæ, aut ex vi Solis & Lunæ conjunctim, datâque harum virium unaquâque, aut etiam ambarum summâ, posse semper determinari relationem inter δ & Δ quâ fiat, ut aquæ maris datam elevationem consequi possint; quæ quidem relatio inter Δ & δ aliunde cognosci non posse videtur. Inde concludetur quænam foret gravitas orta ex attractione globi solidi, qui ejusdem densitatis foret ac aqua maris.

Newtonus, quærendo elevationem aquarum maris ex unicâ vi Solis oriundam, invenit eam duorum circiter pedum, supponendo globum terraqueum esse omninò Fluidum: sed altitudinem istam multò majorem invenisset, si profunditatem maris respectu terræ quàm minimam assumpsisset, v. g. $\frac{1}{4}$ mill. simulque supposuisset, densitatem partium solidarum esse à densitate aquæ diversam. Quare, ut altitudo aquæ maris ex Solis ac Lunæ vi oriunda, observationibus respondeat, necesse non videtur confugere ad hanc hypothesim, quod terra componatur ex infinitis numero Fluidis diversæ densitatis, sibi invicem incumbentibus (de quâ hypothesi mentionem in *art.* 36 paulò ampliorem faciemus): sufficit ut admittatur partes terræ ſolidas eandem cum aquâ maris denſitatem non habere.

COROLLARIUM GENERALE.

33. Ex his quæ hactenùs demonſtrata ſunt, facilè deduci poteſt venti velocitas & directio, in quocumque terræ loco, ſupponendo 1°. Aërem eſſe Fluidum homogeneum, rarum nec Elaſticum; 2°. Terram quam undique circumfluit, eſſe globum ſolidum, ſeu parùm à globo differentem; 3°. Terram cum ambiente aëre, circà axem ſuum gyrari. 4°. Solem & Lunam nullum reſpectu centri Terræ motum habere, & in aëris molem attrahendo agere.

Advertetur primùm, cùm aër maximè rarus ſupponatur, nullum ex attractione particularum aëris ſenſibilem effectum naſci debere, ſiquidem vis $\frac{\phi}{1-\frac{3\delta}{5\Delta}}$ debet cenſeri æqualis ipſi ϕ, quandò δ eſt quàm minima reſpectu Δ.

Jam verò, ut determinetur primò ventus, ex ſolâ terræ rotatione ortus, facilè patet ventum illum alternatim à Noto versùs Auſtrum, & ab Auſtro versùs Notum flare, tempuſque, quo unam peragit oſcillationem, à ſolâ aëris altitudine pendere (*art.* 13.).

Ut leve calculi ſpecimen offeramus, ſupponatur altitudo aëris, (in præſente homogeneitatis hypotheſi) $= 850 \times 32^{\text{ped.}}$ ſiquidem aër Terræ propior 850 circiter vicibus rarior eſt quam aqua, & aëris columnæ totali æquipollent aquæ 32 pedes; erit ergò (*art.* 13) tempus per $Mm = \frac{\theta nr}{4\sqrt{[3a2]}} = 1^{\text{fec.}} \times \frac{180 \cdot 57060 \cdot 6}{4\sqrt{[3 \cdot 15 \cdot 850 \cdot 32]}}$; quia ſcilicet ponendo $\theta = 1^{\text{fec.}}$ eſt $a = 15^{\text{ped.}}$, $nr = 180$ grad. terreſt. $= 180 \cdot 57060 \cdot 6$: porrò $1^{\text{fec.}} \times \frac{180 \cdot 57060 \cdot 6}{4\sqrt{[3 \cdot 15 \cdot 850 \cdot 32]}}$

$= 1^{\text{diei}} \times \frac{61624800}{4 \times 302276571} \times (3 + \frac{1}{6})$ circiter.

Jam, ſi abſtrahendo à motu Terræ, & à vi Lunæ, quæratur ventus oriundus ex vi Solis perpendiculariter & immobiliter ſtantis in quemvis Terræ locum *D*; evidens eſt ventum in quovis loco fieri ſemper debere in plano circuli per Solem & centrum Terræ tranſeuntis, & alternatim in partes contrarias excurrere, tempore $=$

$2^{\text{dieb.}} \times \frac{61624800}{4 \times 302276571} \times (3 + \frac{1}{6})$.

Nunc verò, ſi componantur inter ſe motus aëris orti ex rotatione Terræ circà ſuum axem, ex vi Solis, & ex vi Lunæ; habebitur in quovis loco directio, & velocitas venti pro inſtanti quovis. Nam ſiquidem figura aëris parùm mutatur ex actione uniuſcujuſque harum virium ſeparatim agentium, ſequitur eundem quàm proximè aëris motum eſſe debere, ex his tribus cauſis ſimul agentibus oriundum, qui ex ſeparatis motibus componeretur. Jam verò notandum eſt,

1°. Si Solis & Lunæ actio, cum rotatione Terræ circà ſuum axem incipere ſupponatur, directionem venti ſemper fore in datâ lineâ rectâ, & alternatim fore in oppositos sensus tempore jam definito; contrà verò, si hæ tres causæ eodem momento agere non incipiant, directionem venti perpetuò variari.

2°. Tempus oscillationum venti ab his causis non pendere, licet ab iisdem causis pendeat vis venti absoluta.

SCOLIUM I.

34. Silentio prætermittendum non est, methodum præcedentem satis accuratam fortassis non esse in determinando vento qui ex Terræ rotatione oriri potest; siquidem, ut nimis à vero non aberret hæc methodus, debet esse (*art.* 10) $\frac{\varphi r}{6 \epsilon p}$ quantitas satis parva: porrò cùm sit $\varphi = \frac{\epsilon p}{289}$; $\epsilon = 850 \times 32$ ped.; $r = 19695539$; erit

$$\frac{\varphi r}{6 \epsilon p} = \frac{19695539}{6 \cdot 289 \cdot 850 \cdot 32} = \frac{19695539}{47164800}$$; quæ quantitas forsan satis parva non est, ut solutio pro satis accuratâ habeatur.

Quod autem attinet ad ventum ex vi Solis oriundum, locum non habet eadem difficultas. Nam vis φ, ut patet ex Principiis Mathematicis Philosophiæ naturalis, est $\frac{3Sr}{d^3}$, (*a*) existente S massa Solis, & d ejus distantiâ

(*a*) Hîc & in sequentibus omninò negligitur ea vis orta ex actione astri, quæ agit secundùm NC, quæque (*Princ. Math. l.* 1. *Prop.* 66.) = quàm proximè $\frac{S \cdot NC}{d^3}$; quia nempè hæc vis respectu gravitatis p nulla censeri debet, existente NC ferè æquali radio CP.

à

à Terræ centro. At cùm vires centrales seu centrifugæ sint inter se in ratione compositâ ex radiis directè, & quadratis temporum periodicorum inversè, erit $\frac{S}{d^2} : \frac{p}{289} :: \frac{d}{(365)^2} : \frac{r}{1}$; unde $\frac{3Sr}{d^3} = \frac{3p}{289 \cdot (365)^2}$; proinde $\frac{\varphi r}{6 \iota p} = \frac{19695539}{2 \cdot 289 \cdot (365)^2 \cdot 850 \cdot 32}$; quæ quantitas valdè exigua est. Quod attinet ad Lunam, ejus vis, juxta Newtonum, vis Solaris circiter quadrupla est; unde, pro Lunâ, est etiam $\frac{\varphi r}{6 \iota p}$ satis parva quantitas.

SCOLIUM II.

35. Advertendum maximè, in hypothesi actionis Solaris, differentiam inter pondus duarum aëris columnarum à se invicem 90 gradibus distantium, esse $\frac{3Sr^2 \cdot \delta}{2d^3}$, positâ δ prò densitate aëris Terræ vicini; proinde hæc differentia $= \frac{3p \cdot (19695539) \times \delta}{2 \cdot 289 (365)^2}$: at cùm sit densitas Mercurii ad densitatem Aëris, circùm circà, ut 850×14 ad 1, quantitas ista est ad pondus 27 pollicum Mercurii, ut $\frac{19695539 \times 3}{2 \cdot 289 \cdot (365)^2} : \frac{27}{12} \times 850 \times 14$. Ergo quæsita differentia æqualis est ponderi unius Mercurii pollicis, multiplicato per $\frac{36 \times 19695539}{2 \cdot 289 \cdot (365)^2 \cdot 850 \times 14}$, hoc est, æqualis ponderi

$\frac{709039404}{6878200 \times 129985}$ partium pollicis Mercurii, quæ quidem quantitas observatione percipi non potest. Notandum prætereà differentiam inter pondus duarum columnarum à se invicem 90 gradibus distantium, semper esse æqualem huic quantitati $\frac{3Sr^{2}\delta}{2d^{3}}$, sive aër homogeneus sit, sive ex partibus diversæ densitatis compositus, & altitudinis cujuscumque. Quare generatim affirmare possumus, mirum non esse, si actio Solis & Lunæ nullum in Barometro sensibilem effectum edant.

SCOLIUM III.

36. Clarissimus *Daniel Bernoulli* in eximio Tractatu de Fluxu & Refluxu maris, longè aliam affert rationem cur actio Solis & Lunæ, nullum in Barometro sensibilem effectum producat. Juxtà illustris hujus Geometræ calculum, actio unica Solis, differentiam viginti lineis majorem, in Barometri altitudine producere deberet, si aër non esset Fluidum Elasticum: sed cùm aër sit Elasticus, pressio ejus, juxtà celeberrimum Authorem, in omnibus Terræ locis eadem esse debet; quare altitudo Mercurii in Barometro, ab actione Solis & Lunæ, sensibiliter mutari non potest.

At 1°. Dubitari forsan posset, utrùm ab Elasticitate aëris necessariò sequatur pressio æqualis in omnes Terræ partes. Ut enim Fluidum Elasticum, cujus partes, exempli causâ, secundùm *NA* (Fig. 3) trahuntur, in æquilibrio ſubſiſtat, ſufficere videtur, ut preſſio in M, v. g. ſit æqualis Elaſticitati ejus Fluidi particulæ quæ eſt in M; quemadmodùm in aëre, cujus partes ſibi mutuò incumbunt, ſufficit, ut reactio ſuperficiei cujuſvis ab Elaſticitate orta, æqualis ſit ponderi incumbenti, nec neceſſe eſt ut preſſio ad quamlibet altitudinem eadem ſit. 2°. Etiam ſi concederetur æqualitas preſſionis ab Elaſtro aëris orta, ſaltem dubitari poſſe videtur, utrùm in aëre cujus partes à vi Solis continuò diversè agitantur, preſſio iſta in omnem Terræ ſuperficiem unico momento ita diffundi poſſit, ut fiat ubique eadem. Quare ſi clariſſimi Geometræ calculos ſequamur, non impoſſibile videtur, ut Barometrum, per diem unamquamque, ſenſibilem patiatur variationem.

Sed ſi aliâ hypotheſi nixi fuiſſent hi calculi, forſan ad Elaſticitatem aëris opus non fuiſſet confugere. Quod ut pleniùs intelligatur, liceat celeberrimi Geometræ analyſim hîc accuratiùs perpendere.

Clariſſimus *Daniel Bernoulli*, eâdem quam fecimus, nititur hypotheſi: ſupponit nempè (*ch.* 4. *art.* II. *n.* IV) Terram eſſe globum ſolidum ex infinitis ſuperficiebus ſolidis & Sphæricis compoſitum, quarum unaquæque ſit homogenea, ſed denſitate ab aliis differat; terreſtremque globum eſſe coopertum Fluido homogeneo, cujus altitudo reſpectu radii Terræ ſit quàm minima; aſſumit ergò nucleum Sphæricum GbH (Fig. 10) immutabilem, ſolam verò partem Fluidam $GBHbG$ ab actione ſolis mutari: ſolutionem Problematis inde deducit, quòd

Fluidum in canalibus GC, BC, contentum, in æquilibrio esse debeat : factis igitur $AC = a$, $CG = b$, $Bb = \epsilon$, Cp seu $Cn = x$; po seu $nm = dx$, densitate variabili in o aut in $m = m$, densitate uniformi Fluidi $GBHbG = \mu$; gravitate in C versùs corpus $A = g$, vi acceleratrici quam globus exercet in G aut b, $= G$, vi eâdem pro punctis o & $m = Q$; invenit pondus columnæ

$$BC = \mu \epsilon G + \int Q m dx - \frac{\int 2gmxdx}{a} - \frac{\int 8n\mu\epsilon mxdx}{15b};$$

pondus verò columnæ $GC = \int Q m dx + \frac{\int gmxdx}{a} + \frac{\int 4n\mu\epsilon mxdx}{15b}$. Unde eruitur

$$\epsilon = \frac{\int 15gbmxdx}{5\mu Gab - \int 4n\mu amxdx}.$$

Hinc sequeretur quantitatem ϵ, cœteris paribus, esse in ratione inversâ densitatis μ Fluidi $GBHbG$; quod quidem Analysi nostræ non parùm adversatur.

Id ut pateat, supponamus nullam rationem haberi Attractionis partium globi; hâc in hypothesi quantitates $-\frac{\int 8n\epsilon\mu mxdx}{15b}$ & $\frac{\int 4n\mu\epsilon mxdx}{15b}$ in calculis præcedentibus evanescent, eritque, positâ gravitate in ratione inversâ quadrati distantiarum,

$$\epsilon = \frac{3\int gmxdx}{\mu Ga}.$$

Unde videtur, quòd si Attractionis nullâ habeatur ratio, quantitas ϵ, juxtà celeber. *Dan. Bernoulli* calculum, rationem etiam ſequatur inverſam denſitatis μ. Juxtà autem Analyſim noſtram in *art.* 2. expoſitam, differentia axium $\frac{\varphi r}{2p}$ non pendet à denſitate Fluidi $GBHbG$. Undenam oriri poteſt diſcrimen illud? Hujus, ni fallor, dari poteſt cauſa ſequens.

Suppoſuit Clariſſimus *Bernoulli* partem globi GbH ut ſolidam conſiderari: at, hoc poſito, æquilibrium videtur inſtitui non debere inter canales totales CG, BG, quorum quidem partes CG, bG, eò quòd ſolidæ ſint, inter ſe æquipollere cenſendæ ſunt, ſive idem præcisè pondus habeant, ſive non; æquilibrium reverâ eſſe debet in ſolâ parte Fluidâ homogeneâ $GBHb$; ab hâc enim tantùm figura globi mutari poteſt. Porrò, ſi Attractionis nulla ratio habeatur, invenietur (ut in *art.* 2.) $B\beta =$ $\frac{\varphi r}{2p}$; ſi verò Attractionis habeatur ratio, differentia axium erit $\frac{\varphi r}{2p\left(1-\frac{3\delta}{5\Delta}\right)}$ quæ non ſequitur rationem inverſam ipſius δ, ſed potius eò major eſt quò major eſt δ, ſi $1 > \frac{3\delta}{5\Delta}$; eò verò minor, ſed negativè ſumpta, quò major eſt δ, ſi $3\delta > 5\Delta$.

Jam verò ſi pars GbH Fluida ſupponatur, tunc aſſumi non poſſunt ſuperficies mo, pn, circulares & concentricæ; omnes enim ſuperficies diverſæ denſitatis ex quibus globus ſolidus componitur, ſuam mutant figuram; proinde differentia axium non erit Bb, ſiquidem erit Cb major quàm CG.

Dico autem 1°. si Attractionis nulla ratio habeatur, hanc differentiam eandem esse ac si globus esset compositus ex Fluido homogeneo, densitatis cujuslibet: etenim sit *GB* (Fig. 11) curva quam Fluidum induere debet in hypothesi homogeneitatis totalis, sintque *PO*, *NM*, *nm*, curvæ ad quas pressio Fluidi sit perpendicularis; evidens est fore *Nn* in æquilibrio cum *Mm*; unde auctâ vel imminutâ densitate Fluidi in spatio *NMmn* contenti, non turbabitur æquilibrium: quod cùm dici possit de Fluido in aliis spatiis contento, sequitur Fluidum *GBG* eandem constanter figuram servare debere, sive homogeneum sit, sive non, modò Attractionis ratio non habeatur.

Ergo differentia axium ϵ non debet pendere à lege densitatis variarum globi partium, saltem si ab Attractione abstrahatur. Tamen juxtà formulam

$$\epsilon = \frac{3\int g\mu x dx}{\mu G a}$$

quam ex Cl. *Bernoulli* formulâ eruimus, pendet ϵ à densitate variabili μ. Videtur ergò de Cl. *Bernoulli* formulâ dubitatio aliqua institui posse, sive globus supponatur totus Fluidus, sive partim Fluidus, partim solidus.

Necessarium autem non videtur inquirere, quænam esset globi figura, si supponeretur totus Fluidus, & ex superficiebus diversæ densitatis compositus, ac prætereà haberetur ratio Attractionis partium. Hoc quidem in inquirendâ terræ figurâ utile esse potest, quia nempè supponi licet Terram, quæ nunc ex partibus, tùm Fluidis tùm ſolidis diverſæ denſitatis conſtat, primâ in origine conflatam fuiſſe totam ex Fluidis diverſæ denſitatis ſibi invicem incumbentibus, quæ quidem poſt indutam figuram quam poſtulabant hydroſtaticæ leges, magna ex parte indurata ſunt. Sed in eâ, quam nunc tractamus, materiâ, nempè in inquiſitionibus circà æſtûs aut ventorum cauſam, ſupponi debet terra quàm proximè in eo, in quo reverâ eſt, ſtatu; hoc eſt, magnâ ex parte ſolida, coopertaque 1°. maſsâ Fluidâ homogeneâ, & attractivâ, nempè aquâ maris. 2°. Fluido heterogeneo maximè raro, cujus Attractionis, utpote inſenſibilis, nulla ratio habeatur.

Ut autem hoc in caſu inveniatur Fluidi mixti figura, definiatur primùm per *art.* 28. figura, quam aqua induere debet, quæ quidem ob inſenſibilem aëris Attractionem, eadem ferè cenſenda eſt, ac ſi nullus ſuperincumberet aër. Hoc poſito, patet ſuperficiem maris & ſuperficiem ſuperiorem aëris ad libellam componi debere: quare columna verticalis aëris inter haſce duas ſuperficies contenta, ubique ejuſdem ponderis eſſe debet, atque adeò ejuſdem ubique magnitudinis. Unde facilè determinatur cujuſlibet aëris ſuperficiei figura.

SCOLIUM IV.

37. Cæterùm, notandum eſt, ventum in ſuperioribus *articulis* 33 *&* 34. determinatum, flare debere in eâ tantùm hypotheſi, quòd aëris maſſa figuram Sphæricam primùm habuerit, quòd perfecta ſit partium Flui-

ditas, quòd denique Luna & Sol, immoti Terræ globo immineant. Facile autem est conjectari, aut massam aëris ab initio eam figuram fuisse habituram, quæ, tribus causis suprà dictis simul agentibus, in æquilibrio stare posset, aut saltem, si primùm Sphærica fuerit, propter partium frictionem & tenacitatem, ad æquilibrii statum brevi perventuram fuisse; quemadmodùm accidit aquæ in Syphone oscillanti.

Quapropter, quæ jam dicta sunt, ad id præcipuè utilia haberi debent, ut ad sequentia Lectorem disponant, quippe quæ plurima ad Theoriam modò exponendam necessaria principia contineant.

Ideò in sequentibus, in quibus Solem & Lunam respectu Terræ moveri supponemus, abstrahemus omninò à vento oriundo ex motu Terræ circà suum axem, qui ventus, jam pluribus abhinc sæculis desinere debuit, si unquam extitit, & prætereà, non idem præcisè futurus fuisset qui suprà determinatus est, propter heterogeneitatem partium aëris, quem, in venti determinatione, huc usque homogeneum posuimus.

Sphæroidica autem Athmosphere figura, ex illâ rotatione oriunda, nullam sensibilem producet mutationem in directione & velocitate venti, qui, positâ terrâ Sphæricâ, ex Solis & Lunæ motu post hac determinabitur.

Supponemus in sequentibus 1°. quiescere globum terrestrem, motumque omnem in Solem ac Lunam transferri; inde enim nulla in aëris motu differentia exurgere debet, nisi forsan ob vim centrifugam quæ ex motu

Terræ

Terræ diurno aut annuo poteſt oriri. At vis centrifuga quæ ex motu annuo oritur, cùm eadem ſit in omnibus globi partibus, nullum in aëre motum excitare debet, qui ipſi cum toto globo non ſit communis; vis autem centrifuga ex motu diurno naſcens, id tantùm efficit, ut aër paululùm Sphæroidicus ſit, nec inde ſenſibile oritur in aëris motu diſcrimen.

2°. Ab Elaſticitate aëris omninò abſtrahemus, ſaltem quantùm efficere poteſt, ut columnæ omnes verticales ejuſdem non ſint denſitatis; patet enim vim quæ horizontaliter premit particulas columnæ ſub aſtro ſtantis, maximam non eſſe reſpectu vis $\frac{3Sr^2\delta}{2d^3}$, quæ particulas iſtius columnæ in caſu æquilibrii premit, quæque (*art.* 35) ferè inſenſibilis eſt, proindè reſpectu ponderis totius aëris eſſe quàm minimam, atque adeò particulas iſtius columnæ denſitate ſuâ quàm parùm differre debere à denſitate partium columnæ quæ ab hâc 90 grad. diſtat.

3°. Supponemus aſtrum unicum circà Terram moveri; ſiquidem definitis ſeparatim motibus aëris, qui ex actione unius aſtri naſcuntur, facilè per compoſitionem motuum definietur motus ex aſtrorum quotlibet actione oriundus.

4°. Tandem ſupponemus ſemper $r = 1$, & poſito z pro ſinu anguli cujuſvis u, eſſe $z = \frac{c^{u\sqrt{-1}} - c^{-u\sqrt{-1}}}{2\sqrt{-1}}$ & $\sqrt{[1 - zz]} = \frac{c^{u\sqrt{-1}} + c^{-u\sqrt{-1}}}{2}$; quod Geometris notum est. Unde facto arcu PM (Fig. 3) $= u$, erit vis $\frac{3Sz\sqrt{[rr - zz]}}{rd^3} = \frac{3S}{d^3} \times \left(\frac{c^{2u\sqrt{-1}} - c^{-2u\sqrt{-1}}}{4\sqrt{-1}}\right)$.

SCOLIUM V.

38. Una ex præcipuis difficultatibus, quæ in inquirendo aëris motu occurrunt, in eo consistit, quòd, strictè loquendo, particula aëris quælibet eodem modo non moveatur ac si esset libera, & in calculo tanquam punctum unicum haberetur. Nam cùm particulæ aëris, v. g. Æquatorem circumdantes, sint sibi mutuò contiguæ; si partes illæ eâdem vi sollicitatrice urgerentur, motus omnium ac velocitas eadem forent versùs eandem partem. Proinde eadem foret velocitas particulæ cujuslibet, ac si particula ista consideraretur ut punctum unicum & liberum. Sed partes aëris à viribus diversis agitantur pro variâ earum ab Astro distantiâ; unde si considerentur partes illæ ut puncta libera, & quæratur cujusque puncti motus à vi acceleratrice oriundus; velocitas diversa invenietur pro unoquoque puncto: proinde, ut unaquæque aëris particula eandem velocitatem reverâ habeat, ac in eo casu in quo punctum unicum foret, simulque non desinant Fluidi partes esse sibi mutuò contiguæ, debet evenire necessariò, vel ut Fluidum subsidat iis in locis ubi est maxima velocitas, extollatur verò in iis ubi minima; vel ut Fluidum quatenùs est compressionis capax, iis in locis comprimatur ubi minima est velocitas, dilatetur verò in iis ubi maxima. At (*ex hyp.*) vis quæ in

aërem horizontaliter agit, tota ad motum particularum aëris impenditur; quare Fluidum non poteſt in 1°. caſu hîc ſubſidere, hîc deprimi, in 2°. caſu hîc dilatari, hîc comprimi, quin columnarum verticalium vis ſit inæqualis; unde novus neceſſariò orietur motus in particulis aëris, quo motus earum horizontalis turbabitur ac mutabitur.

Si tamen ſupponatur (quod abſolutè licet) Fluidum partim ſubſidere ac deprimi, partim dilatari ac comprimi, ita ut differentia inter pondus columnarum duarum vicinarum *nM*, *vm*, (Fig. 5) æqualis ſit actioni quâ particula Fluidi *Mm*, intrà has columnas contenta, ob Elaſticitatem ſe expandere conatur; tunc, & in eo unico caſu, motus particulæ cujuſque idem erit, ac ſi ambientium particularum nulla haberetur ratio.

Prætereà, abſtrahendo ab omni Elaſticitate, notandum eſt, quòd, etiamſi omnes columnæ verticales ejuſdem non forent ponderis, tamen abſolutè fieri poſſet, ut pro tenacitate & adhærentiâ partium, motus inde nullus in aëre oriretur, præſertim ſi aëris altitudo parva foret, quia, ſi minima ſit aëris denſitas, minimus quoque erit exceſſus ponderis columnarum, proinde minima vis motrix.

Liceat ergò nobis eam primùm velocitatem requirere quam haberet aër, ſi hujus quævis particula ut punctum unioum conſideraretur. Quod quidem Problema eò libentius hîc ſolutum dabo, quòd faciliorem ad ſequentia quàm plurima viam ſternat.

PROPOS. VII. PROBLEMA.

39. *Quæritur quinam esse debeat aëris motus, supponendo, 1°. Solem circà Terram moveri & in aërem agere. 2°. aërem esse Fluidum profunditatis quàm minimæ, quo Terra ambiatur, & cujus partes ab actione Solis totum accipiant motum, quem habere possunt.*

Solutio. 1°. Si punctum A (Fig. 12) cujus quæritur motus, est in Æquatore QAR, & Astrum Æquatorem describat motu uniformi, Astrumque in P existens percurrat Pp, dum A percurrit AB; fiat $AP = u$; $Pp = d\alpha$; $AB = q\,d\alpha$. Jam verò cùm AB sit maximè parva respectu ipsius Pp, ob admodùm parvam Solis actionem, evidens est posse assumi $Pp = du$, & differentiam ipsius $q\,d\alpha$ fore quàm proximè $dq\,du$. Præterea si tempus per Pp & AB sit dt, & θ sit ut in *art.* 13. tempus quo grave corpus quodvis percurrit lineam a, ex actione gravitatis p; erit (*a*) juxtà notum Mechanicæ Principium $dq\,d\alpha = \frac{\pi\,dt^2 \,.\, 2a}{p\theta^2}$ (existente π vi acceleratrice in A). At

(*a*) Æquatio $dq\,d\alpha = \frac{\pi \,.\, 2a\,dt^2}{p\theta\theta}$, eo nititur fundamento, quòd vires acceleratrices uniformiter agentes, sint inter se in ratione compositâ ex spatiis directè, & quadratis temporum inversè. Dubitari tamen posset utrùm a scribi non debeat in hâc æquatione loco ipsius $2a$, si quidem est a ex hypothesi, spatium, agente gravitate p, tempore θ percursum. Sed notandum est ipsius infinitesimi spatii AB differentiam secundam juxtà Analyseos methodum sumptam, reverâ duplam esse sui valoris; unde per 2 dividi debet, ut

quoniam hîc est $\pi = \frac{3S}{d^3} \times \left(\frac{c^{2u\sqrt{-1}} - c^{-2u\sqrt{-1}}}{4\sqrt{-1}}\right)$ (*art.* 37. *n.* 4), & supponi licet Solem tempore θ percurrere spatium b in Æquatore motu suo uniformi, unde $b : Pp :: \theta . dt$; æquatio præcedens mutabitur in $dq = \frac{3S . 2adu}{pb^2 . d^3} \times \left(\frac{c^{2u\sqrt{-1}} - c^{-2u\sqrt{-1}}}{4\sqrt{-1}}\right)$: proinde $q = \left(\frac{3Sz^2}{2d^3} \pm \frac{3Sm^2}{2d^3}\right) \times \frac{2a}{pb^2}$, existente z sinu ipsius u, & m constante quâvis.

Unde si m sit $= o$, aut talis, ut $\pm mm + zz$ sit semper positiva quantitas, movebitur perpetuò aër sub Æquatore ab Ortu in Occasum. Ut autem $zz \pm mm$ sit positiva quantitas, signum $+$ debet semper præfigi ipsi mm; si mm haberet signum $-$ & foret $mm > 1$, tunc ventus sub Æquatore perpetuus flaret ab Occasu in Ortum.

2°. Sit QPR parallelus quivis, α punctum quodvis,

---

ejus valor verus obtineatur. Quod ut illustretur, proponatur inquiri spatium à corpore gravi, tempore t, percursum, manifestum est spatium illud fore $\frac{a \times tt}{\theta\theta}$: porrò sit x illud spatium, si fieret $ddx = \frac{t^2 a}{\theta^2}$, esset $x = \frac{att}{2\theta\theta}$, qui valor, veri subduplus est. Quare fieri debet $ddx = \frac{2adt^2}{\theta\theta}$; unde est, ut suprà, $x = \frac{att}{\theta\theta}$.

Licet quæ hîc dicta sunt, quàm plurimis Geometris non ignota sint, tamen ea hîc revocare non inconsultum duxi, ne quis parùm advertens existimet, in scribendo $2a$ pro a errorem à nobis fuisse commissum.

quod (dum Sol percurrit Pp) percurrat $\alpha 6 = \lambda du$ in directione Meridiani, & $\alpha b = q' du$, in directione paralleli; erit vis secundùm αb semper data per functionem ipsius variabilis $AP = u$, & distantiarum puncti α à parallelo & ab Æquatore, quæ quidem, dum parallelus QPR à Sole describitur, ut constantes sine errore assumi possunt; quare erit quàm proximè

$$dq' = \frac{3S \cdot 2a\, du\, \varphi u}{pb^2 d^3}, \text{ (a) } \& \ d\lambda = \frac{3S \times du\, \Delta u \cdot 2a}{pd^3 b^2}$$

quæ æquationes, saltem per quadraturas, facilè integrabuntur.

Inventâ autem velocitate venti secundùm parallelum & Meridianum, facilè habebitur ejus velocitas, & directio absoluta (*b*).

COROLLARIUM.

40. Non magis arduum erit invenire velocitatem puncti α, si moveatur intrà seriem montium parallelorum. Nam actio Solis in punctum illud erit semper determinabilis per functionem ipsius u, & distantiæ puncti α à parallelo Astri, quæ quidem distantia, ut constans A haberi potest, tempore unius revolutionis. Igitur si $q'' du$ sit spatiolum à puncto α descriptum, dum ab Astro percurritur Pp, erit quàm proximè

$$dq'' = \frac{3S \cdot du \cdot \Gamma u \cdot 2a}{d^3 pb^2}.$$

(*a*) Per φu & Δu intelligo functiones ipsius u, quæ dantur.

(*b*) Vide additamentum, *art. I & II.*

SCOLIUM I.

41. Difficile non foret æquationes invenire quæ ad definiendum Fluidi motum accuratiſſimè conducant; v. g. pro motu in Æquatore, erit (propter $Pp - AB = (PA)$ hoc eſt, $d\alpha - q d\alpha = du$) . . . .

$$\frac{3S}{d^3} \times \left(\frac{c^{2u\sqrt{-1}} - c^{-2u\sqrt{-1}}}{4\sqrt{-1}}\right) \times \frac{2a d\alpha^2}{b^2 p} = \frac{dq}{du} \times d\alpha.$$

ſeu $\frac{3S \cdot 2a du}{p b^2 d^3} \times \left(\frac{c^{2u\sqrt{-1}} - c^{-2u\sqrt{-1}}}{4\sqrt{-1}}\right) = dq\,(1 - q)$

cujus integralis eſt $\frac{3Sa}{p b_2 d^3} \times (zz \pm mm) = q - \frac{qq}{2}$.

SCOLIUM II.

42. Evidens eſt, quantitates φu & Δu (*n.* 2. *art.* 39.) facilè obtineri poſſe, (*a*) ſi datis quantitatibus $AP = u$, & $\alpha A = A$, habeantur anguli $P\alpha A$, $P\alpha b$, & arcus αP. Quæ quidem omnia inveniendi methodum hîc eò libentiùs exponam, quòd ex eâ exurgat Trigonometria Sphærica, non ſolùm quodammodò nova, ſed etiam non inutilis futura, ad eorum triangulorum Sphæricorum calculum, quorum non omnia latera ſunt arcus circuli maximi.

Sit igitur primò triangulum Sphæricum αRN, (Fig. 13) rectangulum in N, & ex tribus arcubus circuli maximi compoſitum; fiat Angulus $R\alpha N = \alpha$; Angulus $\alpha RN = R$,

(*a*) Vide additamentum, *art. III.*

Angulus $K\alpha R$ complementum ipſius α, $= \alpha'$; $\alpha N = x$; $\alpha R = X$; $RN = V$; ſint αO, αZ, tangentes arcuum αN, αR; facilè demonſtrabitur eſſe triangulum αZO rectangulum in O; unde, deſcripto arcu RV, ipſi $R\alpha$ infinitè propinquo, erit $\alpha I : \alpha V :: \alpha O : \alpha Z$ ſeu dX: $dx :: \frac{e^{x\sqrt{-1}} - e^{-x\sqrt{-1}}}{e^{x\sqrt{-1}} + e^{-x\sqrt{-1}}} : \frac{e^{X\sqrt{-1}} - e^{-X\sqrt{-1}}}{e^{X\sqrt{-1}} + e^{-X\sqrt{-1}}}$ proinde $\frac{dX(e^{X\sqrt{-1}} - e^{-X\sqrt{-1}})}{e^{X\sqrt{-1}} + e^{-X\sqrt{-1}}} = \frac{dx(e^{x\sqrt{-1}} - e^{-x\sqrt{-1}})}{e^{x\sqrt{-1}} + e^{-x\sqrt{-1}}}$, ſeu $\frac{d(e^{X\sqrt{-1}} + e^{-X\sqrt{-1}})}{e^{X\sqrt{-1}} + e^{-X\sqrt{-1}}} = \frac{d(e^{x\sqrt{-1}} + e^{-x\sqrt{-1}})}{e^{x\sqrt{-1}} + e^{-x\sqrt{-1}}}$: unde, cùm, factâ $x = 0$, fiat $X = RN = V$; erit

$$\frac{e^{X\sqrt{-1}} + e^{-X\sqrt{-1}}}{2} = \frac{e^{V\sqrt{-1}} + e^{-V\sqrt{-1}}}{2} \times \frac{e^{x\sqrt{-1}} + e^{-x\sqrt{-1}}}{2} \quad \ldots\ldots\ldots\ldots\ldots\ldots (Æ).$$

Jam verò ut habeantur anguli α & R, notandum eſt fore, aſſumptâ x conſtante

$$\frac{dV}{dX} = \frac{1}{Coſ.\,R} = \frac{2}{e^{R\sqrt{-1}} + e^{-R\sqrt{-1}}} \quad \ldots\ldots\ldots (Æ')$$

&, aſſumptâ V conſtante

$$\frac{dx}{dX} = \frac{1}{Coſ.\,\alpha} = \frac{2}{e^{\alpha\sqrt{-1}} + e^{-\alpha\sqrt{-1}}} \quad \ldots\ldots\ldots (Æ'').$$

Sit nunc $A\alpha = A$, $AP = u$; $\alpha P = u'$; erit, ducto per Polum S circulo maximo SPQ; PQ ſeu $AN =$

$x -$

$x - A$; $NQ = \frac{AP}{Cof. AN} = \frac{2u}{c^{(x-A)\sqrt{-1}} + c^{-(x-A)\sqrt{-1}}}$;

$QR = NR - NQ = V - \frac{2u}{c^{(x-A)\sqrt{-1}} + c^{-(x-A)\sqrt{-1}}}$;

tandem $PR = X - u'$. Porrò, cùm ſit PRQ triangulum Sphæricum rectangulum in R, & ex tribus arcubus circuli maximi compoſitum, erit, ob æquationem (Æ)

$(c^{PR.\sqrt{-1}} + c^{-PR\sqrt{-1}}) \times 2 = (c^{RQ.\sqrt{-1}} + c^{-RQ.\sqrt{-1}}) \times$

$(c^{PQ.\sqrt{-1}} + c^{-PQ.\sqrt{-1}})$ . . . . (Æ‴)

quâ in æquatione ſubſtituendi ſunt ipſarum PR, RQ, & PQ valores modò inventi.

Jam verò, cùm ex æquatione (Æ‴) eruatur valor Coſinûs anguli R, qui quidem jam datur per æquationem (Æ';) habebitur inde nova æquatio, quam voco Æ^{IV}; & ex tribus æquationibus Æ, Æ‴, Æ^{IV}, inter ſe collatis, naſcetur unica, quæ tres quantitates u, u', A, continebit, ac prætereà quantitatem x ſeu diſtantiam loci a à circulo maximo NR.

Scolium III.

43. Cùm ſit b (*hyp.*) ſpatium quod Terra percurrit tempore θ, quo corpus grave percurrit a; ſi fiat $\theta =$ $1^{\text{sec.}}$, erit $a = 15^{\text{ped.}}$, $b = \frac{15^{\text{grad.}}}{3600} = \frac{15 \cdot 57060 \cdot 6^{\text{ped.}}}{3600} = \frac{5706}{4} =$ 1427 ped. Quare hoc in caſu velocitas angularis venti erit ad velocitatem Aſtri angularem ut q ad 1, ſeu (ne-

H

glectâ *mm*) ut $\frac{3Sa}{pb^2d^3} \times zz$ ad 1, h. e. ut $\frac{3 \times 15}{289.(365)^2.(1427)^2} \times zz$ ad 1. Quare, quo tempore Terra percurrit ſpatium *b*, ventus maximâ ſuâ velocitate percurret ſpatium $\frac{3Sa}{pbd^3}$; hoc eſt tempore unius minuti ſecundi percurret ſpatium $= \frac{3 \times 15 \times 19695539}{289.(365)^2.(1427)}$ ped. quod ſpatium eſt valdè parvum : cùm autem, ex obſervationibus, ventus ſub Æquatore deſcribat circiter 8 aut 10 pedes, tempore unius minuti ſecundi; ſequitur velocitatem venti maximè abeſſe à velocitate modò definitâ, ac proinde ſatis accuratam non eſſe methodum Problematis præcedentis, niſi ſupponatur quantitas *mm* poſitiva, & unitate multò major.

Scolium IV.

44. Quo faciliùs judicari poſſit, utrùm ſatis accurata ſit præſens methodus, aſſumpta *mm* poſitivâ & maximâ, hîc tentabimus definire, quænam inter columnarum Fluidi longitudinem ac pondus differentia eſſe debeat, ſi aëris partes definitâ velocitate moveantur. Ut autem proclivior fiat calculus, aſſumemus Terram ad planum Æquatoris reductam : ſupponemus *s*, eſſe altitudinem Fluidi in puncto *P* (Fig. 14) cui Aſtrum imminet, & $s - k$ altitudinem in *A*, exiſtente *k* functione ipſius *u*. Porrò ſint puncta *A*, *a*, ſibi mutuò infinitè vicina, percurratque *a* lineam *ab* dum percurrit *A* lineam *AB*; erit (factâ $Aa = Pp$, & poſitâ $q = \frac{3S.a}{pb^2d^3} \times [zz \pm mm]$);

$ab - AB = \frac{2adu \,.\, 3Szdz}{pb^2 d^3}$; proinde $Bb = du - \frac{2adu \,.\, 3Szdz}{pb^2 d^3}$. Quare cùm altitudo columnæ in A, dùm Aſtrum imminet ipſi P, ſit $\epsilon - k$; altitudo columnæ in A, dum Aſtrum eſt in P, debet eſſe $\frac{Aa \times (\epsilon - k)}{Bb}$; quia ſcilicet Fluidum primo inſtanti in ſpatio $AOoa$ contentum, 2°. inſtanti occupat ſpatium $QBbq$. Erit ergò altitudo columnæ novæ in $A = \epsilon - k + \frac{2a\epsilon \,.\, 3Szdz}{pb^2 d^3}$; ſed veniente P in p, altitudo columnæ in A fit $\epsilon - k - dk$ quàm proximè; ergò $dk = \frac{-2a\epsilon \,.\, 3Szdz}{pb^2 d^3}$; & (quoniam factâ $z = 0$, eſt $k = 0$) erit $k = \frac{-3a\epsilon \,.\, Sz^2}{pb^2 d^3}$. Igitur maxima inter columnarum pondus differentia erit $\frac{3aS}{pb^2 d^3} \times p\delta\epsilon$; ſeu (quoniam $p\delta\epsilon$ = ponderi 32 pedum aquæ) differentia illa = ponderi $\frac{3 \,.\, 15 \,.\, 32 \,.\, 19695539}{(1427)^2 \,.\, (365)^2 \,.\, 289}$ partium aquæ pedis. Hæc autem quantitas eſt valdè exigua, & prætereà in præſente caſu differentiam exprimit inter columnarum pondus, ſive aër ſit homogeneus, ſive heterogeneus; nam 1°. ſi aër ſupponatur homogeneus, erit ſemper δ in ratione inverſâ ipſius ϵ, quia $p\delta\epsilon$ = ponderi 32 aquæ pedum 2°. Si aër ſit heterogeneus, & compoſitus ex diverſis ſuperficiebus, quarum denſitates δ, δ', δ'' &c. altitudines verò in P ſint ϵ, ϵ', ϵ'' &c.

invenietur quæsita differentia $= \frac{3aS}{pb^2d^3} \times (p\delta\epsilon + p\delta'\epsilon' + p\delta''\epsilon''$ &c.) Porrò $p\delta\epsilon + p\delta'\epsilon' + p\delta''\epsilon''$ &c. = ponderi 32 aquæ pedum. Ergò &c.

Cùm igitur tam exigua ſit vis quæ (*art.* 38) impedire poteſt quominùs partes aëris tanquam puncta unica & libera moveantur, ſequitur nimis fortaſſe à vero non aberrare methodum Problematis præſentis, prò determinandâ venti velocitate, modò ſupponatur *mm* quantitas poſitiva, & unitate multò major. Tamen ne huic ſuſpicioni nimis fidatur, & ut tota exhauriatur Problematis difficultas, mox inquiremus velocitatem venti in hypotheſi, quòd partes aëris ſibi mutuò noceant; liceat tantùm in ſequente articulo pauca circà præſentem caſum adjicere.

SCOLIUM V.

45. Si globus ſolidus, quem, ex hypotheſi, aëris lamella Sphærica cooperit, in Sphæroidem ſolidam transformetur, inde nulla eveniet mutatio in aëris motu ſuprà definito. Etenim omnia Sphæroidis puncta perpendiculariter ad ſuperficiem Sphæroidis urgeri debent, quia nempè repræſentat hæc Sphæroïs Terræ noſtræ ſuperficiem, cui aër contiguus eſt; adeòque aëris particulæ huic ſuperficiei vicinæ, ex actione Sphæroidis nullam acquirent novam vim, quâ hinc aut illinc, in ſuperficiem globi labendo, moveri poſſint. Aliter autem erit, ſi Fluida ſit Sphærois, & ejus partes horizontaliter mo-

veantur : tunc enim præter vim Attractionis quæ partibus Sphæroidis & aëris communis eſt, datur alia vis, nempè vis acceleratrix particularum Fluidi. Porrò ſi ſit π vis illa acceleratrix, φ Attractio partium Fluidi horizontalis, & gravitas p versùs centrum reſolvatur in duas vires, quarum una, quam voco G, ſit ad ſuperficiem Fluidi perpendicularis, altera, quam voco F, agat horizontaliter; evidens eſt (*art.* 12. *not.* (*a*)) partes Fluidi à viribus $\varphi - F - \pi$ & G ſollicitatas, fore in æquilibrio; unde cùm vis G ſit ad ſuperficiem Fluidi perpendicularis, erit $\varphi - F - \pi = 0$. Porrò vis $\varphi - F$ agit in particulas aëris; quare particulæ aëris præter vim $\frac{3S}{d^3} \times \frac{(c^{2u\sqrt{-1}} - c^{-2u\sqrt{-1}})}{4\sqrt{-1}}$, ſollicitantur etiam ad motum à vi $\varphi - F$, ſeu (quod idem eſt propter $\varphi - F - \pi = 0$) à vi π quâ acceleratur Fluidi particularum motus horizontalis.

Unde patet 1°. vim & velocitatem abſolutam venti, eandem non eſſe in Sphæroidem ſolidam, ac in Sphæroidem Fluidam, cujus partes moveri ſupponuntur. 2°. Velocitatem tamen reſpectivam venti, & partium ſuperficiei globi, eandem ferè eſſe in utroque caſu; ſiquidem in ſecundo caſu vis π quâ augetur vel minuitur venti vis acceleratrix, eadem eſt quæ Fluidi motum producit.

Hæc ita ſe habent, ex hypotheſi quòd vis $\frac{3S}{d^3} \times \frac{(c^{2u\sqrt{-1}} - c^{-2u\sqrt{-1}})}{4\sqrt{-1}}$ agat tantum in aërem, non in

Fluidum inferius; sed quia hæc hypothesis parùm est naturæ conformis, supponatur vim illam simul in aërem & in Fluidum inferius agere, & invenietur . . . . . . $\frac{3S}{ds} \times \frac{(c^{2u\sqrt{-1}} - c^{-2u\sqrt{-1}})}{4\sqrt{-1}} + \varphi - F - \pi = o$. Cùm autem tres primi hujus æquationis termini exhibeant vim quæ in aërem agit, sequitur vim illam fore $= \pi$; nempè aërem eâdem vi accelerari quâ Fluidum contiguum: unde Fluidorum amborum velocitas respectiva nulla erit.

Inde facilè concludi potest, velocitatem venti super Mare flantis multùm diversam esse debere ab eâ, quam, cœteris paribus, in Continente haberet; nam siquidem aqua Maris perpetuò figuram mutat, non potest esse semper $\varphi - F = o$; proinde vis acceleratrix π venti, ut ita dicam, Marini, non potest æqualis esse vi acceleratrici $\frac{3S}{ds} \times \frac{(c^{2u\sqrt{-1}} - c^{-2u\sqrt{-1}})}{4\sqrt{-1}}$ venti in Continente flantis.

Propos. VIII. Lemma.

46. *Detur parallelepipedum rectangulum cujus basis sit rectangulum infinitè parvum* ABCD, (Fig. 16) *&* *cujus altitudo dicatur* ε; *supponamus pervenire puncta* A, B, C, D, *in* a, b, c, d; *ita ut basis* ABCD *evadat* abcd. *Quæritur quænam esse debeat altitudo parallelepipedi, cujus basis* abcd, *ut parallelepipedum illud dato æquale sit, cujus basis* ABCD *&* *altitudo* ε.

Sit $\varepsilon - \mu$ altitudo quæsita, existente μ admodùm parvâ respectu ε; eritque $[\varepsilon - \mu] \times (AB + ab - AB) \times$

$(AD + ad - AD) = \epsilon \cdot AB \cdot AD$. Unde (neglectis negligendis) est $\frac{\mu}{\epsilon} = \frac{ab - AB}{AB} + \frac{ab - AD}{AD}$. *Q. E. Inv.*

PROPOS. IX. PROBLEMA.

47. *Sit Terra globus solidus cujus centrum* G (Fig. 17): *coopertus sit undique globus Fluido homogeneo & non Elastico, ac præterea valdè raro, ut Attractionis partium Fluidi nulla ratio habeatur; moveatur uniformiter circà globi centrum ad distantiam* d *corpus cujus massa* S; *quæritur motus Fluidi ex corporis* S *actione oriundus.*

I.

Supponamus 1°. corpus *S* moveri in plano circuli maximi *pPR*, & in superficie globi assumantur Fluidi puncta duo *A*, *B*, circulo *pPR* infinitè propinqua, & ex utrâque parte æqualiter distantia. Jam verò per puncta *A* & *B*, & per punctum *P*, cui corpus *S* verticaliter imminere supponitur, transeant plana circulorum maximorum *PAD*, *PBC*; patet punctorum *A* & *B* motum horizontalem oriri ex eâ vi corporis *S*, quæ in puncta *A* & *B* horizontaliter agit. Porrò cùm hujus vis directio semper sit in plano verticali per corpus *S* transeunte, planumque istud parùm deviet à plano immoto *pPR*, saltem prò iis locis quæ circulo *pPR* vicina sunt, ideò supponemus puncta *A* & *B* instanti quolibet moveri in plano circuli maximi qui transeat per hæc puncta, per centrùm *G*, & per corpus *S*; nullamque rationem habebimus motûs, quem Corpuſcula A & B perpendiculariter ad hoc planum habere poſſent : quæ quidem hypotheſis, utrùm pro ſatis legitimâ haberi poſſit, inferiùs ad amuſſim perpendemus.

II.

Jam fiat arcus PA, ſeu diſtantia Aſtri ab $A = u$; $Pp = da$, arculus quem corpus S uno inſtanti percurrit : aſſumatur, quod licet, $AD = Pp$, fiatque prætereà $AB = Pp$, quod etiam licet. Nunc verò obſervabimus variationem totam, quæ tùm in partium Fluidi velocitate, tùm in altitudine occurrit, pendere debere à ſolâ variabili corporis S diſtantiâ à Zenith loci in quo quæritur Fluidi motus. Proinde, ſi lineola Aa à puncto A Fluidi deſcribatur, dum venit corpus S ex P in p, quæ quidem lineola Aa reſpectu ipſius Pp admodùm parva ſupponitur, erit $Aa = q\,da$, denotante q functionem compoſitam ex u & conſtantibus, & ſupponi ſine errore poterit $da = du$, & $Aa = q\,du$; ergò ſi ſit $D\delta$ ſpatium à D intereà percurſum, erit $D\delta - Aa = dq\,du$; & $\frac{ab - AB}{AB} = \frac{bm - BM}{BM} = q\,du \times \frac{d(c^{u\sqrt{-1}} - c^{-u\sqrt{-1}})}{c^{u\sqrt{-1}} - c^{-u\sqrt{-1}}}$ (exiſtente ſinu ipſius PA ſeu $PB = BM = \frac{c^{u\sqrt{-1}} - c^{-u\sqrt{-1}}}{2\sqrt{-1}}$).

III.

Sit nunc altitudo Fluidi in $P = \epsilon$, & $\epsilon - k$ altitudo ejus

ejus in A ; manifestum est, veniente S in P, altitudinem $\epsilon - k$ minuendam esse (*art.* 46) quantitate $(\epsilon - k) \times \left(\frac{Dd - Aa}{AD} + \frac{ab - AB}{AB}\right)$; seu, neglectis negligendis, $\left(\frac{Dd - Aa}{AD} + \frac{bm - BM}{BM}\right) \times \epsilon$. Atqui, si supponatur $k = \int v du$, patet, veniente P in p & A in a, ita ut sit Aa minima respectu Pp, altitudinem $\epsilon - k$ fieri quàm proximè $\epsilon - k - v du$; ergò erit . . . .

$$\frac{v}{\epsilon} = \frac{dq}{du} + \frac{q\,d(c^{u\sqrt{-1}} - c^{-u\sqrt{-1}})}{du(c^{u\sqrt{-1}} - c^{-u\sqrt{-1}})} \; . \; . \; . \; . \; . \; (A).$$

IV.

Supponatur deinde π esse vim acceleratricem particulæ A, seu a ; erit $\pi = \frac{d(Aa)p\theta^2}{dt^2 . 2a}$ (iisdem nempè retentis denominationibus ac in *art.* 13) : & si fiat $b : d\alpha :: \theta : dt$, hoc est, si ponatur corpus S angulum b tempore θ percurrere motu uniformi, erit $\pi = \frac{d(Aa).pb^2}{2ad\alpha^2}$ = quàm proximè $\frac{dq}{du} \times \frac{pb^2}{2a}$; quia scilicet Aa est minima respectu Pp.

Jam verò evidens est, quòd, cùm punctum A secundùm AD moveatur vi acceleratrice π, secundùm AP, verò trahatur vi acceleratrice $\frac{3S(c^{2u\sqrt{-1}} - c^{-2u\sqrt{-1}})}{4d^3\sqrt{-1}}$, necesse est, ut vis $\frac{3S(c^{2u\sqrt{-1}} - c^{-2u\sqrt{-1}})}{4d^3\sqrt{-1}} + \pi$, si in punctum A sola agat, nullum in hoc puncto producat motum (*a*); quamobrem talis esse debet vis illa $\frac{3S(c^{2u\sqrt{-1}} - c^{-2u\sqrt{-1}})}{4d^3\sqrt{-1}} + \pi$, ut cum gravitate p æquilibrium faciat; proinde differentia ponderis columnarum in A & D, debet esse æqualis $AD \times \left(\frac{3S[c^{2u\sqrt{-1}} - c^{-2u\sqrt{-1}}]}{4d^3\sqrt{-1}} + \pi\right)$. . . . .

Ergò $vdu \times p = du\left(\frac{3S[c^{2u\sqrt{-1}} - c^{-2u\sqrt{-1}}]}{4d^3\sqrt{-1}} + \pi\right)$;

seu $v = \frac{3S(c^{2u\sqrt{-1}} - c^{-2u\sqrt{-1}})}{4pd^3\sqrt{-1}} + \frac{bbdq}{du.2a}$ . . . . (*B*).

V.

Ex æquationibus A & B elicitur sequens æquatio: $\frac{sdq}{du} + \frac{sqd(c^{u\sqrt{-1}} - c^{-u\sqrt{-1}})}{du(c^{u\sqrt{-1}} - c^{-u\sqrt{-1}})} = \frac{3S}{pd^3} \times \frac{(c^{2u\sqrt{-1}} - c^{-2u\sqrt{-1}})}{4d^3\sqrt{-1}} + \frac{dq}{du} \times \frac{b^2}{2a}$: quæ, si supponatur $1 - \frac{b^2}{2as} = \lambda$, & $\frac{c^{u\sqrt{-1}} - c^{-u\sqrt{-1}}}{2\sqrt{-1}} = z$, reducitur ad $\lambda dq + \frac{qdz}{z} = \frac{3Szdz}{spd^3}$; cujus integralis completa est $qz^{\frac{1}{\lambda}} = \frac{3S}{spd^3} \times$

(*a*) Vide notam in *art.* 12. §. II. & adverte vim F hujusce notæ hîc esse $= \frac{3S(c^{2u\sqrt{-1}} - c^{-2u\sqrt{-1}})}{4d^3\sqrt{-1}}$.

$$\frac{z^{\frac{1}{\lambda}+2}}{2\lambda+1}$$ (*); ergò $q = \frac{3S}{\epsilon p d^3} \times \frac{z^2}{3-\frac{b^2}{ai}}$; & $\int v\,du = \frac{3Szz}{2pd^3} + \frac{b^2}{2ai} \times \frac{3S}{pd^3} \times \frac{z^2}{3-\frac{b^2}{ai}} = \frac{3Sz^2}{2pd^3} \times \left(\frac{3ai}{3ai-bb}\right)$.

V I.

Hi ſunt valores quantitatum k & q, in eâ hypotheſi quam ſuprà fecimus, nempè puncta A circulo pPR vicina, moveri ſemper in plano per centrum G & corpus S tranſeunte, quod quidem prò ſatis vero haberi poteſt propter duas rationes : 1°. quòd vis quæ punctum A à plano iſto deflectere poteſt, ſit infinitè parva reſpectu vis ſecundùm AP, quæ ipſa eſt minima reſpectu gravitatis p. Unde modò ſit aliquantula in partibus Fluidi cohærentia & tenacitas, & ex aſperitate ſuperficiei terreſtris nonnulla reſiſtentia oriatur, vis hujuſce effectus nullus eſſe debet. 2°. Hæc vis prætereà, per unius revolutionis tempus, alternatim in contrarias partes agit, adeòque effectus hujus totalis pro nullo haberi poteſt, & quantitates q, & k ſuprà determinatæ, ut quantitates mediæ

(*) In hâc æquatione nulla eſt addenda conſtans. Nam ſi $\frac{1}{\lambda}$ ſit poſitiva quantitas, ut & $\frac{1}{\lambda}+2$; tunc ſit utrumque membrum $= o$ quando $z = o$; ſi verò $\frac{1}{\lambda}$, aut $\frac{1}{\lambda}+2$, aut ambo ſint negativa, erit ſemper, quando $z = o$, æqualitas inter ambo membra, nullâ additâ conſtante, modò ponatur $q = \frac{3Szz}{\epsilon pd^3(2\lambda+1)}$.

possunt considerari. Punctorum verò cæterorum à circulo *p P R* quantumvis distantium motus supponi potest fieri etiam proximè in circuli maximi plano per puncta ista, & corpus *S*, & centrum *G* transeunte; 1°. quòd vis quæ puncta ista ab hoc plano deflectere valet, alternatim in contrarias partes agit. 2°. Quòd Fluidi partium tenacitate & cohærentiâ effici potest, ut partes quæ à circulo *p P R* distant, motum cum partibus circulo *p P R* vicinis congruum habere debeant.

Quod attinet ad velocitatem istorum punctorum, definietur posthac illa in *art.* 70 *&* 71 : sed hîc assumemus, Fluidi tenacitate effici, ut partes omnes à *Sole* æqualiter distantes, æqualem habeant velocitatem.

Licebit-ne adjicere, ad hanc confirmandam hypothesim, quòd suppositione non multùm absimili nitantur ferè omnia, quæ in eximiis de Fluxu ac Refluxu maris Dissertationibus exposuerunt celeberrimi Geometræ *DD. Euler* & *Daniel Bernoulli*?

Supponunt nempè Authores illi clarissimi, Terram, actione Solis aut Lunæ, in Sphæroidem mutari, cujus Axis sit linea jungens centra Solis aut Lunæ, & Terræ: porrò cùm altitudo partium Fluidi à velocitate horizontali pendeat, & altitudo eadem esse supponatur in locis omnibus à quorum Zenith corpus *S* æqualiter distat, nonne inde conjectari licet, eandem quoque in his punctis supponi posse velocitatem horizontalem?

Prætereà, observationibus constat ventum sub Æquatore flare ab Ortu in Occasum tempore Æquinoctiorum, ſimulque in hemiſphærio Boreali paulùm à Noto participare, in Auſtrali verò paulùm ab Auſtro, & eò magis ab Auſtro aut à Noto participare, quò Sol magis versùs Boream aut versùs Auſtrum promovetur; unde direcrio venti ſupponi poteſt (circumcircà) in plano verticali per quod Sol tranſit.

Denique, ſi Attractionis partium Fluidi ratio habeatur, ut habebitur in Propoſ. 15. *art.* 77, neceſſariò ſupponi debet Fluidi figuram eſſe Sphæroidicam; ſecùs enim in calculos inextricabiles incideremus.

Cœterùm, ſi cui ſatis non arrideant hypotheſes iſtæ, ille in Problemate ſequenti veras inveniet æquationes quibus partium Fluidi motus accuratiſſimè poſſit determinari, ſimulque correctiones quæ ad determinandam venti velocitatem adhiberi poſſunt.

Si corpus *S* moveatur, non in plano circuli maximi, ſed in curvâ quâcumque, videtur etiam ob cauſas jam allatas, ſatis legitimè ſupponi ſemper poſſe, punctum quodvis Fluidi moveri in plano, quod per centrum Terræ, & per corpus *S* tranſeat.

COROLL. I.

48. Cùm ſit $Aa = qdu = \frac{3Sz^2}{spd^3\left(3 - \frac{b^2}{as}\right)} \times du$, patet, punctum *A* (ob quantitatem ſemper poſitivam zz) ad eaſdem ſemper partes moveri; nempè ad contrarias partes corporis *S*, ut in Figurâ 17 ſuppoſuimus, ſi ſit

$\epsilon > \frac{bb}{a\epsilon}$, contrà verò ad easdem partes, si sit $\epsilon < \frac{bb}{a\epsilon}$.

Supponendo autem aërem esse homogeneum, est (*art.* 33 & 44) $\epsilon = 850 . 32^{\text{ped.}}$, $a = 15^{\text{ped.}}$, $b = 1427^{\text{ped.}}$. Ergò $3a\epsilon$ seu $3 . 15 . 850 . 32 < (1427)^2$ seu b^2. Unde aër moveri debet ad easdem continuò partes cum Sole : quòd, quantùm fieri potest, observationibus congruit.

Prætereà patet altitudinem Fluidi $\epsilon - k$ seu $\epsilon - \frac{3Sz\epsilon}{2pd^3} \times \frac{3a\epsilon}{3a\epsilon - b^2}$, minimam esse in locis quæ corpus S ad horizontem habent, maximam verò in iis quorum corpus S Zenith occupat, si sit $3a\epsilon > b^2$; contrà autem si $3a\epsilon < b^2$, altitudinem Fluidi fore minimam, corpore S in lineâ Zenith existente, maximam verò, cùm corpus S in horizonte est. Denique sive $3a\epsilon$ sit $>$ vel $< b^2$; Fluidi superficiem alternatim per unius diei revolutionem bis elevari & bis subsidere; sed hujus altitudinem nunquam esse ipsâ ϵ majorem aut minorem.

SCOLIUM I.

49. Mirum admodùm videri potest, quòd in hypothesi $3a\epsilon < b^2$, Fluidum sub Astro subsidere debeat; tamen re attentè perpensâ, quidquid hîc paradoxi est, ferè evanescet. Nam si Fluidi nulla foret inertia, reverâ semper versùs Astrum elevari deberet; sed talis esse potest inertia partium, ut cùm versùs Astrum 1°. instanti sese elevaverint, instanti sequenti, non præcisè sub

Aſtro, ſed paulò remotiùs versùs ortum ſe elevent, inſtanti tertio paulò adhuc remotiùs versùs ortum, & ſic perpetuò, uſque dum ad 90 circiter gradus ad Aſtro pervenerint; quo in loco ſupponi poſſunt acquiſiviſſe ſtatum permanentem. Ut Fluidum ſub Aſtro maximè ſubſidat, debet eò magis elevari, quò magis diſtat ab Aſtro; porrò ut eò magis elevetur, quò magis ab Aſtro diſtat, ſufficit, ut ex duobus punctis in eodem verticali ſibi infinitè propinquis, illud lentius aut velocius moveatur, quod magis ab Aſtro diſtat, prout motus fiet ad contrarias aut ad eaſdem partes cùm corpore S. Si enim, v. g. ſit $Dd < Aa$; altitudo Fluidi in A augebitur dùm pervenit P in p, quia decreſcente $ABDC$ in $abdc$, altitudo Fluidi in eâdem ratione augeri debet. Unde minuitur paradoxum, ſiquidem ad id reducitur, quòd velocitas horizontalis Fluidi eò major ſit, quò corpus S horizonti propius eſt.

SCOLIUM II.

50. Nemo autem exiſtimet, hoc paradoxum inde natum eſſe, quòd ſuppoſuerimus puncta omnia Fluidi ſemper moveri in plano verticali per corpus S tranſeunte. Nam ſi Terra & aër ambiens, reducerentur ad planum unicum circuli pPR, tunc, nullâ factâ hypotheſi, invenirentur æquationes ſequentes, $\frac{v}{s} = \frac{dq}{du}$ .... (C) & $v = \frac{3S(c^{2u\sqrt{-1}} - c^{-2u\sqrt{-1}})}{pd^3 \cdot 4\sqrt{-1}} + \frac{dq \cdot b^2}{2adu}$ .... (D); unde elici-

tur $\lambda dq = \frac{3Szdz}{spd^3}$; cujus integralis est $q = \frac{3Sz^2}{\lambda sp \cdot 2d^3} \pm K$ (ponendo nempè esse $q = K$, quando $z = 0$); & $\int v du = \frac{3Szz}{2pd^3} \times (\frac{2as}{2as - bb})$; unde patet, quòd, si $2as < bb$ Fluidum sub Astro subsidere debeat.

COROLL. II.

51. Res est notatu non indigna, quòd in eo casu, in quo Terra globus supponitur, necessariò determinati sit valoris quantitas q; in casu verò, quo ad circulum reductus supponitur terrestris globus, variari potest q pro valore quantitatis K. Sit $K = \frac{3Smm}{\lambda sp \cdot 2d^3}$; & fiet motus Fluidi in easdem partes cum corpore S, aut in partes contrarias, aut alternatim in eandem partem & in contrarias partes, prout erit $\frac{zz \pm mm}{\lambda}$, aut semper negativa aut semper positiva, aut alternatim positiva, & negativa quantitas.

COROLL. III.

52. Hinc generaliter concipere licet, quomodò fieri possit, ut ventus sub Æquatore perpetuus flet ab Ortu in Occasum, nempè in eâdem cùm Sole & Lunâ directione, simulque Mare bis affluat & defluat per tempus unius revolutionis diurnæ; nam massa aëris quæ sub Æquatore vasto Oceano imminet, cùm undequaque libera

ra ſit, ut Sphæræ pars concipi poteſt; contrà verò Mare à Terris hinc inde coarctatum, moveri debet ferè quaſi in plano circulari. Adde quòd littora ſecundùm directionem Meridiani protenſa, neceſſariò impediant, ne moveri perpetuò poſſit Mare versùs eaſdem partes.

SCOLIUM III.

53. Si foret in calculis Problematis præcedentis $3as = b^2$; tunc foret Aa infinita, adeòque maxima reſpectu Pp; proinde ad hunc caſum applicari non poſſent calculi præſentis Problematis. Ut autem tunc habeantur æquationes ad motum Fluidi pertinentes, obſervandum eſt eſſe $Pp + AD = d(PA)$ ſeu $d\alpha + q\,d\alpha = du$. Unde, factâ ſemper $AD = Pp = d\alpha$, erit . . . . . .

$$(1) \ldots \frac{dk(1+q)}{s-k} = dq + \frac{q\,d\left(c^{u\sqrt{-1}} - c^{-u\sqrt{-1}}\right)}{c^{u\sqrt{-1}} - c^{-u\sqrt{-1}}};$$

&

$$(2) \ldots \frac{dk}{du} = \frac{3S\left(c^{2u\sqrt{-1}} - c^{-2u\sqrt{-1}}\right)}{4d^3p\sqrt{-1}} + \frac{dq.(1+q)bb}{du.2a}$$

quare, factis reductionibus, poſitâque . . . .

$$\frac{c^{u\sqrt{-1}} - c^{-u\sqrt{-1}}}{2\sqrt{-1}} = z; \text{ invenietur} \ldots\ldots$$

$$(3) \ldots \frac{3Szdz}{pd^3} + \frac{bbdq}{2a} - s\,dq - \frac{sqdz}{z} = \frac{-sqdq}{1+q} - \frac{kdq}{1+q} - \frac{qbbdq}{2a} - \frac{sqqdz + skqdz}{z(1+q)}$$

; cujus æquationis integratio non apparet niſi ſint q & k quantitates admodùm

K

parvæ respectu ipsius ϵ; quo in casu supponi potest secundum membrum $= 0$.

Advertendum tamen æquationem istam nonnihil utilitatis habere, ut, quàm proximè libuerit, determinetur Fluidi motus. Nempè integretur primùm illa, neglecto 2° membro, tum denuò integretur positis in 2° membro valoribus ipsarum q & k, ex primâ integratione inventis; posteà ex novo valore ipsius q inveniatur per æquationem (2) novus valor ipsius k, qui est accuratè $\frac{3Szz}{2pd^3} + \frac{b^2 q}{2a} + \frac{b^2 q^2}{4a}$; deinde substitutis hisce valoribus in 2° membro æquationis (3), eruatur iterùm per integrationem novus valor ipsius q, & sic deinceps: hâc ratione magis & magis accedetur ad verum quantitatum q & k valorem.

Coroll. IV.

54. Ut determinetur constans ϵ saltem quando k est parva respectu ϵ; sit ϵ' altitudo Fluidi in statu Sphærico, eritque, quod invenire facilè est, $\epsilon' . 2nrr = \epsilon . 2nrr - \frac{3S}{pd^3} \times \frac{2nr^3}{3} \times \frac{3a\epsilon}{3a\epsilon - b^2}$. Unde est quàm proximè $\epsilon = \epsilon' + \frac{3S}{pd^3} \times \frac{3a\epsilon' . r}{3(3a\epsilon' - b^2)}$.

Scolium IV.

55. Cùm sit quantitas k proportionalis quadrato zz

Sinûs arcûs *PA*, ſequitur Fluidi ſuperficiem fore ſemper Ellipſim, cujus axium differentia $= \frac{3S \cdot 3ae}{2pd^3(3ae - b^2)}$: ubi notandum eſt, ſi $3ae > b^2$, eſſe ſemper $3ae > 3ae - b^2$; unde Ellipſis versùs Aſtrum oblongatior erit eâ, quam indueret Fluidum ſi corpus *S* quietum foret, & cujus axium differentiam eſſe $\frac{3S}{2pd^3}$ conſtat ex *art.* 33 : ſi verò $3ae < b^2$, compreſſa versùs Aſtrum erit Ellipſis, eòque magis vel minùs, quò $3ae$ reſpectu $bb - 3ae$ major vel minor erit. Tandem ſi $b = 0$, erit axium differentia $\frac{3S}{2pd^3}$, præcisè ut ex *art.* 2 & 33 invenitur; qui quidem conſenſus, ex longè diverſis principiis deductus, Theoriam hanc noſtram non leviter videtur confirmare.

SCOLIUM V.

56. Si corpus *S* ſemper moveatur in plano Æquatoris *PAR*, manifeſtum eſt, eandem ſemper fore illius à polo utroque diſtantiam, nempè 90 graduum; proinde Fluidum in polis eandem ſemper altitudinem ac velocitatem, ſi quæ ſit, ſervare debere; quod quidem ex calculis noſtris aliundè eruitur; ſiquidem nec altitudo, nec velocitas variantur, ubi *z* eſt conſtans. Unde noſtra iterùm Theoria confirmatur.

SCOLIUM VI.

57. Si Fluidum, in ſtatu Sphærico, diviſum ſuppo-

natur in superficies Sphæricas numero infinitas; manifestum est, quòd, cùm superficies extima (*art.* 55) in Ellipsim mutetur cujus axium differentia cognoscitur, superficies quælibet in Ellipsim pariter mutabitur, cujus axium differentia semper proportionalis erit distantiæ hujus superficiei à terrestris globi superficie. Quod eodem ratiocinio ferè evincitur ac in *art.* 17. Unde eodem modo, quo in laudato articulo, habebitur cujusvis puncti velocitas & directio absoluta.

SCOLIUM VII.

58. Huc usque supposuimus, Terram cum Fluido ambiente eodem circà axem suum motu angulari moveri, quem ad corpus *S* transtulimus. At si, quâcumque de causâ, eadem non esset velocitas angularis Terræ & Atmosphæræ, sit excessus velocitatis Fluidi suprà velocitatem Terræ $\pm V$; excessus ille velocitatis cum signo & in sensu contrario ad Solem transferri debet; unde mutabitur tantùm quantitas constans *b*, reliquis, ut anteà, permanentibus.

PROPOS. X. LEMMA.

59. *Sint plana duo* ACG, BCG, (Fig. 18) *ad se invicem perpendicularia; & sit angulus* ACB *rectus, ut & anguli* GCB, GCA; *ducantur in planis* AG, BG, *rectæ* CE, CD, *quæ cum* AC, BC, *angulos constituant infinitè parvos* ACE, BCD; *dico angulum* ECD, *pro recto haberi posse.*

Nam $DE^2 = AB^2 + BD^2 - AE^2 = BD^2 - AE^2 + AC^2 + CB^2 = BD^2 - AE^2 + CE^2 - AE^2 + CD^2 - BD^2 = CE^2 + CD^2 - 2AE^2$. Ergo ED^2 differt tantùm à $CE^2 + CD^2$, quantitate infinitè parvâ ſecundi ordinis ; proinde angulus *ECD* à recto tantùm differt quantitate infinitè parvâ ſecundi ordinis. Ergò angulus *ECD* pro recto haberi poteſt.

PROPOS. XI. LEMMA.

60. *Iiſdem, ac in Lemmate præcedente, poſitis ; ſollicitetur punctum* C (Fig. 19) *à tribus potentiis, quarum una* (p) *ſecundùm* CG *agat, reliquarum verò ambarum* (π & ϖ) *prior agat in plano* CGD *perpendiculariter ad* CG, *poſterior in plano* GCE *perpendiculariter ad* CG ; *per punctum quodvis* G *lineæ* CG *ducatur perpendicularis* Gϵ *ad planum* ECD, & *per punctum* ϵ, *ubi plano* ECD *occurrit, ducantur* ϵd, ϵe, *perpendiculares ad* CD, CE ; *dico, ſi fuerit* p : π :: CG : Cd, & p : ϖ :: CG : Ce, *vim ortam ex tribus* p, π, ϖ, *fore ad planum* ECD *perpendicularem.*

Nam potentiæ π, ϖ, quæ, ex hypotheſi, ſunt perpendiculares ad *CG*, poſſunt ſupponi agentes ſecundùm *CD*, & *CE* ; inde enim error tantùm infinitè parvus ſecundi ordinis, aut etiam tertii, orietur in determinatione directionis ac valoris potentiæ, ex tribus p, π, ϖ, naſcentis. Jam verò cùm ſit (*art.* 59.) angulus *ECD* rectus, & π : ϖ :: *Cd*. *Ce* ; vis ex π & ϖ reſultans erit ſecundùm *C*ϵ, eritque ad *p*, ut *C*ϵ ad *CG* ; ergò vis quæ ex hâc & ex p oritur, erit ad G parallela, hoc est, erit ad planum ECD perpendicularis. *Q. E. D.*

COROLLARIUM I.

61. Viciſſim ſi ſollicitetur punctum C à potentiâ quâcumque, perpendiculariter ad planum ECD agente, ſupponi ſemper licet hanc potentiam oriri ex tribus aliis p, π, ϖ, quæ ſecundùm CG, CD, CE agant, quæque ſint ad invicem ut CG, Cd, Ce.

COROLL. II.

62. (*) Ex principiis quæ in præcedentibus *articulis* 59, 60 & 61, poſita ſunt, reddi ratio poteſt cur mutationes in globi terreſtris figurâ, ortæ ex viribus Solis ac Lunæ conjunctim agentibus, eædem ferè ſint ac ſumma mutationum, ex iis viribus ortarum, ſi ſeparatim ſumantur. Sint enim AL, AB, (Fig. 20) duo arcus infinitè parvi in circulo globi maximo, ſitque angulus planorum LAG, ABG, rectus; jam verò puncta A, B, L, in C, D, E, deſcendant, propter vim aliquam minimam S, in partes globi ſecundùm legem quamlibet agentem; & eadem puncta A, B, L, in I, O, K, deſcendant, propter aliam vim minimam L, utlibet in globum agentem; dico, viribus S & L conjunctim agentibus, puncta A, B, L, in P, S, R, ventura, ita ut ſit $BD + DS = BD + BO$; $AC + CP = AC + AI$; $LE + ER = LE + LK$.

Nam 1°. cùm ſint AC & AP reſpectu AG quàm

minimæ, vires conjunctæ S, L, in P agere censendæ sunt ut in C & in I. 2°. Sint p, π, ϖ, vires quæ in punctum C agant secundùm CG, & secundùm lineas ipsi CG perpendiculares in planis ABG, ALG, erit $p : \pi :: AB : BD - AC$; & $p : \varpi :: AL : LE - AC$. Pariter, si sint p, π', ϖ', tres vires similiter in punctum I agentes, erit $p : \pi' :: AB : AO - AI$; & $p : \varpi' :: AL : LK - AI$. Ergo $p : \pi + \varpi' :: AB : BS - AP$; & $p : \varpi + \varpi' :: AL : LR - AP$. ErgS (*art.* 60.) punctum P urgetur vi quæ est ad planum RPS normalis. Quare punctum P in æquilibrio stare debet.

Quicumque sit virium S, L &c. numerus, vera semper erit propositio præsens, ut attendenti facilè patet. Quare mutatio totalis ex his orta, æquabitur semper summæ mutationum ex separatâ actione nascentium.

Propos. XII. Lemma.

63. *Detur globus cujus centrum* G, (Fig. 21) :*sint* PE, PA *duo circuli maximi*, AO *arcus circuli minimi*, *cujus planum* RAO *sit ad plana circulorum* PA, PE *perpendiculare* ; *dico*

1°. Si fiat PO vel $PA = u$, angulus $APO = A$, $PG = 1$, esse $A\theta = A \cdot RO = \frac{A(c^{u\sqrt{-1}} - c^{-u\sqrt{-1}})}{2\sqrt{-1}}$.

2°. Si supponatur arculus infinitè parvus $Pp = d\alpha$, esse $pA - PA = pN = \frac{d\alpha(c^{A\sqrt{-1}} + c^{-A\sqrt{-1}})}{2}$; &

angulum $NAP = \frac{PN}{Sin.\ PA} = \frac{PN}{AR} = \frac{Pp \times Sin.\ A}{AR} =$ $\frac{du.(c^{A\sqrt{-1}} - c^{-A\sqrt{-1}})}{c^{u\sqrt{-1}} - c^{-u\sqrt{-1}}}$.

3°. Si ducatur perpendicularis AZ ad OR, erit $\frac{AZ}{ZR} =$ $\frac{c^{A\sqrt{-1}} - c^{A\sqrt{-1}}}{\sqrt{-1}(c^{A\sqrt{-1}} + c^{-A\sqrt{-1}})}$, tangenti nempè anguli APO; & anguli ApO tangens invenietur $\frac{AZ}{ZR + Pp \times RG} = \frac{AZ}{ZR} -$ $\frac{RG . AZ . Pp}{ZR^2} = \frac{AZ}{ZR} - \frac{RG . AZ . du}{ZR^2}$. Unde patet angulum ApO esse $= APO - \frac{RG . AZ . du}{ZR}$ diviso per $1 + \frac{AZ^2}{ZR^2}$; seu (propter $AZ^2 + ZR^2 = AR^2$) esse $ApO =$ $APO - \frac{du . RG . Sin.\ A}{Sin.\ u}$, sive esse angl. $ApO = APO -$ $du \times \frac{(c^{A\sqrt{-1}} - c^{-A\sqrt{-1}}) . (c^{u\sqrt{-1}} + c^{-u\sqrt{-1}})}{2(c^{u\sqrt{-1}} - c^{-u\sqrt{-1}})}$.

4°. Assumptâ Pp constante, fiet $\frac{pN}{Pp} =$ Cos. APO: Unde $d(pN) = Pp \times \frac{d.(c^{A\sqrt{-1}} + c^{-A\sqrt{-1}})}{2} =$

$$\frac{2du}{c^{A\sqrt{-1}} + c^{-A\sqrt{-1}}} \times \frac{c^{A\sqrt{-1}} - c^{-A\sqrt{-1}}}{2\sqrt{-1}} \times$$

$$\frac{du\,(c^{A\sqrt{-1}} - c^{-A\sqrt{-1}}) . (c^{u\sqrt{-1}} + c^{-u\sqrt{-1}})}{(c^{A\sqrt{-1}} + c^{-A\sqrt{-1}}) : (c^{u\sqrt{-1}} - c^{-u\sqrt{-1}})} =$$

du^2

$$\frac{du^2 . (c^{A\sqrt{-1}} - c^{-A\sqrt{-1}})^2 . (c^{u\sqrt{-1}} + c^{-u\sqrt{-1}})}{\sqrt{-1} (c^{A\sqrt{-1}} + c^{-A\sqrt{-1}})^2 . (c^{u\sqrt{-1}} - c^{-u\sqrt{-1}})}.$$

5°. Sit *QAK* circulus quivis maximus per *A* tranſiens; capiatur in hoc circulo *Aa* infinitè parva, ſimulque etiam admodùm parva reſpectu *pN* & *pP*, ducanturque perpendiculares *ai* in *PA*, & *ae* in *OA*; veniat jam *P* in *p*; &, manente eâdem *Aa*, decreſcet linea *Ai* quantitate $=$ *Ae* × angl. *PAN*, creſcet verò *Ae* quantitate $=$ *Ai* × angl. *PAN*.

Coroll.

64. Cùm ſit *Aa* admodùm parva reſpectu *Pp*, ſequitur, ſi transferatur *A* in *a* dùm venit *P* in *p*, ſupponi ſemper poſſe *Ai* decreſcere quàm proximè quantitate *Ae* × angl. *PAN*: creſcere verò *Ae* quantitate *Ai* × angl. *PAN*.

Propos. XIII. Problema.

65. *Iiſdem poſitis ac in* Prop. 9. art. 47, *invenire motum Fluidi, hâc non factâ hypotheſi, quòd Fluidum ſemper in verticali circulo per corpus* S *tranſeunte moveatur.*

I.

Sit *ε*, altitudo Fluidi in *P*, *ε* — *k* altitudo hujus in *A*, exiſtente *k* admodùm parvâ reſpectu *ε*; ſupponatur punctum *A* percurrere *Aa*, dùm venit *P* in *p*; manifeſtum eſt punctum illud, inſtanti ſequenti, ſi nihil obftaret, defcripturum in circulo *QAK* lineam $aa = Aa$, adeò ut lineæ Ai, Ae, (quæ in a pofitionem mutant) fierent quàm proximè (*art.* 64) $Ai - Ae \times \frac{du(c^{A\sqrt{-1}} - c^{-A\sqrt{-1}})}{c^{u\sqrt{-1}} - c^{-u\sqrt{-1}}}$, & $Ae + Ai \times \frac{du(c^{A\sqrt{-1}} + c^{-A\sqrt{-1}})}{c^{u\sqrt{-1}} - c^{-u\sqrt{-1}}}$.

II.

Jam verò, ut inveniatur puncti A velocitas & directio in inftanti quolibet, fufficit u habeatur pro hoc inftanti ejus velocitas, tùm in plano verticali per corpus S tranfeunte, tùm in plano circuli minimi huic perpendiculari, quæ quidem ambo plana continuò pofitionem mutant.

III.

Sit ergò $Ai = qda$, $Ae = nda$, manifeftum eft, folutum iri Problema, fi determinentur quantitates q & n. Porrò quantitates iftæ, ut & quantitas k, non poffunt effe nifi functiones ipfarum u & A. Quamobrem ponatur

$$dq = rdu + \lambda dA$$
$$dn = \gamma du + \beta dA$$
$$dk = \varrho du + \sigma dA.$$

IV.

Perventis A in a, & P in p, quantitas nda, feu $da \times n$, fiet quàm proximè $d\alpha \times [n + \gamma . pN + \epsilon \times ApO - APO] = d\alpha \times [n + \frac{\gamma d\alpha (c^{A\sqrt{-1}} + c^{-A\sqrt{-1}})}{2} + \epsilon \times \frac{-d\alpha (c^{A\sqrt{-1}} - c^{-A\sqrt{-1}}).(c^{u\sqrt{-1}} + c^{-u\sqrt{-1}})}{2(c^{u\sqrt{-1}} - c^{-u\sqrt{-1}})}$ . . . . (1) (*art.* 63. *n.* 2 & 3).

V.

Si autem nulla vis in punctum A secundùm Ae ageret, lineola à puncto A descripta (dùm punctum P describit $pp' - Pp$) foret (*n. I. art. huj.*) $nd\alpha + \frac{qd\alpha^2.(c^{A\sqrt{-1}} - c^{-A\sqrt{-1}})}{(c^{u\sqrt{-1}} - c^{-u\sqrt{-1}})}$ . . . . (2)

Unde differentia quantitatum (1) & (2) exprimit spatiolum quod percurrit punctum A ex actione vis acceleratricis quâ secundùm Ae urgetur; si ergò vis illa dicatur φ, erit (juxtà nomina *art.* 47. *n. IV.*) differentia quantitatum (1) & (2), multiplicata per $\frac{b^2}{Pp^2}$, ad $2a$, ut φ ad p; quare cùm sit $\frac{b^2}{Pp^2} = \frac{b^2}{d\alpha^2}$, erit . . . .

$$(E) \ldots \varphi = \frac{pb^2}{2ad\alpha^2} \times [\frac{\gamma d\alpha^2.(c^{A\sqrt{-1}} + c^{-A\sqrt{-1}})}{2} - \epsilon d\alpha^2 \times \frac{(c^{A\sqrt{-1}} - c^{-A\sqrt{-1}}).(c^{u\sqrt{-1}} + c^{-u\sqrt{-1}})}{2(c^{u\sqrt{-1}} - c^{-u\sqrt{-1}})} - \frac{qd\alpha^2(c^{A\sqrt{-1}} - c^{-A\sqrt{-1}})}{c^{u\sqrt{-1}} - c^{-u\sqrt{-1}}}].$$

VI.

Si appelletur π vis acceleratrix secundùm Ai, eodem præcisè ratiocinio invenietur fore . . . .

$$(F) \ldots\ldots \pi = \frac{pb^{\pi}}{2Ada^2} \times \Big[\frac{rda^2(c^{A\sqrt{-1}} + c^{-A\sqrt{-1}})}{2} - \lambda da^2 \times \frac{(c^{A\sqrt{-1}} - c^{-A\sqrt{-1}}).(c^{u\sqrt{-1}} + c^{-u\sqrt{-1}})}{2(c^{u\sqrt{-1}} - c^{-u\sqrt{-1}})} + \frac{vda^2.(c^{A\sqrt{-1}} - c^{-A\sqrt{-1}})}{c^{u\sqrt{-1}} - c^{-u\sqrt{-1}}}\Big].$$

VII.

Jam verò, cùm punctum A sollicitetur secundùm AP, vi $= \frac{3\delta(c^{2u\sqrt{-1}} - c^{-2u\sqrt{-1}})}{4d^3\sqrt{-1}}$, & hujus vires acceleratrices secundùm Ae, & Ai sint φ ac π, oportet (*not.* (*a*) in *art.* 12. *§.* II.) ut vis quæ exprimitur per $\frac{3S}{d^3} \times \frac{c^{2u\sqrt{-1}} - c^{-2u\sqrt{-1}}}{4\sqrt{-1}} + \pi$, secundùm AP agens, sit in æquilibrio cum vi φ secundùm AO agente, & cum vi p quæ agit secundùm AG. Quocircà vis ex his tribus resultans, debet esse ad superficiem Fluidi perpendicularis, hoc est, perpendicularis ad eam partem superficiei superioris Fluidi, cujus iAe censenda est projectio in superficiem globi solidi. Quare (*art.* 59, 60 & 61) necesse est, 1°. Ut vis orta ex p, & ex φ secundùm AO agente, sit perpendicularis ad eam sectionem superficiei cujus *AO* eſt projectio, & ſit in plano *AOR*. 2°. Ut vis orta ex p & ex $\pi + \frac{3S(c^{2u\sqrt{-1}} - c^{-2u\sqrt{-1}})}{4d^3\sqrt{-1}}$, ſit perpendicularis ad eam ſectionem cujus *PAi* eſt projectio, & ſit in plano *APG*. Unde naſcentur ſequentes æquationes;

$$(G) \ldots\ldots \frac{3S(c^{2u\sqrt{-1}} - c^{-2u\sqrt{-1}})}{4d^3\sqrt{-1}} + \pi = p\varrho$$

&

$$\varphi = \frac{p . \sigma d\omega}{\frac{d\omega(c^{u\sqrt{-1}} - c^{-u\sqrt{-1}})}{2\sqrt{-1}}} \text{ ſeu}$$

$$(H) \ldots\ldots \varphi = \frac{2p\sigma\sqrt{-1}}{c^{u\sqrt{-1}} - c^{-u\sqrt{-1}}}.$$

VIII.

Aſſumantur nunc quatuor puncta *A*, *B*, *C*, *D*, (Fig. 22) ſibi mutuò infinitè propinqua, quæ ſita ſint in circulis maximis *PA*, *PB*, & in circulis minimis *BA*, *DC*, qui iſtos normaliter ſecant; & ponatur, quòd, dùm venit *P* in *p*, veniant puncta *A*, *B*, *C*, *D*, in *a*, *b*, *c*, *d*; quantitas quâ decreſcit altitudo Fluidi in puncto quod verticaliter imminet ipſi *A*, erit (*art.* 46) æqualis ipſi $\varepsilon \times \left(\frac{Cu - Ai}{AC} + \frac{Bo - Ae}{AB} + \frac{Ai \times d(\text{Sin.} PA) . AC}{AC . \text{Sin.} PA . du}\right)$. Porrò eſt $\frac{Cu - Ai}{AC} = \frac{d\omega . r . AC}{AC} = r d\omega$, & $\frac{Bo - Ae}{AB} = \frac{du . (6 . AB . 2\sqrt{-1})}{AB(c^{u\sqrt{-1}} - c^{-u\sqrt{-1}})}$: erit igitur . . . .

$$(I) \ldots \frac{(c^{A\sqrt{-1}} + c^{-A\sqrt{-1}})}{2} \times \frac{\rho\, d\alpha}{c} - \frac{r d\alpha . (c^{A\sqrt{-1}} - c^{-A\sqrt{-1}}) . (c^{u\sqrt{-1}} + c^{-u\sqrt{-1}})}{2c(c^{u\sqrt{-1}} - c^{-u\sqrt{-1}})} = r d\alpha + \frac{6 d\alpha . 2\sqrt{-1}}{c^{u\sqrt{-1}} - c^{-u\sqrt{-1}}} + q d\alpha \times \frac{d(c^{u\sqrt{-1}} - c^{-u\sqrt{-1}})}{du(c^{u\sqrt{-1}} - c^{-u\sqrt{-1}})}.$$

IX.

Hinc elici possunt æquationes omnes ad determinandum Fluidi motum necessariæ. Nam si in æquationibus *G*, *H*, ponantur prò φ & π, illarum valores ex æquationibus *E* & *F* dati, habebuntur cum æquatione *I* duæ aliæ æquationes, in quibus non continebuntur nisi incognitæ *q*, *n*, &c. cum indeterminatis *A* & *u*, & earum differentiis.

SCOLIUM I.

66. Difficile videtur ex hisce æquationibus quidquam eruere, unde motus Fluidi determinari possit. Id solùm notandum est, quòd, si tenacitatis & adhærentiæ mutuæ partium Fluidi ratio nulla habeatur, non possit simul fieri, ut solidum in quod Fluidi massa mutatur actione corporis *S*, sit accuratè Sphærois, quæ prò Axe habeat lineam, corpus *S* & centrum Terræ jungentem, & ut motus Fluidi fiat semper in plano per corpus *S* & centrum Terræ transeunte; nam, ut figura Fluidi Sphæroidalis sit, debet esse $\sigma = 0$, seu $\frac{dk}{dA} = 0$; quia scilicet

plana omnia per Axem *PG* transeuntia, sectiones (ex hypothesi) similes & æquales producunt; unde $\sigma = 0$, & ex æquatione *H*, $\varphi = 0$; ergò ea pars motûs Corpusculi *A*, quæ ad circulum verticalem *AP* perpendicularis est, totum suum habebit effectum, siquidem vis acceleratrix aut retardatrix in eo sensu agens, nulla omninò erit; proinde necessariò corporis *A* motus totus non fiet in verticali plano *AP*.

SCOLIUM II.

67. Eadem propositio sequenti ratiocinio confirmari potest. Supponatur in instanti quovis figuram Fluidi esse Sphæroidalem, & motum particulæ cujuslibet Fluidi, fieri in verticali respondenti. Particula igitur *A*, v. g. (Fig. 23) describet lineam *Aa*, dum pervenit *P* in *p*, & instanti sequenti conabitur describere lineam $aa' = Aa$. Hoc autem instanti, supponatur describere reverâ lineam $a\alpha$ in plano $p\alpha$; evidens est (siquidem velocitas aa' componitur ex $a\alpha$ & $\alpha a'$) velocitatem $\alpha a'$ debere esse talem, ut destruatur; ergò (*art.* 60 & 61) vires acceleratrices representatæ per $a'\alpha$ & $o\alpha$, debent separatim æquilibrium cum gravitate facere; porrò, cùm sectio à plano $a'o$ facta, sit (*hyp.*) circularis, manifestum est vim acceleratricem $a'o$, non posse totam annihilari; unde aliquem necessariò motum producet; qui quidem motus idem non erit pro diversis Fluidi particulis, siquidem in plano *pPE* erit nullus, & ex alterâ plani parte, in sensum contrarium efficietur. Ergò massa

Fluidi ſuam, ſi ita loqui fas eſt, Sphæroiditatem amittet, & motus particularum A non poterit fieri per duo conſecutiva inſtantia, in plano verticali per corpus S tranſeunte.

Ex his ſequitur non poſſe eſſe ſimul $n=0$ & $\sigma=0$.

COROLL. I.

68. Si ſupponatur (Fluidi figuram non aſſumendo Sphæroidalem) puncta omnia Fluidi moveri in verticali reſpondente, hoc eſt, ſi fiat $n=0$, ac proinde $\gamma=0$, $\epsilon=0$, erit $q=\frac{-4a\sqrt{-1}\ldots\sigma}{b^2(e^{A\sqrt{-1}}-e^{-A\sqrt{-1}})}$; igitur quantitates r & λ habebuntur differentiando quantitatem $\frac{-4a\sigma\sqrt{-1}}{b^2(e^{A\sqrt{-1}}-e^{-A\sqrt{-1}})}$. Subſtituantur hi valores quantitatum r & λ in æquationibus F & I, & inde eruentur valores quantitatum $\frac{d\sigma}{du}$ & $\frac{d\sigma}{dA}$ (*) in ϱ & σ. Proinde ſi harum æquationum ſecunda integretur ſupponendo tantùm u variabilem, tùm integretur prima, ſupponendo tantùm

(*) Per $\frac{d\sigma}{du}$ & $\frac{d\sigma}{dA}$ intelligo coefficientes quos haberent du & dA in differentiatione ipſius σ. Generatim per $\frac{dL}{du}$ & $\frac{dL}{dA}$ in ſequentibus intelligam coefficientes quos habent quantitates du & dA in differentiatione ipſius L, quam ſuppono eſſe functionem ipſarum A & u.

A variabilem, & ponendo pro $\frac{d\sigma}{du}$ ejus valorem $\frac{d\varrho}{dA}$ (*), quantitas ϱ talis esse debet, ut valores ambo ipsius σ, ex his æquationibus nati, iidem sint; præterea cùm $\varrho du + \sigma dA$ debeat esse differentialis completa, oportet ut $\frac{d\varrho}{dA} = \frac{d\sigma}{du}$; quare quantitas ϱ huic etiam novæ conditioni debet satisfacere. Quænam autem sit quantitas ϱ quæ hisce conditionibus satisfaciat, aut etiam utrùm dari talis possit, fateor me hactenùs, seu per temporis, seu per Analyseos angustias, determinare non potuisse.

COROLL. II.

69. Si jam fiat $\sigma = 0$ (non supponendo $u = 0$) hoc est, si figura Fluidi Sphæroïdalis assumatur, non supponendo motum totum fieri in verticalibus per corpus S transeuntibus, invenientur pariter conditiones hujusce casûs, sive possibiles sint, sive non: quod quidem determinare videtur maximè arduum.

SCOLIUM III.

70. Ut ex æquationibus Problematis præcedentis eruatur, quantùm fieri potest, venti velocitas, quæratur primùm velocitas hujus in plano verticali quod per Astrum transit; atque, ut ad eam circumcircà determinandam

---

(*a*) Vide Comm. Acad. Petropol. *To.* 7. *p.* 177.

perveniatur, tractentur primùm in omnibus æquationibus quantitates η, γ, λ, β, σ ut $= 0$, quia scilicet motus Fluidi solus in sensu plani verticalis consideratur ; eritque

$$(G') \ldots \frac{3S(c^{2u\sqrt{-1}} - c^{-2u\sqrt{-1}})}{4d^3\sqrt{-1}} + \frac{ph^2 dq.(c^{A\sqrt{-1}} + c^{-A\sqrt{-1}})}{4adu} = \frac{pdk}{du} ;\ \&$$

$$(I') \ldots \frac{(c^{A\sqrt{-1}} + c^{-A\sqrt{-1}})}{2s} \times \frac{dk}{du} = \frac{dq}{du} + q \times \frac{d(c^{u\sqrt{-1}} - c^{-u\sqrt{-1}})}{du(c^{u\sqrt{-1}} - c^{-u\sqrt{-1}})}.$$

Unde, si tractetur A ut constans, & fiat $\frac{2}{c^{A\sqrt{-1}} + c^{-A\sqrt{-1}}} - \frac{b^2}{2as} \times \frac{(c^{A\sqrt{-1}} + c^{-A\sqrt{-1}})}{2} = \lambda$, & $\frac{2}{c^{A\sqrt{-1}} + c^{-A\sqrt{-1}}} = \frac{1}{\gamma}$; erit (integrationem ineundo ut in *art.* 47) $q = \frac{3S}{spd^3} \times \frac{zz}{2\lambda + \frac{1}{\gamma}}$; seu $q = \frac{3Szz}{spd^3} \times$

$$\frac{(c^{A\sqrt{-1}} + c^{-A\sqrt{-1}})}{2\left[3 - \frac{b^2.(c^{A\sqrt{-1}} + c^{-A\sqrt{-1}})^2}{4as}\right]} ;\ \&\ k = \frac{3Szz}{2pd^3} + \frac{3Szzbb}{2pasd^3} \times$$

$$\frac{(c^{A\sqrt{-1}} + c^{-A\sqrt{-1}})^2}{4\left[3 - \frac{b^2.(c^{A\sqrt{-1}} + c^{-A\sqrt{-1}})^2}{4as}\right]} = \frac{3Szz}{2pd^3} \times$$

$$\frac{3}{3 - \frac{b^2.(c^{A\sqrt{-1}} + c^{-A\sqrt{-1}})^2}{4as}}.$$

SCOLIUM IV.

71. Ex hiſce valoribus ipſarum q & k manifeſtum eſt 1°. ſi fuerit angulus A infinitè parvus, quo in caſu $\frac{e^{A\sqrt{-1}}+e^{-A\sqrt{-1}}}{2}=1$, fore $q=\frac{3Szz}{pd^3}\times\frac{1}{3-\frac{b^2}{ai}}$; & $k=\frac{3Szz\times 3ai}{2pd^3\times(3ai-bb)}$; quod congruit cum *art.* 47.

2°. Si fuerit $A=90^{\text{grad.}}$ hoc eſt, ſi quæratur velocitas venti quando Aſtrum eſt in Meridiano, quo in caſu $\frac{e^{A\sqrt{-1}}+e^{-A\sqrt{-1}}}{2}=0$ erit $q=0$, & $k=\frac{3Szz}{2pd^3}$; nempè, quando Sol eſt in Meridiano, velocitas venti in ſenſu Meridiani nulla eſſe debet, & aëris altitudo in quovis puncto Meridiani, eadem quæ foret (*art.* 2 & 33) ſi Aſtrum immotum maneret. Quod quidem alio ratiocinio ſatis accuratè confirmari poteſt. Nam cùm Sol aliquo tempore antè & poſt appulſum ad Meridianum, diſtantiam & altitudinem ſenſibiliter non mutet reſpectu locorum in Meridiano ſitorum, aër Meridiano incumbens in eodem ferè caſu eſt, ac ſi Sol quieſceret; ergò eam debet figuram induere, & aliquo tempore conſervare, quam haberet, ſi Sol reverâ eſſet immotus.

SCOLIUM V.

72. Jam verò definitis circumcircà quantitatibus q & k, ſubſtituatur pro z ipſius valor $\frac{e^{u\sqrt{-1}}-e^{-u\sqrt{-1}}}{2\sqrt{-1}}$; tùm

differentientur hæ quantitates, assumendo u & A variabiles; & ex differentiatione ipsius k habebitur quantitas ω; unde per æquationem H, invenietur φ; tùm ex æquatione I invenietur β; quare cùm $\beta dA + \gamma du$ debeat esse differentialis completa, facilè habebitur γ, erit enim $\frac{d\beta}{du} = \frac{d\gamma}{dA}$: unde $\gamma = \int dA \times \frac{d\beta}{du}$; proinde reperietur $n = \int \gamma du + \beta dA$ (*); ergò habebitur (circumcircà) velocitas venti in plano ad verticale Astri planum perpendiculari.

Ex hoc primo valore ipsius n, determinabuntur valores accuratiores quantitatum q, & k, assumendo A ut constans, quemadmodùm in priori operatione; tùm ex hisce novis ipsarum q & k valoribus emerget magis accuratus valor ipsius n, eâdem ratione quâ primus ipsius n valor ex prioribus q & k determinatus est.

SCOLIUM VI.

73. Ex præcedentibus patet, velocitatem venti (abstrahendo à tenacitate & frictione partium) nullam esse quando Astrum est in Meridiano, esse verò in Æquatore maximam; ac prætereà sectiones Fluidi in plano Æquatoris & Meridiani, non esse Ellipses similes & æqua-

(*) Posset etiam valor ipsius β erui ex æquatione (E), qui cùm sit diversùs ab eo, quem suppeditat æquatio I, suspicio inde nasci potest, Problema varias pati solutiones. Quod quidem ex dicendis in *articulo* 74. abundè confirmabitur.

les ; proinde ut ſupponi poſſit, (quemadmodùm in *art.* 47) propter tenacitatem partium eandem eſſe in locis omnibus ab Aſtro æquidiſtantibus velocitatem, & à Fluido indui figuram Sphæroidicam, nihil aliud fieri poſſe videtur, quàm ut velocitas venti & ſectio Fluidi in verticali quovis, aſſumantur æquales velocitati & ſectioni, quæ media eſt inter Æquatorem & Meridianum, hoc eſt, quæ reſpondet ipſi $A = 45°$. Erit ergò, factâ

$$\frac{c^{A\sqrt{-1}} + c^{-A\sqrt{-1}}}{2} = \sqrt{\tfrac{1}{2}}\,;\; q = \frac{3Szz}{ipd^3} \times \frac{1}{\sqrt{2 \times \left(3 - \frac{b^2}{2ai}\right)}}\,;$$

$$\&\; k = \frac{3Szz}{ipd^3} \times \frac{3}{3 - \frac{b^2}{2ai}}.$$

SCOLIUM VII.

74. Si quærantur ipſarum q, n, & k valores, in locis propè Æquatorem ſitis, hoc eſt, in locis ubi A eſt quantitas infinitè parva, advertetur quantitates n, q, k, eſſe functiones ipſarum u & A tales, ut ſit $n = 0$ quando $A = 0$, & k, q, tunc ſint functiones ipſius u. Quare ſi reducantur valores ipſarum n, k, q, in ſeriem infinitam, erit, quando A eſt infinitè parva,

$$n = V' . A^{n}$$

$$q = V'' + V''' A^{h}$$

$$k = V^{\backprime} + V^{\backprime\backprime} A^{\varpi}.$$

deſignantibus V', V'', V''', $V^{\backprime}$, & $V^{\backprime\backprime}$ functiones ipſius u, & n, h, ϖ, exponentes poſitivos. Differentientur hæ tres quantitates ut habeantur r, λ, γ, ζ, σ, & substituatur prò $\frac{c^{A\sqrt{-1}}+c^{-A\sqrt{-1}}}{2}$ ejus valor ferè $=1$, & prò $\frac{c^{A\sqrt{-1}}-c^{-A\sqrt{-1}}}{2\sqrt{-1}}$ ejus valor ferè $=A$, quando $A=0$; eritque, neglectis terminis omnibus qui negligi possunt,

$$(a) \ldots \frac{3S}{4pd^3\sqrt{-1}} \times (c^{2u\sqrt{-1}} - c^{-2u\sqrt{-1}}) + \frac{b^2}{2a} \times \frac{dV''}{du} = \frac{dV'}{du}.$$

$$(b) \ldots \left[\frac{b^2 dV}{2a.du} - \frac{nb^2}{2a} \times \frac{V(c^{u\sqrt{-1}} + c^{-u\sqrt{-1}}) \times 2\sqrt{-1}}{c^{u\sqrt{-1}} - c^{-u\sqrt{-1}}}\right] \times$$

$$A^n - \frac{bbV''A.2\sqrt{-1}}{2a(c^{u\sqrt{-1}} - c^{-u\sqrt{-1}})} = \frac{2\varpi V''A^{\varpi-1}\sqrt{-1}}{c^{u\sqrt{-1}} - c^{-u\sqrt{-1}}}.$$

$$(c) \ldots \frac{dV'}{1du} = \frac{dV''}{du} + \frac{nV.A^{n-1}.2\sqrt{-1}}{c^{u\sqrt{-1}} - c^{-u\sqrt{-1}}} + \frac{V''d(c^{u\sqrt{-1}} - c^{-u\sqrt{-1}})}{du(c^{u\sqrt{-1}} - c^{-u\sqrt{-1}})}.$$

Notandum est me, in secundâ æquatione, quantitates $A^{\varpi-1}$ & A^n non neglexisse, quia scilicet, si supponatur $\varpi = 2$ & $n = 1$; termini quos ingrediuntur hæ quantitates erunt homogenei termino .... $\frac{-b^2V''A\sqrt{-1}}{a(c^{u\sqrt{-1}} - c^{-u\sqrt{-1}})}$: ob eandem causam in æquatione (c) non neglexi terminum in quo est nA^{n-1}.

2°. Jam verò si vis, quâ Sol attrahit particulas Fluidi

propè Æquatorem sitas, in duas alias resolvatur quarum una sit Æquatori parallela, altera perpendicularis, hæc posterior erit infinitè parva primi ordinis respectu prioris; ergò si aliquem effectum producat, supponi potest effectum producere, qui infinitè parvus sit primi ordinis respectu effectûs quem vis altera producit; igitur si supponatur A infinitè parva primi ordinis, videtur quantitas n supponi posse ipsi A proportionalis, proinde $V.A^n = V.A$. Si quantitas n vel absolutè nulla sit, vel $V.A^{1+p}$ (denotante p numerum positivum quemvis) tunc termini quos ingreditur V, ut nulli tractari debent; eo in casu, vis quæ in sensu Meridiani agit, talis erit, ut cum gravitate p æquilibrium faciat, quod quidem eveniet, si in æquatione (b) ponatur $\varpi = 2$; V ac $\frac{dV}{du} = 0$, & $2V^{\text{IV}} = -\frac{bbV''}{2a}$.

1°. Si sit $\varpi = 2$, $n = 1$, ex æquationibus (a), (c), eruetur valor ipsius V in u, & V'', qui in æquatione (b) substitutus, dabit æquationem differentialem secundi ordinis, quæ continebit incognitas V'' & V^{IV}. Unde Problematis solutio varia erit pro variis valoribus qui alterutri quantitatum V'' aut V^{IV} assignabuntur.

2°. Si sit $\varpi = 2$, $V = 0$, habebuntur prò V'' & V^{IV} iidem valores ac in *art.* 47; prætereaque erit $V^{\text{IV}} = -\frac{b^2V''}{4a}$.

Determinabuntur eodem modo valores ipsarum V'',

V', pro diversis hypothesibus de exponentibus ϖ ac n, & de quantitatibus V & V'. Atque hinc patet Problema de inveniendâ venti directione ac velocitate aliquid in se indeterminati habere : quod quidem omninò paradoxum videri non debet, si quidem in aliis hypothesibus, de quibus mentio jam facta est (*art.* 39 & 50) inventæ sunt pro velocitate venti expressiones quæ constantes indeterminatas continent, & quibus indicatur, Problema varias habere posse solutiones.

Cœterùm studiosè animadvertendum est, in locis propè Æquatorem sitis, angulum A pro infinitè parvo haberi non debere per tempus totum unius revolutionis. Nam v. g. quando Astrum est in Meridiano loci propè Æquatorem siti, angulus A, qui tunc est angulus Meridiani cum Æquatore, fit 90 graduum. Puncta Æquatoris sola sunt, in quibus sit exactè $A = 0$; quia A exprimit semper angulum verticalis cum Æquatore ; atque hinc concludi potest, in valore ipsius q, qui in *articulo* 70 determinatus est, quantitatem $\frac{c^{A\sqrt{-1}} + c^{-A\sqrt{-1}}}{2}$ semper positivè assumi debere ; nam in Æquatore, ubi est $A = 0$, est necessariò semper $\frac{c^{A\sqrt{-1}} + c^{-A\sqrt{-1}}}{2} = 1$; unde in locis propè Æquatorem sitis, quorum motus idem ferè esse debet ac motus punctorum Æquatoris, debet assumi $\frac{c^{A\sqrt{-1}} + c^{-A\sqrt{-1}}}{2}$ positivè. Ergò &c.

SCOLIUM GENERALE.

75. Si ergò quæratur velocitas ac directio venti, ponendo terrestrem globum circumambi aëre homogeneo, raro & non elastico, hæc sequentem in modum determinanda est.

1°. Si adhærentiæ partium & frictionis nulla ratio habeatur, solutio alia non potest dari, nisi quæ in *articulis* 70, 71, *&* 72 exhibita est, æquationem nempè Problematis, per approximationes resolvendo.

2°. Si habeatur ratio tenacitatis & frictionis (qui ultimus casus naturæ forsan magis congruus est); tunc prò locis juxtà Æquatorem sitis adhiberi potest expressio quæ in *art.* 47. fuit determinata, & omninò negligi posse videtur (ob rationes in eod. *art.* 47. jam allatas) velocitas venti in plano quod perpendiculare sit ad planum Astri verticale: si prætereà in hâc hypothesi supponatur talis esse partium cohærentia, ut loca omnia ab Astro æqualiter distantia eandem velocitatem habeant, utque Fluidum habeat formam Sphæroidis; tunc assumendæ sunt expressiones quæ in *art.* 73. datæ sunt.

Fateor me plurimùm dubitare, utrùm circà velocitatem venti certius aliquid statui possit.

Hæc omnia locum habere debent, quandò corpus *S* Æquatorem percurrit. Si verò non Æquatorem, sed parallelum describeret, tunc magis compositæ evaderent æquationes quibus motus Fluidi determinaretur; & ad *art.* 42. recurrendum foret ut haberetur expressio actionis cor-

N

poris S : tamen cùm directio venti non multùm deviare debeat à plano Astri verticali, parùm mutari debere videtur in solutionibus quæ jam exhibitæ sunt, nec multùm à vero aberratum iri putamus, si parallelus ille Æquatoris loco habeatur, nempè si A sit semper angulus quem facit verticale cum parallelo, & b sit proportionalis velocitati corporis S in parallelo, quæ quidem est ad velocitatem in Æquatore, ut Cosinus declinationis ad Sinum totum.

PROPOS. XIV. LEMMA.

76. *Sit globus solidus* PDE (Fig. 24) *Fluido* EKkPE *coopertus, cujus pars* VSPE *densitatis sit datæ & uniformis, pars verò* VSkK *componatur ex infinitis numero superficiebus* Ll, Ii, Kk, *densitate à se invicem differentibus : supponatur Fluidi hujus mixti altitudo* EK *respectu radii* CE *admodùm parva; tendant versùs centrum* C *puncta omnia Fluidi vi* = p, *& prætereà perpendiculariter ad radium sollicitentur, vi quæ pro diversis à superficie* PDE *distantiis & densitatibus diversa sit, nempè, puncta omnia in columnâ homogeneâ* NA, *vi* = ϖ; *puncta Fluidi in lineâ infinitè parva* NO, *vi* = ϖ' *&c. sicque continuò usque ad punctum* R *superficiei extimæ* Kk, *cujus vis sollicitatrix sit* ϖ'''; *quæritur quænam sint conditiones necessariæ, ut Fluidum illud in æquilibrio sit.*

1°. Liquet vim ex ϖ''' & p resultantem, esse debere ad superficiem Rr perpendicularem; unde est $(Dr - AR) \times p = AD \times \varpi'''$. 2°. Si vocetur δ densitas Fluidi homogenei $NnDA$, δ' densitas Fluidi immediatè huic incumbentis, quæque à δ maximè diversa supponitur; facilè apparet vim particulæ Nn secundùm Nn (quatenùs ad Fluidum inferius pertinet) fore $[p \times (NA - Dn) - \varpi \times AD] \times \delta$; eodemque ratiocinio probari potest, vim ejusdem particulæ Nn, secundùm Nn, (quatenùs ad Fluidum superius & immediatè incumbens pertinet) esse $[p \times (NA - Dn) - \varpi' \times AD] \times \delta'$. Porrò vires illæ debent esse sibi mutuò æquales, aliter Fluida ambo diversarum densitatum δ, δ', quæ sibi mutuò superficie VNS sunt vicina, æquilibrium servare non possent. Erit ergò:

$$(\delta p - \delta' p) \times (NA - Dn) = (\varpi\delta - \varpi'\delta') \times AD.$$

3°. Ex æquilibrii Fluidorum legibus, partes Fluidi contentæ in spatio quovis $QqnN$ comprehenso à duabus columnis verticalibus NQ, nq, & à particulis superficierum Nn, Qq, sibi mutuò debent æquipollere. Unde pondus columnæ qn, detracto pondere columnæ QN, æquari debet vi particulæ Qq secundùm Qq, detractâ vi particulæ Nn secundùm Nn.

PROPOS. XV. PROBLEMA.

77. *Iisdem positis ac in Lemmate præcedenti, quæritur quinam in Fluido mixto* EKkP, *oriri debeat motus, ex actione corporis* S, *in circuli maximi plano circà globum moti.*

Eâdem hîc nitemur hypothesi ac in *art.* 47. nempè, assumemus omnes Fluidi partes semper moveri in planis verticalium per corpus S tranſeuntium, & Sphæroidicam eſſe Fluidi figuram. In *articulo* autem 57. probavimus, poſito Fluido $EKkP$, homogeneo, & rariſſimo, ſuperficiem KRk eſſe ſemper Ellipſim, & punctorum Fluidi in quâvis ſuperficie Terræ concentricâ ſitorum, velocitatem horizontalem eſſe ut quadratum Sinûs eorum diſtantiæ à corpore S; quæ ambo hîc etiam probè ſe calculis accommodare, mox videbimus. Quare hîc rursùm ſupponemus, ſuperficies omnes Kk, Ii, Ll, &c. quæ puncta ejuſdem denſitatis conjungunt, eſſe Ellipſes inter ſe diverſas, & punctorum unius cujuſque ſuperficiei velocitatem proportionalem eſſe quadrato Sinûs diſtantiæ à corpore S.

I.

Sit ergò $PS = s$; $Si = x$; $PA = u$; $AN = s - \frac{a(e^{u\sqrt{-1}} - e^{-u\sqrt{-1}})^2}{-4}$; ſpatium à puncto A ſeu N horizontaliter deſcriptum, (dùm corpus S deſcribit $Pp = du$) $= \frac{m\,du(e^{u\sqrt{-1}} - e^{-u\sqrt{-1}})^2}{-4}$; ſpatiolum intereà à puncto N deſcriptum, (quatenùs pertinet ad Fluidum $LlSV$) $= \frac{\mu\,du(e^{u\sqrt{-1}} - e^{-u\sqrt{-1}})^2}{-4}$ (deſignantibus α, m, μ, conſtantibus incognitis); ſpatium à puncto quocumque Q horizontaliter deſcriptum eodem tempore $= \frac{X\,du(e^{u\sqrt{-1}} - e^{-u\sqrt{-1}})^2}{-4}$, deſignante X functionem incognitam ipſius x; $NQ = x - \frac{\xi(c^{u\sqrt{-1}} - c^{-u\sqrt{-1}})^2}{-4}$, deſignante pariter ξ functionem incognitam ipſius x; tandem ſit D denſitas ſuperficiei cujuſlibet iQI, quæ quidem per functionem ipſius x dari debet, ſaltem quàm proximè.

II.

His poſitis, cùm omnia columnæ homogeneæ NA puncta, eandem habeant velocitatem horizontalem ſecundùm AD, erit $\frac{2adu}{4\sqrt{-1}} \times (c^{2u\sqrt{-1}} - c^{-2u\sqrt{-1}}) = \frac{2mdu}{4\sqrt{-1}} \times (c^{2u\sqrt{-1}} - c^{-2u\sqrt{-1}}) + \frac{mdu(c^{2u\sqrt{-1}} - c^{-2u\sqrt{-1}})}{4\sqrt{-1}}$, quæ æquatio reſpondet æquationi (A) *art.* 47. Unde exurgit

$2a = 3m$ . . . . (M).

Pariter, cùm ſit, $QO = dx - \frac{d\xi(c^{u\sqrt{-1}} - c^{-u\sqrt{-1}})^2}{-4}$, & columnæ infinitæ parvæ QO puncta omnia eandem habere debeant velocitatem horizontalem, erit

$\frac{2d\xi}{dx} = 3X$ . . . . (N).

III.

Attractio quam exercet in punctum N Fluidum $VEPS$ denſitatis δ, eſt (*art.* 24) $\frac{4n\delta \times 6a}{3 \times 5} \times \frac{(c^{2u\sqrt{-1}} - c^{-2u\sqrt{-1}})}{4\sqrt{-1}}$, quatenùs agit perpendiculariter ad CN; attractionis ſuperioris Fluidi $VKkS$ nullam rationem habebimus, utpotè, quod respectu Fluidi *VEPS*, admodùm rarum supponitur.

Vis acceleratrix puncti N, parallela ad AD, quatenùs ad Fluidum inferius densitatis δ pertinet, erit $\frac{pbb \times 2m(c^{2u\sqrt{-1}} - c^{-2u\sqrt{-1}})}{2a \cdot 4\sqrt{-1}}$; quatenùs verò hoc punctum pertinet ad Fluidum superius densitatis δ', erit hujus vis $=$ $\frac{pbb}{2a} \times \frac{2\mu(c^{2u\sqrt{-1}} - c^{-2u\sqrt{-1}})}{4\sqrt{-1}}$: jam verò punctum illud N secundùm AP sollicitatur vi $= \frac{3S(c^{2u\sqrt{-1}} - c^{2u\sqrt{-1}})}{4d^3\sqrt{-1}}$; oportet ergò ut punctum N in æquilibrio permaneat, sollicitatum à viribus p, & $(\frac{3S}{d^3} + \frac{4n\delta \cdot 6a}{3 \times 5} + \frac{pbb}{2a} \times 2m) \times$ $\frac{(c^{2u\sqrt{-1}} - c^{-2u\sqrt{-1}})}{4\sqrt{-1}}$, sibi invicem perpendicularibus, ut & sollicitatum à viribus $(\frac{3S}{d^3} + \frac{4n\delta \times 6a}{3 \times 5} + \frac{pbb \cdot 2m}{2a}) \times$ $\frac{(c^{2u\sqrt{-1}} - c^{-2u\sqrt{-1}})}{4\sqrt{-1}}$. Quamobrem (*art.* 76 *n.* 2) erit $(\frac{mb^2p}{a} + \frac{4n\delta \cdot 6a}{3 \times 5} + \frac{3S}{d^3}) \times \delta - p \cdot 2a\delta = (\frac{\mu b^2 p}{a} +$ $\frac{4n\delta \cdot 6a}{3 \cdot 5} + \frac{3S}{d^3}) \times \delta' - 2pa\delta'$ . . . . . . (O).

IV.

Jam verò excessus ponderis QN suprà qn est $2p \times$ $\int \frac{Ddz(c^{2u\sqrt{-1}} - c^{-2u\sqrt{-1}})}{4\sqrt{-1}}$, qui æqualis esse debet (*art.* 76 *n.* 3) excessui ponderis ipsius Nn suprà Qq, hoc est $\left(\frac{\mu b^2 p}{a} + \frac{4n\delta . 6a}{3 . 5}\ (*) + \frac{3S}{d^3} - 2pa\right) \times \delta' \times \frac{c^{2u\sqrt{-1}} - c^{-2u\sqrt{-1}}}{4\sqrt{-1}}$, detractâ quantitate $\left[\frac{b^2 pXD}{a} + \frac{4n\delta . 6aD}{3 . 5} + \frac{3S . D}{d^3} - 2pD . (\xi + a)\right] \times \frac{c^{2u\sqrt{-1}} - c^{-2u\sqrt{-1}}}{4\sqrt{-1}}$.

Erit ergò $2p\int D\,d\xi = \frac{\mu\delta' pb^2}{a} + \frac{4n\delta'\delta . 6a}{3 . 5} + \frac{3S\delta'}{d^3} - 2pa\delta' - \frac{b^2 pXD}{a} - \frac{4n\delta . D . 6a}{3 . 5} - \frac{3S . D}{d^3} + 2pD \times (\xi + a) \ldots\ldots (P)$.

V.

Tandem si supponatur, quòd factâ $x = Pk$, sit $D = \delta$, $X = A$, $\xi = \chi$; erit vis acceleratrix puncti $R = \frac{pb^2 \chi . (c^{2u\sqrt{-1}} - c^{-2u\sqrt{-1}})}{4a\sqrt{-1}}$; necesse autem est (*art.* 76. *n.* 1) ut punctum R sollicitatum à viribus p & $\left(\frac{pb^2\chi}{a} + \frac{3S}{d^3} + \frac{4n\delta . 6a}{3 . 5}\right) \times \frac{c^{2u\sqrt{-1}} - c^{-2u\sqrt{-1}}}{4\sqrt{-1}}$ sibi invicem normalibus, tendat perpendiculariter ad Rr, sive, ut pondus partis Rr, ab hisce viribus sollicitatæ, nullum sit. Quare erit $\frac{b^2 \vartheta pA}{a} + \frac{4n\delta . \vartheta . 6a}{3 . 5} + \frac{3S\vartheta}{d^3} - 2p\vartheta (\chi + a) = 0 \ldots\ldots (Q)$.

(*) Cùm sit, ex hypothesi, RN admodùm parva respectu CN, supponi potest Attractionem in R, Q, O, eandem esse ac in N.

VI.

Ex quinque æquationibus M, N, O, P, Q, deduci poteſt, ſuppoſitis integrationibus & quadraturis, Problematis noſtri ſolutio. Nam ſi in æquatione P, pro X ſubſtituatur ejus valor $\frac{2d\xi}{3dx}$ ex æquatione N, tùm differentietur æquatio P, fiatque $\xi + \alpha - \frac{4n\delta . 6\alpha}{3 . 5 . 2p} - \frac{3S}{2pd^3} = \varrho$, erit $3\varrho - \frac{bbd\varrho}{adx} - \frac{Dbbdd\varrho}{adxdD} = 0 \ldots\ldots (R)$.

Hâc æquatione integratâ, quod, ſaltem in quibuſdam caſibus, fieri poteſt, naſcentur conſtantes duæ indeterminatæ, v. g. F, G, ex quibus ipſius ξ valor obtinebitur, qui quidem talis eſſe debet, ut ſit $= 0$ quandò $x = 0$; unde habebitur una æquatio pro determinandâ F aut G, quarum quantitatum proinde una eliminari poteſt. Jam verò cùm detur ξ, datur etiam 1°. $X = \frac{2d\xi}{3dx}$, 2°. datur μ, ſiquidem μ eſt valor ipſius X quando $x = 0$. 3°. Dantur A & χ, ſiquidem A & χ ſunt valores ipſarum X & ξ, quando $x = Pk = \iota$. Unde, ſi in æquationibus M, O, Q, ſubſtituantur prò his quantitatibus earum valores in G, vel F, reſtabunt tantùm determinandæ tres incognitæ α, m, & G vel F, quæ ex tribus æquationibus M, O, Q, poterunt definiri.

SCOLIUM I.

78. Integratio æquationis (R) multùm pendet à valore

lore quantitatis D, hoc eſt, à lege denſitatum Fluidi $VKkS$.

Si, v. g. juxtà opinionem communem, ponamus $\frac{dD}{D} = \frac{-dx}{g}$, hoc eſt denſitates eſſe in ratione ponderum comprimentium, æquatio R mutabitur in hanc

$$\frac{3a\varrho dx^2}{bbg} + dd\varrho - \frac{d\varrho dx}{g} = 0.$$

Ut hæc integretur, fiat $\frac{d\varrho}{\varrho} = \frac{pdx}{hh}$ (hh eſt conſtans arbitraria); eritque

$$dx = \frac{-dp \cdot hh}{pp - \frac{phh}{g} + \frac{3ah^4}{bbg}} \quad \ldots\ldots\ldots \quad (S)$$

$$\& \ \frac{d\varrho}{\varrho} = \frac{-pdp}{pp - \frac{phh}{g} + \frac{3ah^4}{bbg}} \quad \ldots\ldots\ldots \quad (T)$$

Integretur utraque hæc æquatio per Logarithmos, uti Geometris notum eſt; & ſi fiat $M = \frac{hh}{2\sqrt{\left[\frac{h^4}{4gg} - \frac{3ah^4}{bbg}\right]}}$;

$N = \frac{-hh}{2g} + \sqrt{\left[\frac{h^4}{4gg} + \frac{3ah^4}{bbg}\right]}$; $T = \frac{-hh}{2g} - \sqrt{\left[\frac{h^4}{4gg} - \frac{3ah^4}{bbg}\right]}$;

& R = valori ipſius p quandò $x = 0$, erit . . . .

$$(T) \ \ldots\ldots\ldots \quad x = M \times \log.\left[\frac{(p+N).(R+T)}{(p+T).(R+N)}\right];$$

$$\& \ \frac{\xi + \alpha\left(1 - \frac{4n\delta.6}{3.2.5p}\right) - \frac{3S}{2pd^3}}{\alpha\left(1 - \frac{4n\delta.6}{3.5.2p}\right) - \frac{3S}{2pd^3}} = \frac{\sqrt{\left[RR - \frac{Rhh}{g} + \frac{3ah^4}{bbg}\right]}}{\sqrt{\left[pp - \frac{phh}{g} + \frac{3ah^4}{bbg}\right]}} \times$$

O

$$\left[\frac{(p+N).(R+T)}{(p+T).(R+N)}\right]^{\frac{M}{2g}} \ldots\ldots\ldots\ldots\ldots\ldots (V)$$

Substituatur in hâc ultimâ æquatione, prò p, ejus valor in x, ab æquatione T suppeditandus, tùm assumatur, 1°. valor ipsius $X = \frac{2d\xi}{3dx}$. 2°. valor ipsius μ, ponendo o prò x in valore ipsius X; 3°. valor ipsarum A & χ, substituendo prò x in valore ipsarum X & ξ quantitatem ϵ, seu quod eòdem ferè recidit, altitudinem ϵ' quam haberet Fluidum, si nullæ in illud vires agerent. Tandem hi valores ipsarum u, A, & χ in æquationibus M, O, Q, substituantur; & restabunt ab iis æquationibus eruendæ três incognitæ a, R, m, quibus definitis, valores ipsarum μ, A & χ obtinebuntur.

SCOLIUM II.

79. Fieri potest 1°. Ut sit $\frac{1}{4g} = \frac{3a}{b^2}$ quo in casu æquatio (S) est absolutè integrabilis, æquatio verò (T) partim integrabilis absolutè, partim ad Logarithmos reducibilis. 2°. Ut sit $\frac{1}{4g} < \frac{3a}{bb}$; quo in casu sunt N & T quantitates imaginariæ, & integratio ad circulares arcus partim reducitur. Potest tamen solutio præcedens ut generalis haberi, sive N & T reales sint, sive non: quia quantitates imaginariæ eliminari semper possunt. Certum est enim quantitatem Algebraicam quamlibet, utcumque ex imaginariis conflatam, semper ad $A + B\sqrt{-1}$ re-

duci posse, existentibus A & B quantitatibus realibus; unde si quantitas proposita realis sit, fiet $B=0$.

(*) Quod ut demonstretur, notandum est,

1°. Esse $\frac{a+b\sqrt{-1}}{g+h\sqrt{-1}} = A + B\sqrt{-1}$; siquidem erit

$a = gA - hB$; $b = Ah + gB$; unde $A = \frac{bh+ag}{hh+gg}$;

& $B = \frac{bg-ah}{hh+gg}$.

2°. Esse $(a+b\sqrt{-1})^{g+h\sqrt{-1}} = A+B\sqrt{-1}$. Nam factis A & B, ut a & b, variabilibus, assumantur differentiales Logarithmicæ, eritque $(g+h\sqrt{-1}) \times$

$\frac{da+db\sqrt{-1}}{a+b\sqrt{-1}} = \frac{dA+dB\sqrt{-1}}{A+B\sqrt{-1}}$; seu (*n.* 1. *art. huj.*)

$$\frac{AdA+BdB+(BdA-AdB)\sqrt{-1}}{AA+BB} =$$

$$\frac{gada+gbdb+ahdb-bhda}{aa+bb} +$$

$$\frac{(hada+hbdb+gbda-gadb)\times\sqrt{-1}}{aa+bb};$$

unde $AA+BB = [aa+bb]^{g} \times c^{-h\int\frac{bda-adb}{aa+bb}}$

& $\int\frac{BdA-AdB}{AA+BB} = h\log.\sqrt{[aa+bb]} + g\int\frac{bda-adb}{aa+bb}$.

Porrò sunt $\int\frac{bda-adb}{aa+bb}$, & $\int\frac{BdA-AdB}{AA+BB}$ anguli quorum $\frac{a}{b}$

& $\frac{A}{B}$ sunt tangentes; unde A & B sunt Sinus & Cosinus anguli cujus radius $= \sqrt{[\overline{aa + bb}^{g} \times c^{-hf\frac{bda-adb}{aa+bb}}]}$,

valor verò $= h \log. \sqrt{[aa + bb]} + g \int \frac{bda - adb}{aa + bb}$.

3°. Palam est fore $a + b\sqrt{-1} \pm (g + h\sqrt{-1}) = A + B\sqrt{-1}$; & $(a + b\sqrt{-1}) \times (g + h\sqrt{-1}) = A + B\sqrt{-1}$.

4°. Ex his tribus propositionibus facilè semper erit quantitatem utcumque ex imaginariis conflatam, reducere ad $A + B\sqrt{-1}$; nam, procedendo à dextrâ versùs sinistram, paulatim quantitates omnes imaginariæ, si plures sint, exterminabuntur, unâ exceptâ, & reducta erit quantitas proposita ad $A + B\sqrt{-1}$; quæ si realis esse debeat, erit $B = 0$.

SCOLIUM III.

80. Æquatio $\frac{3a\varrho dx^2}{bbg} + dd\varrho - \frac{d\varrho dx}{g} = 0$ aliâ methodo integrari potuisset, quam hîc obiter proponam, utpote quæ ad incrementum Analyseos possit conducere. Sit nempè generatim . . . .

$$\varrho + \frac{ed\varrho}{dx} + \frac{fdd\varrho}{dx^2} = 0 \quad \ldots\ldots\ldots\ldots \quad (1)$$

Supponi semper potest, introductâ novâ indeterminatâ t, æquationem illam oriri ex duabus sequentibus . . . . .

$$d\varrho - tdx = 0 \quad \ldots\ldots\ldots\ldots \quad (2)$$

$$\varrho + \frac{ed\varrho}{dx} + \frac{fdt}{dx} = 0 \quad \ldots\ldots\ldots\ldots \quad (3)$$

nam factâ $d\varrho = t\,dx$, æquatio (1) in (3) abit.

Jam multiplicetur harum æquationum prima (2) per coefficientem indeterminatam ν, tùm addantur simul æquationes (2) & (3) eritque $\nu d\varrho + \epsilon d\varrho + f dt + \varrho dx - \nu t dx = 0$ seu . . . .
$[\nu + \epsilon] \,.\, d\varrho + f dt + [\varrho - \nu t] \,.\, dx = 0 \ldots (4)$
Supponatur ν talis, ut $\varrho - \nu t$ sit in ratione datâ quâlibet ad $[\nu + \epsilon] \,.\, \varrho + f t$; erit $\frac{1}{\nu + \epsilon} = \frac{-\nu}{f}$; unde habebitur valor ipsius ν, & æquatio (4) fiet $dx + \frac{(d\varrho - \nu dt) \,.\, (\nu + \epsilon)}{\varrho - \nu t} = 0$.
Quare erit $\varrho - \nu t = X$, denotante X functionem ipsius X, proinde $t = \frac{\varrho - X}{\nu}$; & æquatio (2) fiet $d\varrho - \frac{\varrho dx}{\nu} + \frac{X dx}{\nu} = 0$; cujus facilis est integratio: unde obtinetur quæsita ϱ.

Methodus ista, quam hîc per transennam & currens offero, valdè utilis est in integrandis n quotlibet æquationibus differentialibus, singulis cujusvis gradûs, quæ contineant $n + 1$ variabiles, x, y, z, u, &c. quarum primæ differentia dx assumatur constans : cœteræ verò u, y, z, &c. cum suis differentialibus cujusvis gradûs, sub formâ tantùm lineari appareant, nempè, nec ad potestatem ullam unitate majorem, aut minorem, evectæ, nec per se invicem aut per x multiplicatæ, sed tantùm per constantes, & per ipsius dx convenientes potentias multiplicatæ aut divisæ; nec integrationi nocet si in omnibus hisce æquationibus supponatur esse terminus totus ex x & dx, & constantibus utcumque conflatus.

SCOLIUM IV.

81. Æquatio $\frac{-dx}{g} = \frac{dD}{D}$; quam prò exemplo assumpsimus, ex eâ hypothesi nascitur, quòd partium Fluidi densitas sit ponderi incumbenti proportionalis. Nam sit y altitudo Fluidi à superficie superiore ad punctum quodvis, densitasque in hoc puncto $= D$; erit $\int D\,dy$ massa Fluidi incumbentis, & $p\int D\,dy$ hujus pondus. Porrò assumptâ $D\,dy$ constante, erit dy ut $\frac{1}{D}$, & ut $\frac{1}{p\int D\,dy}$; quare est $\int D\,dy$ ut D & $\frac{dD}{D}$ ut dy, hoc est $\frac{dD}{D} = \frac{-dx}{g}$ quia $dx = -dy$. Hæc autem hypothesis aliquid in se contradictorii continet, quòd nempè tunc esse debeat altitudo Fluidi $= \infty$, & in superficie superiore densitas $= 0$.

Sed notandum, æquationem $\frac{-dx}{g} = \frac{dD}{D}$, locum etiam in alio casu habere, in quo potest esse finita altitudo Fluidi, & densitas data in superficie superiore, nempè, si supponatur densitas partium proportionalis ponderi comprimenti, addito pondere constante quovis. Tunc enim erit, facto pondere constante P, $\frac{1}{D}$ ut $\frac{1}{p\int D\,dy + P}$; proinde $\frac{dD}{D} = \frac{-dx}{g}$; hæc autem hypothesis à vero multò minùs aberrat quàm altera : nam particulæ aëris, etiam pondere nullo incumbente, non possunt non aliquam habere densitatem. Quare densitas nequit esse ita proportionalis ponderi incumbenti, ut, nullo evadente hoc pondere, nulla sit densitas.

SCOLIUM V.

82. Sit generatim $\frac{dD}{D} = X dx$, denotante X functionem ipsius x quamlibet, æquatio (R) mutabitur in sequentem, factâ (juxtà perinsignis Geometræ *D. Euler* Methodum) $\varrho = c^{\int k dx}$ . . . .

$$\frac{3aXdx^2}{bb} - kXdx - dk - kkdx = 0.$$

Casus autem in quibus hæc æquatio integrabilis est, hîc percurrere nimis longum foret, præterquàm quòd casus illi, propter nonnullas coefficientium æquationes, non parùm sunt limitati.

SCOLIUM VI.

83. Cùm in figurâ aëris mutationem quàm parvam producat actio Solis & Lunæ, evidens est particulas aëris ab hâc actione densitatem sensibiliter non mutare, proinde licet densitas earum à pondere superincumbente oriatur, sitque in eâdem particulâ variabilis, tamen prò constante & invariabili assumi posse cujusque partis densita-

tem. Unde si sit x' altitudo unius superficiei internæ aëris in statu Sphærico, & quæratur quænam esse debeat in Problemate præsente hujus altitudo x, ponatur x' pro x in valore ipsius ξ, tùm fiat $\int D\,dx' \times 2nrr = \int D\,dx \times 2nrr - \int D\,d\xi \times \frac{2nr^3}{3}$; erit $\int D\,dx = \int D\,dx' + \int \frac{D\,d\xi}{3}$, & $dx = dx' + \frac{d\xi}{3}$: proinde $x = x' + \frac{\xi}{3}$.

SCOLIUM VII.

84. Huc usque expressionem tantùm dedimus velocitatis venti, qui propè Æquatorem flare supponitur. Ut autem inveniatur ejus velocitas in locis ab Æquatore dissitis, tunc Pp non potest supponi $= du$; sed tractando A ut constantem, facilè habebuntur æquationes ad hunc casum pertinentes, quemadmodùm in *art.* 70; quæ quidem hîc longiùs exponere necessarium non videtur, siquidem nulla nova variabilis in calculum introducitur.

At notandum tales fore valores ipsarum α, m, μ, ξ & X, &c. ut Fluidum Sphæroiditatem suam amittere debeat, quæ tamen necessaria est ut Attractio supponi possit $\frac{4n\delta \times 6\alpha}{3 \cdot 5}$. Quare, ut vero proximior fiat calculus, instituatur primùm Analysis nullâ Attractionis ratione habitâ, tum in quantitate $\frac{4n\delta \cdot 6\alpha}{3 \cdot 5}$ loco α ponatur ejus valor medius, valor nempè qui angulo $A = 45°$ respondere invenietur, & Analysis de novo instituatur. Nihil accuratius

ratius videtur permittere, tam arduæ tamque intricatæ quæstionis difficultas (*a*).

SCOLIUM VIII.

85. Casus omnes complectit Problema præcedens. Nam si v. g. Fluidi inferioris nulla censeatur Attractio, & nullum supponatur Fluidum istud, tunc deleri debent æquationes *M*, *O*, ut & quantitates m, α, n, in aliis æquationibus; & habebitur motus Fluidi rari & variabiliter densi, globo terrestri immediatè incumbentis.

Unde facile erit dignoscere, quodnam sit inter motum aëris discrimen, dùm à terrestri globo separatur per Fluidum aliud, & dùm globo terrestri immediatè contiguus est.

De quibus ut leve calculi specimen offeramus, supponemus globum terrestrem coopertum esse duobus Fluidis homogeneis sibi invicem incumbentibus, & ejus raritatis, ut possit attractionis nulla ratio haberi. Sint δ & δ' densitates Fluidi inferioris & superioris: jam si sit ϵ altitudo Fluidi inferioris in *P*, ϵ' altitudo superioris, erit $2\alpha = 3m\epsilon$; $2\chi = 3\mu\epsilon'$; ubi notandum est hîc esse χ constantem, quæ respondet quantitati ξ *articuli* 77. Prætereà erit . . . .

$$\left(\frac{mbbp}{a} + \frac{3S}{d^3} - 2p\alpha\right) \times \delta = \left(\frac{\mu bbp}{a} + \frac{3S}{d^3} - 2p\alpha\right) \times \delta'$$

(*a*) Vide additamentum, *art. IV.*

& $\frac{bb\delta' p\mu}{a} + \frac{3S\delta'}{d^3} - 2p\chi\delta' - 2pa\delta' = 0$. Unde, facto calculo, elicitur . . . .

$$m = \frac{\frac{3S}{pd^3} \times (3\epsilon' - \frac{3\epsilon'\delta'}{\delta} - \frac{bb}{a})}{\frac{bb}{a}[\frac{bb}{a} - 3(\epsilon + \epsilon')] + 9\epsilon'\epsilon(\frac{\delta - \delta'}{\delta})}$$

$$\& \; \mu = \frac{3m\epsilon - \frac{3S}{pd^3}}{\frac{b^2}{a} - 3\epsilon'}.$$

Si $\delta = \delta'$, hoc eſt, ſi unicum ſit Fluidum cujus altitudo $= \epsilon + \epsilon'$; erit $m = \mu = \frac{3S}{pd^3} \times \frac{1}{3(\epsilon + \epsilon') - \frac{bb}{a}}$, quod cùm *art.* 47 convenit, quia hîc eſt $3(\epsilon + \epsilon')$ altitudo Fluidi.

SCOLIUM IX.

86. (*) Hic omittere non debemus notandum utiliſſimum, in Hydroſtaticâ maximi futurum emolumenti.

In *articulo* 76, cui tota hæc Theoria innititur, diximus Fluidum ſuperius cum Fluido inferiori in æquilibrio conſiſtere non poſſe, niſi pondus particulæ cujuſvis *Nn* idem ſit, ſive quatenùs ad Fluidum inferius, ſive quatenùs ad Fluidum ſuperius pertinet. Unde eruimus æquationem . . . .

$(p[NA - Dn] - \varpi . AD) \times \delta = (p[NA - Dn] - \varpi' . AD) \times \delta'$.

Nonne prætereà oportet, inquiet forſan aliquis, ut pondus particulæ *Nn* verſùs *Nn* nullum ſit? hoc eſt, ut vis quæ oritur ex ϖ' & p ſit ad ſuperficiem *Nn* perpendicularis, ſicut vis quæ oritur ex ϖ & p? Quod quidem videtur experientiâ confirmari, ſiquidem Fluida diverſæ denſitatis ita ſe invicem diſponunt, ut ad libellam ſuperficies eorum componantur.

Reſpondeo 1°. ideò in experimentis omnibus ſuperficies diverſorum Fluidorum ad libellam componi, quod in his vires ϖ & ϖ' ſint ſemper eædem, ſæpè etiam $= 0$; porrò cùm ſint δ & δ' diverſæ, æquatio ſuperior locum habere non poteſt pro caſu $\varpi = \varpi'$, niſi ſit utrumque membrum $= 0$.

2°. Invictè probari poteſt neceſſe non eſſe, ut utrumque æquationis membrum ſit ſemper $= 0$. Nam ponatur Fluidum *VKkS* eſſe homogeneum, & nullum eſſe pondus canalis *Nn*: cùm oporteat, ut nullum ſit pondus canalis *Rr*, erunt neceſſariò columnæ *RN*, *rn* ſibi mutuò æquiponderantes, proinde æquales inter ſe: & cùm hoc dicendum ſit de omnibus columnis, ſequitur, quòd ſi ſupponatur Fluidum inferius utlibet motum, Fluidum ſuperius nullum motum habere debeat, niſi quatenùs ſuper Fluidum inferius verticaliter ſubſidet & elevabitur. Quod cùm admitti nequeat, patet, non ſolùm non debere, ſed etiam non poſſe fieri $= 0$, membrum utrumque æquationis propoſitæ, in ſolutione Problematis *art.* 76.

PROPOS. XVI. PROBLEMA.

87. *Dentur duæ quantitates* . . . .

$$\alpha ds + \beta du$$

& $\varrho\alpha du + \nu\beta ds + du\,\Delta\,u, s + du\,\Gamma\,u, s$

in quibus ϱ *&* ν *constantes datas designent;* Δ u, s, *&* Γ u, s, *functiones quascumque datas ipsarum* u, s; *supponatur prætereà, has duas quantitates differentiales datas, esse differentiales completas & accuratas alicujus functionis ipsarum* u, *&* s: *quæritur methodus prò determinandis quantitatibus* α *&* β, *adeòque ambarum quantitatum propositarum integratio.*

Dividantur primùm per constantem ϱ termini omnes secundæ quantitatis differentialis; & eò reducitur Problema, ut fiant . . . .

$$\alpha ds + \beta du$$

$$\alpha d.u + \frac{\nu\beta ds}{\varrho} + \frac{du\,\Delta\,u, s}{\varrho} + \frac{ds\,\Gamma\,u, s}{\varrho}$$

quantitates differentiales completæ.

Sit $\frac{\nu}{\varrho} = n$; tùm diviso 2º differentiali per $\sqrt{n}$, scribantur ut sequitur ambo differentialia . . . .

$$\beta\sqrt{n}\,.\,\frac{du}{\sqrt{n}} + \alpha ds.$$

$$\frac{\alpha du}{\sqrt{n}} + \beta\sqrt{n}\,.\,ds + \frac{du\,\Delta\,u, s}{\varrho\sqrt{n}} + \frac{ds\,\Gamma\,u, s}{\varrho\sqrt{n}};$$

Jam verò, siquidem completa esse debet unaquæque harum quantitatum differentialium, earum tam summa quàm differentia, debet etiam esse differentiale completum. Ergò

1°. Si addantur sibi invicem, fiatque $\alpha + \beta\sqrt{n} = m$, & $\frac{u}{\sqrt{n}} + s = t$; erit . . . .

(A') . . . . . . $m\,dt + dt\,\Psi t, s + ds\,\Pi t, s$ differentiale completum; intelligo autem per $\Psi\, t, s$, & $\Pi t, s$, functiones ipsarum t & s, quæ nascuntur ex substitutâ $(t - s)\sqrt{n}$ pro u, in $\Delta u, s$, & $\Gamma u, s$; jam verò ex Theoremate Cl. *Euleri* (*t.* 7 *Com. Petersb. p.* 177) est $\frac{dm}{dt} + \frac{d\Psi t, s}{ds} = \frac{d\Pi t, s}{dt}$ (intelligo generatim per $\frac{dA}{ds}$ ut in *art.* 68. coefficientem ipsius ds in differentiatione quantitatis A). Ergò assumendo s ut variabilem, t verò ut constantem, erit $m = -\Psi\, t, s + \varphi t$ (*) $+ \int ds \times \frac{d\Pi t, s}{ds}$.

2°. Si datarum quantitatum secunda ab alterâ subducatur, seu, quod eòdem recidit, si secunda multiplicetur per -1 & fiat ambarum additio, ponaturque $\frac{u}{\sqrt{n}} - s = y$ & $\beta\sqrt{n} - \alpha = \mu$; erit . . . .

(A'') . . . . $\mu\,dy + dy\,\Gamma y, s + ds\,\Xi\, y, s$ differentiale completum; unde $\frac{d\mu}{ds} + \frac{d\Gamma y, s}{ds} = \frac{d\Xi y, s}{dy}$, & . . . . $\mu = -\Gamma y, s + \Sigma y + \int ds \times \frac{d\Xi y, s}{dy}$. Ex his quantitatum

(*) φt designat functionem ipsius t.

m & μ valoribus eruetur valor quantitatum α & β; nam ſiquidem $\alpha + \beta\sqrt{n} = m$; & $\beta\sqrt{n} - \alpha = \mu$, erit $\alpha = \frac{m-\mu}{2}$ & $\beta = \frac{m+\mu}{2\sqrt{n}}$.

SCOLIUM.

88. Nec verò integrationibus nocere poteſt, ſi ſit $\sqrt{n}$ quantitas imaginaria : nam ex quantitatibus α & β, ſi reales eſſe debeant, eliminari ſemper poterunt imaginariæ quantitates (*art.* 79).

PROPOS. XVII. PROBLEMA.

89. *Sint quantitates* . . . .

$$\alpha ds + \beta du$$
$$\&$$
$$\varrho\alpha du + p\beta du + \gamma\beta ds + m\alpha ds + du\Delta u, s + ds\Gamma u, s$$

quæ debeant eſſe differentialia completa. Quæruntur quantitates α *&* β.

Solutio. Fiat $ku + rs = gy$, $fu + \delta s = ht$, (k, r, f, δ, g, h, ſunt conſtantes indeterminatæ) ; eritque $u = \frac{g\delta y - hrt}{k\delta - rf}$; $s = \frac{gfy - hkt}{rf - \delta k}$. Subſtituantur hi valores, faciendo priùs $\mu = \frac{g\delta}{k\delta - rf}$; $\nu = \frac{-hr}{k\delta - rf}$; $\lambda = \frac{gf}{rf - \delta k}$; $\varphi = \frac{-hk}{rf - \delta k}$; eritque . . . .

$$1^{a}. \text{ diff.} = \alpha\lambda dy + \alpha\varphi dt + \beta\mu dy + \beta\nu dt$$

2°. verò per coeffic. indetermin. n multiplicata evadet

$$\left.\begin{array}{l} \varrho\alpha\mu \\ +p\beta\mu \\ +\gamma\beta\lambda \\ +m\alpha\lambda \end{array}\right\} n\,dy \quad \left.\begin{array}{l} +\varrho\alpha\nu \\ +p\beta\nu \\ +\gamma\beta\varphi \\ +m\alpha\varphi \end{array}\right\} n\,dt$$

$$+ n\,dy\,\Delta y,t + n\,dt\,\Psi y,t$$

In ſolutione autem Problematis præcedentis, ideò perventum eſt ad determinationem quantitatum α & β, quia factis $\frac{u}{\sqrt{n}} + s = t$, & $\frac{u}{\sqrt{n}} - s = y$, additiſque ſimul poſt transformationem ambabus quantitatibus differentialibus datis, quarum ſecunda fuit multiplicata per $\frac{1}{\sqrt{n}}$ & $-\frac{1}{\sqrt{n}}$ ſucceſſivè, transformatæ prodierunt, in quibus unaquæque differentialium dy & dt ſucceſſivè à coefficientibus indeterminatis α & β liberata fuit. Ergo facilè patebit in præſente caſu obtineri poſſe valores ipſarum α & β, ſi additis ſimul ambabus transformatis modò inventis, ſit $\alpha\lambda + \beta\mu + \varrho\alpha\mu n + p\beta\mu n + \gamma\beta\lambda n + m\alpha\lambda n = 0$, & (aſſumpto alio valore indeterminatæ n) $\alpha\varphi + \beta\nu + \varrho\alpha\nu n + p\beta\nu n + \gamma\beta\varphi n + m\alpha\varphi n = 0$. Porrò ut harum æquationum prima obtineat locum, (quicumque ſint ipſarum α & β valores) debet eſſe $\lambda + \varrho\mu n + m\lambda n = 0$, & $\mu + p\mu n + \gamma\lambda n = 0$: unde $\frac{\lambda}{\mu} = \frac{-\varrho n}{1+mn} = \frac{1+pn}{-\gamma n}$. Quare inde eruetur valor ipſius n talis, ut ſit $\alpha\lambda + \beta\mu + \&c. = 0$. Pariter ut ſit $\alpha\varphi + \beta\nu + \varrho\alpha\nu n + p\beta\nu n + \gamma\beta\varphi n + m\alpha\varphi n = 0$, debet eſſe $\varphi + \varrho\nu n +$

$m\phi n = 0$ & $\nu + p\nu n + \gamma\phi n = 0$: unde $\frac{\phi}{\nu} = \frac{-\varrho n}{mn+1} = \frac{1+pn}{-\gamma n}$; proinde habebitur eadem æquatio prò inveniendâ n, ac ante. Solvatur igitur æquatio $\frac{-\varrho n}{1+mn} = \frac{1+pn}{-\gamma n}$; quæ duos ſuppeditabit ipſius n valores; multiplicetur quantitas differentialis ſecunda transformata, per unum ex duobus ipſius n valoribus, deinde per alterum: poſteà addatur ſucceſſivè cum primâ quantitate differentiali, faciendo $\frac{\lambda}{\mu} = \frac{-\varrho n}{1+mn}$ & $\frac{\phi}{\nu} = \frac{-\varrho n}{1+mn}$, & prodibunt duo differentialia nova quæ integratu facilia erunt.

Notandum, in determinandis valoribus ipſarum $\frac{\lambda}{\mu}$ & $\frac{\phi}{\nu}$, non debere aſſumi eundem ipſius n valorem, ſed duos valores diverſos; ſecus enim foret $\frac{\lambda}{\mu} = \frac{\phi}{\nu}$; proinde eſſet u in ratione conſtante ad s. Unde nimis limitaretur Problematis ſolutio.

(*) In eo ſolo caſu difficultas naſci poterit, in quo æquatio $\frac{-\varrho n}{1+mn} = \frac{1+pn}{-\gamma n}$, quæ mutatur in . . . .

$$\left.\begin{matrix}\varrho\gamma \\ -mp\end{matrix}\right\} n^2 \left.\begin{matrix}-mn \\ -pn\end{matrix}\right\} - 1 = 0$$

ad ſecundum gradum non aſcendet, aut etiam ſolutu impoſſibilis erit: horum primum eveniet, ſi $\varrho\gamma - mp = 0$, quo in caſu, quantitas n unicum tantum habebit valorem; ſecundum ſi ſit $\varrho\gamma - mp = 0$, & $m = -p$, quo

quo in casu esset $1 = 0$, quod est impossibile. At

1°. Si sit $\varrho\gamma - mp = 0$, fiat $p = \varrho K$, eritque $\gamma = Km$; quare ambo differentialia data erunt . . .

$$\alpha ds + \beta du$$

& $(\varrho du + mds) \times (\alpha + K\beta) + du\Delta u, s + ds\Gamma u, s.$ Porrò si fiat $\varrho u + ms = t$, & $\alpha + K\beta = \mu$, secundum differentiale mutabitur in $\mu dt + ds\Psi u, s + dt\Xi u, s$; unde per methodum Problematis præcedentis facilè eruetur valor ipsius μ, hoc est, habebitur valor ipsius $\alpha + K\beta$ in u & s. Jam verò loco quantitatis $\alpha ds + \beta du$, habebitur

$$\alpha ds + \frac{\mu - \alpha}{K} \times \left(\frac{dt - mds}{\varrho}\right) \text{ seu}$$

$$\alpha \left(\frac{+ds \atop + mds}{K\varrho} - \frac{dt}{K\varrho}\right) + \frac{\mu dt}{K\varrho} - \frac{m\mu ds}{K\varrho}.$$

Porrò si fiat $s\left(1 + \frac{m}{K\varrho}\right) - \frac{t}{K\varrho} = y$, & transformetur differentiale præcedens, determinabitur α per quantitatem datam μ, eodem modo, quo jam quantitas μ definita fuit.

2°. Si sit $p = -m$, & $\varrho\gamma - mp = 0$, nihil obstabit quominùs adhiberi possit methodus modò exposita pro casu in quo est solùm $\varrho\gamma - mp = 0$: quare casus iste nullam habebit novam difficultatem (*).

(*) Ultimus est casus in quo æquatio in u duos habet valores æquales, quod eveniret, si foret $-1 = \frac{(m+p)^2}{4(\varrho\gamma - mp)}$; hoc est, si $-4\varrho\gamma = (m-p)^2$. Per temporis autem residui angustias non licuit integrationem hoc in casu determinare, qui quidem ad sequentia planè inutilis est.

De motu aëris intra montes.

I.

90. Sit primùm ſub Æquatore ſeries montium parallelorum, qui, Athmoſphærâ altiores, totum globum ità circumveniant, ut inter eos nonniſi ſatis arcta Zona jaceat, ſitque aër Fluidum homogeneum Terræ contiguum : manifeſtum eſt.aërem montes inter iſtos contentum, moveri quaſi in plano circulari : quare iiſdem retentis nominibus ac in *art.* 47 & 50, erit . . . . . .

$q = \frac{3S}{\lambda 1 p \times 2 d^3} \times (z^2 \pm mm)$, quæ quantitas exprimit partium Fluidi velocitatem & directionem, unde hîc applicanda ſunt quæ jam in *art.* 50, 51, &c. fuere animadverſa.

II.

Si moveatur Aſtrum in parallelo quovis SG, (Fig. 25) & intereà aër moveatur intra ſeriem montium parallelorum ſub parallelo quovis ſitorum, Terram undequàque circumvenientium, eâdem methodo ac in *n. I.* ſolvi poteſt Problema. Sint enim KAk, KSk duo Meridiani, RE, Æquator, conſtans $GE = B$; actio corporis S in A ſecundùm AP exprimetur per functionem ipſius $AP = u$, & conſtantium AG (A) & EG (B). Unde (retentis iiſdem nominibus ac in *articulo* 47.), ſi fiat

$q = \frac{3S}{d^3} \times [(\text{Sin. } SA)^2 \pm mm] \times M$, & $k = \frac{3S}{d^3}$

[(Sin. $SA)^2$ — (Sin. $SP)^2$]× N (M & N sunt constantes indeterminatæ) habebitur . . . .

$$\frac{dk}{s} = \frac{dq}{d(SA)} \times nd(SA) ; (*) \&$$

$$\frac{pdk}{d(SA)} \times n \times \frac{d(SA)}{d(SG)} = \frac{3S}{d^3} \frac{(c^{2SA\sqrt{-1}} - c^{-2SA\sqrt{-1}})}{4\sqrt{-1}} \times$$

$$\frac{d(SA)}{d(SG)} \times n + \frac{2pb^2M}{2a} \times \frac{3S}{d^3} \times \frac{d(SA)}{d(SG)} \cdot \frac{c^{2SA\sqrt{-1}} - c^{-2SA\sqrt{-1}}}{4\sqrt{-1}} ;$$

unde $\frac{N}{s} = nM$, & $2pnN = n + \frac{2pbbM}{2a}$; quare $M =$

$$\frac{n}{(2n^2s - \frac{bb}{a}) \times p}.$$

III.

Si linea PA incideret in Meridianum KAG, tunc facienda foret $SG = u$, foretque . . . .

$$\frac{dk}{sdu} du = \frac{dq}{dA} du, \&$$

$$\frac{pdk}{dA} du = \frac{3S}{d^3} \varphi u \times A \times du + \frac{dq}{du} du \times \frac{pbb}{2a};$$

unde si supponatur $dk = \alpha du + \beta dA$, erit $dq =$ $\frac{\alpha dA}{s} + \frac{2\alpha du}{bb} (\beta - \frac{3S}{pd^3} du\varphi u, A)$: proinde invenientur α & β per methodum in *art.* 89 expositam.

(*) Intelligo per n rationem radii circuli SG ad circulum AP.

I V.

Nec multùm noceret ſolutionibus præcedentibus, ſi altitudo montium foret altitudine Athmoſphæræ minor: nam velocitas particularum aëris ſuperiorum & liberarum eadem eſſe debet cum velocitate aëris intrà montes contenti, aut ſaltem hanc velocitatem ſuperare velocitate conſtante, & datâ, quia nempè partes inferiores aëris liberi, cùm ſint homogeneæ partibus ſuperioribus aëris non liberi, eâdem vi ſollicitari debent, ut in æquilibrio permaneant. Proinde eandem habere debent vim acceleratricem. Ergò eadem ferè debet eſſe ſolutio, ſive montes ſint Atmoſphærâ altiores, ſive non: id ſolùm evenire poterit, ut velocitas aëris ſuperioris & liberi excedat velocitatem aëris inferioris & non liberi, quantitate conſtante.

V.

Jam ſi ſeries montium parallelorum, quam ſub Æquatore jacere ſuppoſuimus, duobus in locis includeretur à duobus montibus à ſe invicem diſtantibus, ita ut uſque ad Athmoſphæræ ſuperficiem protenderetur ſeries montium, quorum baſis (Fig. 26) foret $RSTQ$ (RS ac TQ arcus circulares ſunt); tunc velocitas puncti A, non poſſet eſſe niſi functio ipſarum AT & PA. Sit ergò $PA = u$, $AT = s$; foret . . . .

$$\frac{dk}{\iota du} = \frac{dq}{ds} + \frac{dq}{du}, \&$$

$$p\left(\frac{dk}{ds}+\frac{dk}{du}\right)=\frac{3S}{d^3}\times\frac{(c^{2u\sqrt{-1}}-c^{-2u\sqrt{-1}})}{4\sqrt{-1}}+\frac{pbb}{2a}\times\frac{dq}{du}.$$

Unde si fiat

$$dk=\beta du+\alpha ds$$

erit . . . . . $dq=(\beta+\alpha)\,du\,.\,\frac{2a}{bb}-\frac{2adu}{bb}\times\frac{3S}{pd^3}\times$

$$\frac{(c^{2u\sqrt{-1}}-c^{-2u\sqrt{-1}})}{4\sqrt{-1}}+\frac{\beta ds}{s}-\left[\beta+\alpha-\frac{3S}{pd^3}\varphi u\right]\frac{2ads}{bb}:$$

Quare determinabuntur α & β per methodum in *art.* 89 expositam. Valor autem ipsius q talis esse debet ut sit $=0$ cùm $s=0$, & cùm $s=TQ$, quicumque sit valor ipsius u; si huic conditioni satisfieri non possit assumendo expressionem ipsius q generalissimam, indicium est non posse exprimi q per functionem ipsarum u & s, proinde Problema, saltem hoc in sensu sumptum, esse impossibile.

V I.

Multò difficiliora evadunt Problemata præcedentia, saltem quoad æquationum integrationem, si montes paralleli inter se non sint.

Inquiramus primùm quænam esse deberet velocitas venti, in canali inæqualis latitudinis, posito quòd ejus velocitas uniformis foret, si paralleli essent montes.

Eò igitur redit Problema, ut determinetur velocitas amnis intrà alveum latitudine inæqualem fluentis. Quod ut inveniatur, sit $CA=x$ (Fig. 27); $AB=y=\varphi x$; altitudo Fluidi in $A=z$; $q\,dt$ spatium ab A tempore

dt percursum, erit $\frac{dz}{zdx} \cdot qdt + \frac{dq}{dx} dt + \frac{d\varphi x}{dx} \times \frac{qdt}{dx} = 0$,

& $-pdz = \frac{p\theta\theta}{2adt^2} \times \frac{dqdt}{dx} \times dx \times qdt$.

Supponatur canalis latitudo parùm inæqualis, erit $z = \iota + \alpha$; $\varphi x = \iota' + X$; $q = \beta + \delta$, existentibus ι, ι', β constantibus, & α, X, δ, quantitatibus harumce respectu maximè parvis. Unde . . . .

$\frac{-d\alpha}{\iota dx} \times \beta dt = \frac{dX}{\iota' dx} \times \beta dt + \frac{d\delta}{dx} dt$; & $-pd\alpha = \frac{p\theta\theta}{2adt^2} \times \frac{d\delta}{dx} \cdot dx \cdot \beta dt^2$. Quare erit $\frac{\iota dX}{\iota'} + \frac{\iota d\delta}{\beta} = \frac{\iota\theta\theta\beta d\delta}{2a}$; & $d\delta = \frac{\iota dX}{\iota' \left(\frac{\theta\theta\beta}{2a} - \frac{\iota}{\beta}\right)}$.

Igitur crescente X, crescere potest δ, si $\theta^2 \beta^2 > 2a\iota$. Sit g velocitas Fluidi ferè uniformis, & M spatium quod percurrit tempore θ, erit $\frac{Mdt}{\theta} = \beta dt$; ergò $\theta^2 \beta^2 > 2a\iota$ fiet $M^2 > 2a\iota$.

Pariter erit $d\alpha = -\frac{\theta^2\beta}{2a} \times \frac{\iota dX}{\iota' \left(\frac{\theta\theta\beta}{2a} - \frac{\iota}{\beta}\right)}$. Unde patet

1°. quòd crescente velocitate decrescat altitudo Fluidi: 2°. quòd coarctato alveo necesse semper non sit ut Fluidum extollatur; imò subsidere debere si $M^2 < 2a\iota$.

Jam verò si investigetur velocitas venti in canale inæquali, ex actione Solis & Lunæ oriunda, factâ distantiâ Astri à loco quovis u & viâ venti per tempus $dt = qdu$, manifeſtum eſt quantitates q & z, non poſſe eſſe niſi functiones ipſarum u & x, è duabus æquationibus eliciendas, quæ ex principiis ſuprà poſitis facilè erui poſſunt. Satis autem propè ad veram venti velocitatem perveniri poſſe arbitror, ſi quæratur primùm in loco dato velocitas venti ab Aſtrorum actione oriunda, tùm velocitate hâc ut conſtante aſſumptâ, quæratur ea auctio vel diminutio quam pati debet in eâ parte canalis coarctati, quæ loco dato reſpondet.

VII.

Iiſdem poſitis ac in *art. huj. n. I*, ſupponatur partes omnes in datâ aëris columnâ, horizontaliter tendere ad motum velocitate datâ; ſupponatur prætereà quamlibet eſſe aëris figuram, modò à circulari parùm differat; denique corpus S (Fig. 5) à dato puncto D proficiſci: quæritur, poſt elapſum t, ex eo momento quo profectum eſt corpus S, quænam eſſe debeat, in loco quovis, aëris velocitas & altitudo.

Sit $MP = s$, complementum diſtantiæ loci M ab Aſtro, eo momento quo proficiſcitur, q ſpatium à puncto M oſcillando deſcriptum tempore t, a altitudo quâ decreſcit aut creſcit tempore t, columna aëris quæ puncto M imminet, manifeſtum eſt non poſſe eſſe quantitates a & q niſi functiones ipſarum t & s.

Sit ergò $dq = k\,dt + v\,ds$

$da = \nu\,dt + g\,ds$

&, sumptâ ϵ pro altitudine columnæ NM in 1°. instanti, liquet ex præcedentibus fore $\frac{\nu dt}{\epsilon} = \frac{dk}{ds} \times dt$ seu $\nu = \frac{\epsilon dk}{ds}$ vel $\frac{\epsilon dr}{dt}$, proinde $\frac{d\alpha}{dt} = \frac{\epsilon dr}{ds}$; unde $\alpha = \epsilon r + S'$, existente S' functione indeterminatâ ipsius s.

Jam verò, describente Astro arcum $\frac{bt}{\theta}$ in sensu GN tempore t, erit $s - \frac{bt}{\theta}$ complementum distantiæ loci M ab Astro; & actio Astri in locum M erit æqualis quantitati $\frac{3S}{d^3} \times \frac{(c^{(2s - \frac{2b}{\theta})\sqrt{-1}} - c^{-(2s - \frac{2b}{\theta})\sqrt{-1}})}{4\sqrt{-1}}$, quæ, si ab eâ detrahatur vis acceleratrix $\frac{p\theta^2}{2a} \times \frac{dk}{ds}$, talis esse debet, ut nullum in Fluido motum producat, seu ut sit proportionalis sinui complementi anguli quem facit columnâ NM cum superficie aëris externâ. Porrò si sit Σ Sinus complementi in 1°. instanti, erit $\Sigma - \frac{d\alpha}{ds}$ Sinus complementi post tempus t; unde $\Sigma - \frac{d\alpha}{ds} = \frac{3S}{4pd^3\sqrt{-1}} \times$

$$[c^{2\sqrt{-1}(s - \frac{bt}{\theta})} - c^{-2\sqrt{-1}(s - \frac{bt}{\theta})}] - \frac{\theta\theta}{2a} \times \frac{dk}{ds}.$$

Quare, si fiat $dk = \nu dt + 6 ds$;

erit $dr = 6dt + \frac{\nu\theta\theta}{2a\epsilon} ds - \frac{dS'}{\epsilon} + \frac{\Sigma ds}{\epsilon} - \frac{ds}{\epsilon} \times \frac{3S}{4pd^3\sqrt{-1}} \times$

(c

$(e^{2(s-\frac{bt}{\theta})\sqrt{-1}} - e^{-2(s-\frac{bt}{\theta})\sqrt{-1}})$. Oportet ergò ut hæc ambo differentialia completa ſint. Quod quidem per methodum *art.* 87 effici poteſt. Ut autem paulò facilior reddatur ſolutio, fiat $\theta^2 = 2a\epsilon$, quod licet, eritque $\frac{\theta\theta}{2a\epsilon} = 1$; jam ſit $\nu + 6 = m$, $\nu - 6 = \mu$, $t + s = u$, $t - s = y$, $1 + \frac{b}{\theta} = k$, $1 - \frac{b}{\theta} = h$; erit . . . .

$$k = \varphi u + \Delta y + \frac{3S}{pd^3\epsilon} \times [e^{2(s-\frac{bt}{\theta})\sqrt{-1}} + e^{-2(s-\frac{bt}{\theta})\sqrt{-1}}] \times$$

$$(\frac{1}{2.8k} - \frac{1}{2.8h})\text{; \&} \quad . \quad . \quad . \quad . \quad . \quad . \quad . \quad . \quad .$$

$$\alpha = \epsilon\varphi u - \epsilon\Delta y + \frac{3S}{pd^3} \times [e^{2(s-\frac{bt}{\theta})\sqrt{-1}} + e^{-2(s-\frac{bt}{\theta})\sqrt{-1}}] \times$$

$$(\frac{1}{2.8k} + \frac{1}{2.8h}) + \int \Sigma ds.$$

Sit autem $k = G$, quandò $t = 0$, hoc eſt, ſit G expreſſio velocitatis quâ Fluidum moveri conatur in 1°. inſtanti; oportet ergò, ut factâ $t = 0$, ſit $G = \varphi s + \Delta - s$

$$+ \frac{3S}{pd^3\epsilon} \times (e^{2s\sqrt{-1}} + e^{-2s\sqrt{-1}}) \times (\frac{1}{2.8k} - \frac{1}{2.8h}).$$

Præterea debet eſſe $\alpha = 0$, quando $t = 0$: ergò debet eſſe

$$\varphi s - \Delta - s + \frac{3S}{pd^3\epsilon} \times (\frac{1}{2.8k} + \frac{1}{2.8h}) \times (e^{2s\sqrt{-1}} + e^{-2s\sqrt{-1}})$$

$$+ \int \frac{\Sigma ds}{\epsilon} = 0.$$

R

Additis simul hisce æquationibus, erit $G = 2\varphi s + \frac{3S}{pd^3 s} \times \frac{1}{8h} (c^{2s\sqrt{-1}} + c^{-2s\sqrt{-1}}) + \int \frac{\Sigma ds}{s}$; unde $\varphi s = \frac{G}{2} - \frac{3S}{pd^3 s} \times \frac{1}{16h} \times (c^{2s\sqrt{-1}} + c^{-2s\sqrt{-1}}) - \int \frac{\Sigma ds}{2s}$. Quare cùm dari debeat G in s, si in 2°. membro hujus æquationis scribatur $t + s$ ubique prò s, habebitur $\varphi(t + s)$. Pariter subtrahendo ab invicem ambas æquationes datas, invenietur $G = 2\Delta - s - \frac{3S}{pd^3 s} \times \frac{1}{8h} \times (c^{2s\sqrt{-1}} + c^{-2s\sqrt{-1}}) - \int \frac{\Sigma ds}{s}$, unde habebitur $\Delta - s = \frac{G}{2} + \frac{3S}{pd^3 s} \times \frac{1}{16h} \times (c^{2s\sqrt{-1}} + c^{-2s\sqrt{-1}}) - \int \frac{\Sigma ds}{2s}$. Secundum hujus æquationis membrum est functio ipsius s. Porrò functio quælibet ipsius s potest semper mutari in functionem ipsius $-s$; nam functio ipsius s non potest componi nisi ex terminis qui contineant potestates ipsius s; est autem $a \times s^n = -s^n \times a$ quandò n est numerus par, & $= -a \times -s^n$ quandò n est impar. Quare tractetur secundum æquationis membrum ut functio ipsius $-s$, deinde prò s substituatur $t - s$, & habebitur valor ipsius $\Delta(t - s)$.

VIII.

Si motui aëris obstent montes perpendiculariter ad horizontem erecti, quorum distantiæ à puncto P sint a, a', a'', &c. manifestum est valorem ipsius k debere esse talem, ut nullus ſit, factâ $s = a$, aut $= a'$ aut $= a''$; &c. t exiſtente cujuſlibet valoris. Hoc autem fieri non poteſt niſi in quibuſdam valoribus ipſius G; ſecùs impoſſibile erit Problema. Unde non mirum ſi plures occurrere queant caſus in quibus impoſſibile ſit definire motum aëris intrà verticales montes oſcillantis.

IX.

Ex definito ipſius k valore qui exprimit velocitatem venti pro inſtanti quovis dt, manifeſtum eſt velocitatem illam non ſolùm fore functionem ipſius $s - \frac{bt}{\theta}$, diſtantiæ nempè loci ab Aſtro, ſed prætereà, ipſius $t + s$ ac $t - s$, ſeu quod idem eſt, ipſius s ac $s - \frac{bt}{\theta}$, ſiquidem $t + s = -\frac{\theta}{b} \times (s - \frac{bt}{\theta}) + s(1 + \frac{\theta}{b})$, & $t - s = -\frac{\theta}{b} \times (s - \frac{bt}{\theta}) + s(\frac{\theta}{b} - 1)$. Quare velocitas venti erit functio diſtantiæ loci ab Aſtro pro tempore dato, & complementi diſtantiæ loci ab eodem Aſtro, tempore quo Aſtrum moveri incepit.

Unde patet velocitatem venti in hâc hypotheſi nunquam ferè pendere à ſolâ diſtantiâ Zenith loci ab Aſtro, ut in toto hujus Diſſertationis curſu ſuppoſuimus. Notandum tamen eſt talem ſuppoſitionem jure ac meritò à nobis eſſe factam. 1°. Quòd nulla ſit ratio cur ab uno puncto potiùs quàm ab altero, Aſtrum proficiſci concipiatur.

2°. Quòd aliquis sit casus (nempè quandò est φs & $\Delta - s = 0$) in quo velocitas k datur per solam functionem ipsius distantiæ actualis loci ab Astro. Id autem evenire debet quandò est . . . .

$$\int \Sigma ds = -\frac{3S}{pd^3} \times \left(\frac{1}{2 \cdot 8k} + \frac{1}{2 \cdot 8h}\right) \times \left(c^{2s\sqrt{-1}} + c^{-2s\sqrt{-1}}\right); \ \& \ G = \frac{3S}{pd^3} \times \left(\frac{1}{2 \cdot 8k} - \frac{1}{2 \cdot 8h}\right) \times \left(c^{2s\sqrt{-1}} + c^{-2s\sqrt{-1}}\right).$$

Problema generale.

91. *Determinare prò quovis tempore & loco venti directionem ac velocitatem, in hypothesi quòd Terra profundò Oceano undique cooperiatur.*

Supponatur 1°. Astrum unicum in aërem agere; solvi potest Problema, ponendo partes aëris sibi mutuò in motibus suis, aut nihil, aut parùm nocere, quo in casu habebitur ex *art.* 39 & 45 venti velocitas & directio.

Vel si ponatur partes aëris sibi mutuò nocere, & directionem venti semper esse in plano verticali Astri quàm proximè, habebitur solutio generalis ex *art.* 77; vel, assumpto aëre homogeneo, determinabuntur prò quovis loco ejus velocitas & directio, *art.* 75.

Vel tandem possunt considerari separatim duo venti motus, alter in parallelo, alter in Meridiano, qui si ex *art.* 90. *n.* III separatim determinentur, & deindè inter ſe componantur, ſatis accuratè haberi poterit venti velocitas ac directio pro inſtanti quovis.

2°. Inventâ jam velocitate venti, ex actione unius Aſtri, determinetur eodem modo velocitas ipſius ab actione alterius Aſtri oriunda, compoſitiſque inter ſe invicem his velocitatibus, exurget motus venti quæſitus.

S C O L I U M I.

92. Inutile ferè eſt admonere quantitates *b* ac *d*, quæ proportionales ſunt velocitati & diſtantiæ luminarium, non eſſe abſolutè invariabiles, licet in toto hujus operis curſu fuerint pro conſtantibus adhibitæ. Multùm autem à verò non aberrabitur, ſi prò quantitatibus illis *d* & *b*, aut aſſumantur earum valores medii, aut prò quovis tempore adhibeantur valores earum actuales, qui quidem ex tabulis ſatis accuratè habebuntur.

S C O L I U M II.

93. Nullam hactenus mentionem fecimus motûs aëris, ex calore orti, qui ob incognitam caloris cauſam & actionem ad calculum revocari omninò non poteſt. Tamen ut hanc cauſam non omninò prætermittamus, advertemus duo loca quævis versùs Ortum & Occaſum hinc inde à Sole æqualiter diſtantia, æqualem quoque experiri calorem, niſi fortaſsè paululùm majorem in eo loco, qui versùs Ortum jacet, cùm à diuturniori tempore So-

lem videat; quare vi $\frac{3S}{p\,di} \times \frac{(c^{2u\sqrt{-1}} - c^{-2u\sqrt{-1}})}{4\sqrt{-1}}$ addenda est vis quæcumque quæ sit functio ipsius u, & calorem in duobus locis suprà dictis ferè æqualem exprimat: v. g. potest fieri hæc vis proportionalis ipsi $\frac{(c^{2u\sqrt{-1}} - c^{-2u\sqrt{-1}})^2}{-4}$ quadrato nempè Sinûs arcûs u; quod quidem satis aptè congruit cum Physices principiis quibus constat calorem solarem supponi posse, in ratione quadrati Sinûs distantiæ Solis à Zenith. Prò excessu verò caloris Hemisphærii Orientalis suprà Occidentale, supponi potest aërem ab Ortu in Occasum moveri velocitate constante, sed omninò indeterminabili: quibus hypothesibus difficiliores non reddentur calculi Problematum præcedentium, ut ex *articulo* 58 facilè constabit. Frustrà, meo quidem judicio, desudaret, qui accuratiorem de hâc quæstione calculum inire vellet.

ADDITAMENTUM

Aliquot post Dissertationem diebus missum.

I.

IN articulo 39 invenimus $q = \frac{3S \cdot 2a}{2d^3 pbb} \times (z^2 \pm mm)$ pro expressione velocitatis venti, sub Æquatore, dum Sol aut Astrum aliud Æquatorem percurrit; methodumque simul dedimus quâ possit exhiberi velocitas venti in quovis alio loco, dum Sol parallelum quemvis describit. Hanc velocitatem inutile non erit hîc paulò extensiùs determinare.

Sit AP (Fig. 15) parallelus à Sole descriptus, & quæratur velocitas puncti α in parallelo QR; fiat $AP = u$; sitque $\frac{n}{1}$ ratio quam habet radius paralleli AP ad radium paralleli QR: dico fore juxtà nomina in *art.* 39 imposita $\lambda = \frac{3S \cdot 2an}{2d^3 \cdot pb^2} \times [(\text{Sin.}\ \alpha P)^2 \pm mm]$. Nam debet esse $d\lambda du = \frac{3S \cdot (c^{2\alpha P \cdot \sqrt{-1}} - c^{-2\alpha P \cdot \sqrt{-1}})}{4d^3 \sqrt{-1}} \times \text{Cos}.\ R\alpha P \times \frac{2adu^2}{pbb}$. Porrò quæcumque sit æquatio inter αP, AP, $A\alpha$, invenietur Cosinus anguli $R\alpha P$, assumendo in hâc æquatione AP & αP ut variabiles, tùm inde eruendo valorem ipsius $\frac{d(\alpha P)}{d(AP)}$, & hunc valorem multiplicando per n

ſeu dividendo per $\frac{1}{n}$; unde Coſinus $R\alpha P = \frac{pN}{Pp} \times n = \frac{d(\alpha P)}{du} \times n$. Ergò $d\lambda = \frac{3S \,.\, 2a}{pbbd^3} \times n \frac{(c^{2\alpha P.\sqrt{-1}} - c^{-2\alpha P.\sqrt{-1}})}{4\sqrt{-1}} \times d(\alpha P)$; & $\lambda = \frac{3Sn \,.\, a}{d^3pb^2} \times [(\text{Sin. } \alpha P)^2 \pm mm]$.

I I.

Quod autem attinet ad velocitatem venti in ſenſu Meridiani αA, ſupponatur facilitatis causâ, circulum αP eſſe Æquatorem; & factâ $\alpha P = X$, & $\alpha A = x$, vis acceleratrix ſecundùm αA erit $\frac{3S}{d^3} \times \frac{c^{2X\sqrt{-1}} - c^{-2X\sqrt{-1}}}{4\sqrt{-1}} \times$

$$\frac{dX}{dx} = \frac{3S}{d^3} \times \frac{c^{x\sqrt{-1}} - c^{-x\sqrt{-1}}}{\sqrt{-1}\,(c^{x\sqrt{-1}} + c^{-x\sqrt{-1}})} \times \frac{(c^{X\sqrt{-1}} + c^{-X\sqrt{-1}})^2}{4}.$$

Unde patet vim illam acceleratricem in uno eodemque Hemiſphærio ſemper versùs eaſdem partes dirigi; proinde cùm ex hypotheſi effectum ſuum totum producat, maſſa tota aëris, agente illâ vi, paulatim ad Æquatorem accedere deberet, & in plano Æquatoris accumulata ſubſiſtere.

Primo autem aſpectu conſtat, illud legitimè ſupponi non poſſe, ſed materiam Fluidi, quatenùs in ſenſu Meridiani movetur, debere neceſſariò oſcillando moveri, & nunc affluere, nunc defluere; quare non debet ſupponi eam vim, quæ ſecundùm Meridianum agit, totum ſuum effectum producere: cœterùm facilè patet hanc vim eſſe nullam quandò $x = 0$ & quandò $X = 90°$, proinde tam propè

propè Æquatorem quàm versùs Polos esse quàm minimam. Unde modò adsit aliqua in partibus Fluidi tenacitas & frictio, & aliqua in terrestri superficie asperitas, nullus ex illâ vi effectus orietur, tam propè Æquatorem quàm versùs Polos: maximum suum in Zonis temperatis edet effectum, qui quidem, quantùm sentio, permagnus esse non debebit, quia aër, ex hypothesi, propè Æquatorem & versùs Polos sensibiliter non movetur, sive ab Austro ad Boream, sive à Boreâ ad Austrum. Proinde aër intermedius isti contiguus & adhærens parùm fortassis movebitur.

Igitur si juxtà *art.* 39 methodum investigetur venti velocitas, is solùm motus videtur posse considerari, & ad calculum revocari, qui fit in sensu paralleli $Q\alpha R$.

III.

Præter methodum quam in *art.* 42 dedimus pro inveniendâ æquatione inter arcus trianguli Sphærici, cujus non omnia latera sunt arcus circuli maximi, potest etiam adhiberi methodus sequens, quæ quidem adhuc facilior videtur. Ducatur corda arcûs αP, & ex punctis α, P, agentur perpendiculares ad plana AP, αA, & ad radium circuli AP per A transeuntem. Fiet triangulum rectangulum cujus latera, per arcus αP, αA, AP, facilè exprimentur: proinde æquatio inter latera hujus trianguli, quæ oritur ex æqualitate hypothenusæ cum summâ quadratorum laterum, dabit æquationem inter αP, αA, & AP.

I V.

In *articulo* 84 docuimus quomodò, habitâ ratione Attractionis partium, possit, circumcircà, obtineri Fluidi motus. Ad hanc inquisitionem videtur etiam posse adhiberi methodus sequens.

In *articulo* 28 invenimus, stantibus Luminaribus, vim φ seu $\frac{3Sz\sqrt{[rr-zz]}}{rrd^3}$ esse augendam in ratione 1 ad $1-\frac{3\delta}{5\Delta}$ ubi agitur de Attractione partium: quare, posito quòd Luminaria moveantur, fortasse non multùm à vero aberrabitur, si quæratur primùm motus Fluidi, abstrahendo ab Attractione partium, tùm in expressione hujus motûs ponatur $\frac{3S}{1-\frac{3\delta}{5\Delta}}$ loco $3S$. Nihil accuratius videtur exigi posse in tam arduo, tamque abstruso Problemate.

FINIS.

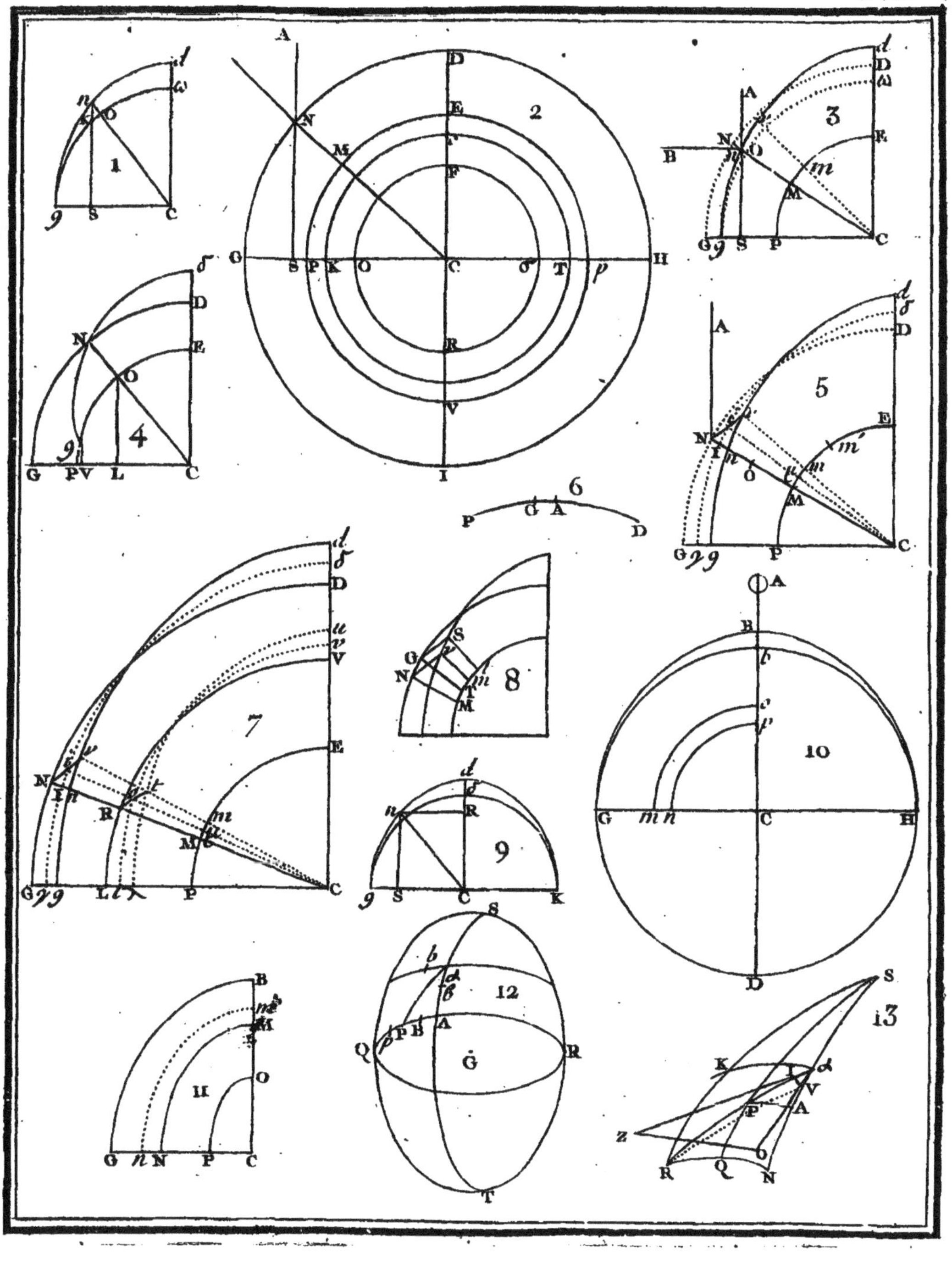
1
2
3
4
5
6
7
8
9
10
11
12
13
A N M D E F G S P K O C T p H R V I
B A N O m M E D ω d G g S P C
δ D N O E g G P V L C
A d δ D E N I n O M m' m G g P C
P G A D
d δ D u v V N I n R M m E G g L l P C
S G N m T M
A B b c p G m n C H D
d δ n R S C K g
S b B A P Q G R T
B m M O G n N P C
S K I V A P Z O R Q N

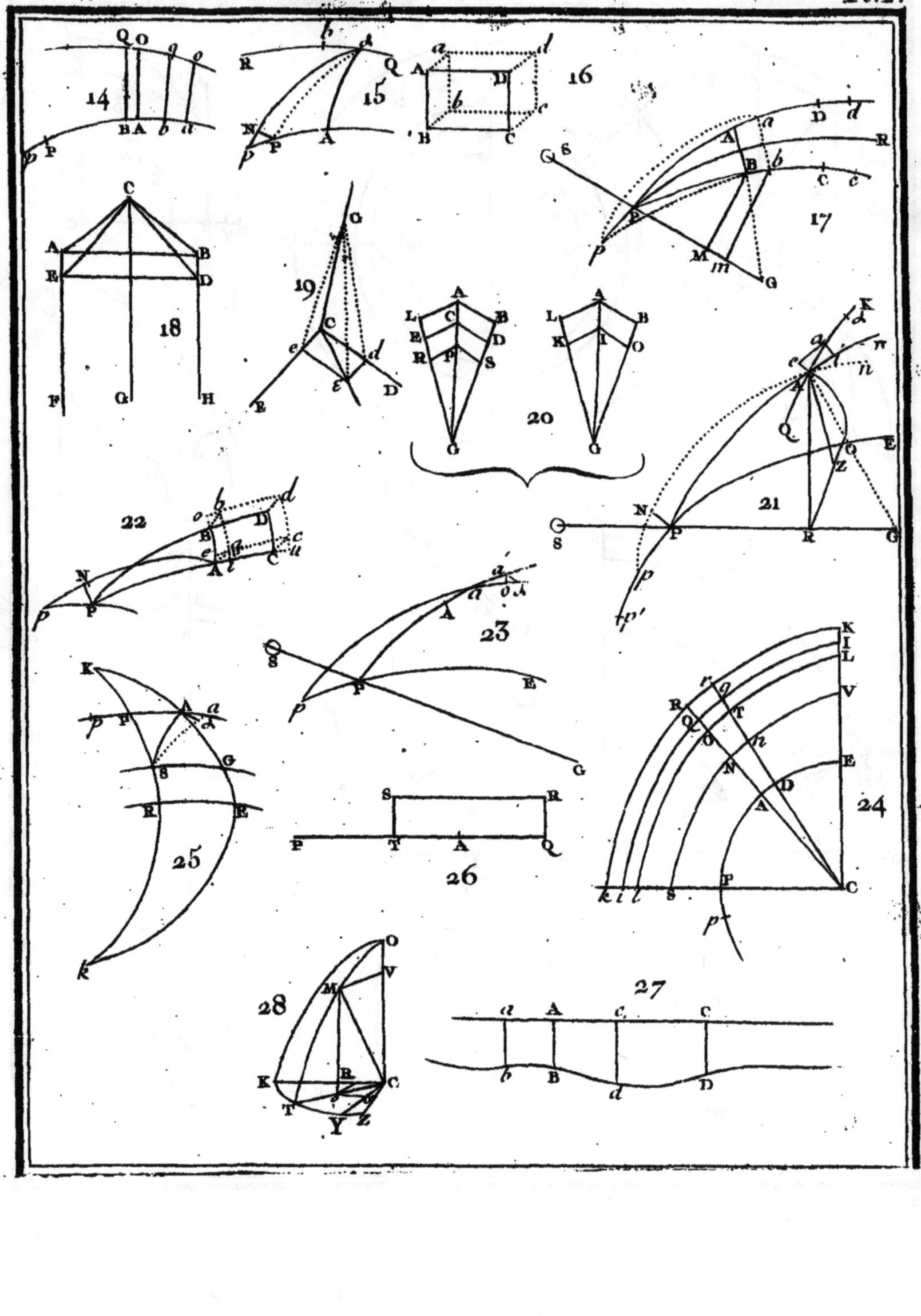
14
15
16
17
18
19
20
21
22
23
24
25
26
27
28

BIBLIOTHEQUE NATIONALE

SERVICE DES NOUVEAUX SUPPORTS

58, rue de Richelieu, 75084 PARIS CEDEX 02 Téléphone 266 62 62

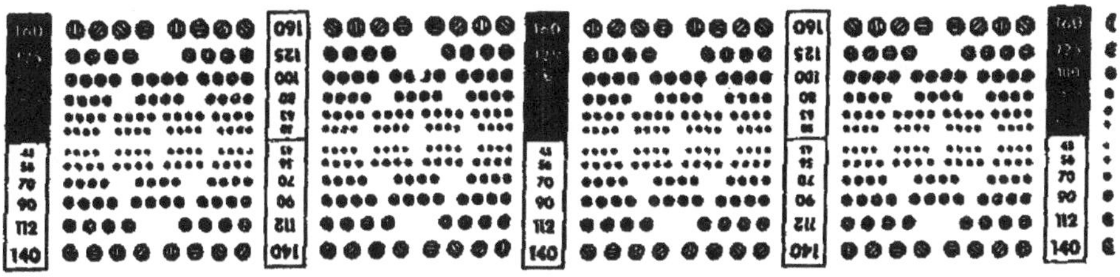

Achevé de micrographier le 3 / 11 / 1977

Défauts constatés sur le document original

www.ingramcontent.com/pod-product-compliance
Lightning Source LLC
Chambersburg PA
CBHW060118200326
41518CB00008B/860